四川地质灾害防治实践与探索

四川省自然资源厅　著

地质出版社
·北　京·

内 容 提 要

本书结合地质灾害防治工作实际，全面总结了四川地质灾害防治成熟管用的做法、经验和机制，形成了一套具有四川特色的地质灾害综合防治模式，为全国地质灾害防治工作提供借鉴与参考。本书由四川省自然资源厅组织编撰，上篇详细介绍了四川的地质环境背景及地质灾害现状与特征，中篇全面回顾了地质灾害防治历程、常态化防灾机制建设以及科技化防灾实践与探索，下篇系统总结了一系列典型地质灾害防治案例与经验，书末梳理归纳了四川有记录以来地质灾害相关的大事记和重要文件。

本书可供地质灾害防治领域管理人员、技术人员、科研人员参考使用。

图书在版编目（CIP）数据

四川地质灾害防治实践与探索 / 四川省自然资源厅著. -- 北京 : 地质出版社, 2025. 5. --ISBN 978-7-116-14476-7

Ⅰ. P694

中国国家版本馆 CIP 数据核字第 20256M8A68 号

SICHUAN DIZHI ZAIHAI FANGZHI SHIJIAN YU TANSUO

责任编辑：田　野　王　者　宫月萱
责任校对：张　冬
出版发行：地质出版社
社址邮编：北京市海淀区学院路 31 号，100083
电　　话：（010）66554528（邮购部）；（010）66554631（编辑室）
网　　址：https://www.gph.clmpg.com
传　　真：（010）66554686
印　　刷：北京地大彩印有限公司
开　　本：787 mm×1092 mm　1/16
印　　张：14.5
字　　数：360 千字
审 图 号：川 S[2024]00151 号
版　　次：2025 年 5 月北京第 1 版
印　　次：2025 年 5 月北京第 1 次印刷
定　　价：98.00 元
书　　号：ISBN 978-7-116-14476-7

前　言

四川地处青藏高原东南缘，山地丘陵广布，地形高差悬殊，断裂构造发育，地震多发，气候复杂多变，滑坡、崩塌、泥石流等地质灾害易发高发频发，是我国地质灾害最为发育、危害最为严重的省份之一。据近30年的数据统计，全省累计发生地质灾害4.2万起，总体呈现分布广、危害性大、隐蔽性高、突发性强的特点。根据2022年完成的全国第一次自然灾害风险普查成果，全省96%的面积处在地质灾害易发区，且与强降雨集中区、地震多发区高度重叠，成灾风险高，防灾形势极为严峻。

人民群众生命安全始终是党和政府最关心的头等大事，特别是党的十八大以来，以习近平同志为核心的党中央高度重视地质灾害防治工作，提出了“两个坚持、三个转变”的防灾减灾救灾重要论述，为地质灾害防治工作指明了方向。在党中央、国务院的坚强领导下，在自然资源部、财政部等部委的大力支持下，四川地质灾害防治工作先后经历了多措防治探索、综合防治体系建设、全域综合整治3个阶段，逐步形成了“党委领导、政府负责、部门联动、专业支撑、全民参与”的地质灾害防治机制，构建了以“调查评价、监测预警、综合整治、能力建设”为核心的综合防治体系，开展了气象风险预警、群测群防、隐患识别、规划管控等示范性工作，成功应对各种突发重大地质灾害的严峻考验，“十四五”以来，全省因地质灾害导致的伤亡人数和群死群伤事件明显减少。

为全面总结地质灾害防治成熟管用的做法、经验和机制，四川省自然资源厅组织编撰了《四川地质灾害防治实践与探索》一书。本书共分为上篇、中篇、下篇、大事记与重要文件4个部分。上篇详细介绍了四川的地质环境背景和地质灾害现状与特征；中篇全面回顾了地质灾害防治历程、常态化防灾机制建设以及科技化防灾实践与探索；下篇系统总结了一系列典型地质灾害防治案例与经验，书末梳理归纳了四川有记录以来地质灾害相关的大事记和重要文件。

本书在编写和研究过程中得到了自然资源部、中国地质调查局、中国地质环境监测院、中国地质调查局成都地质调查中心、中国地质科学院探矿工艺研究所、四川省应急管理厅、四川省地质矿产勘查开发局、四川省地质调查研究院、四川省自然资源投资集团、中国科学院·水利部成都山地灾害与环境研究所、成都理工大学、西南交通大学等单位的大力支持，编撰委员会、顾问委员会、专家委员会多次为该项成果建言献策、字斟句酌，编辑部全体成员努力工作。本书的顺利出版是四川地质灾害防治战线全体参与者共同智慧的结晶。在此，对他们的大力帮助、支持和辛勤劳动表示衷心的感谢。

本书旨在作为从事防灾减灾救灾管理与科技工作者的“经验书”，也是广大读者了解地质灾害防治工作的“科普册”。我们诚邀同行专家、广大读者朋友多提宝贵意见，共同为破解我国地质灾害防治工作难点堵点，奉献经验、贡献智慧，协力推动我国防灾减灾事业再上新台阶。限于著者水平，书中难免出现疏漏之处，敬请同行专家和读者朋友批评指正。

著　者

目　　录

上　　篇

中　　篇

下　　篇

上篇

1 地质环境背景

1.1 自然地理

四川省，简称“川”或“蜀”，位于我国西南腹地、长江上游，地处东经97°21′~108°33′、北纬26°03′~34°19′，北临青海省、甘肃省及陕西省，南与云南省、贵州省接壤，东临重庆市，西依西藏自治区（图1.1）。东西跨度1062km，南北跨度916km，辖区面积$48.6\times10^4km^2$，是中国第五大省。下辖21个市（州）、183个县（市、区），2022年末全省户籍人口9067.5万人。四川为多民族聚居地，有56个民族，是全国最大的彝族聚居区、第二大藏族聚居区和唯一的羌族聚居区。

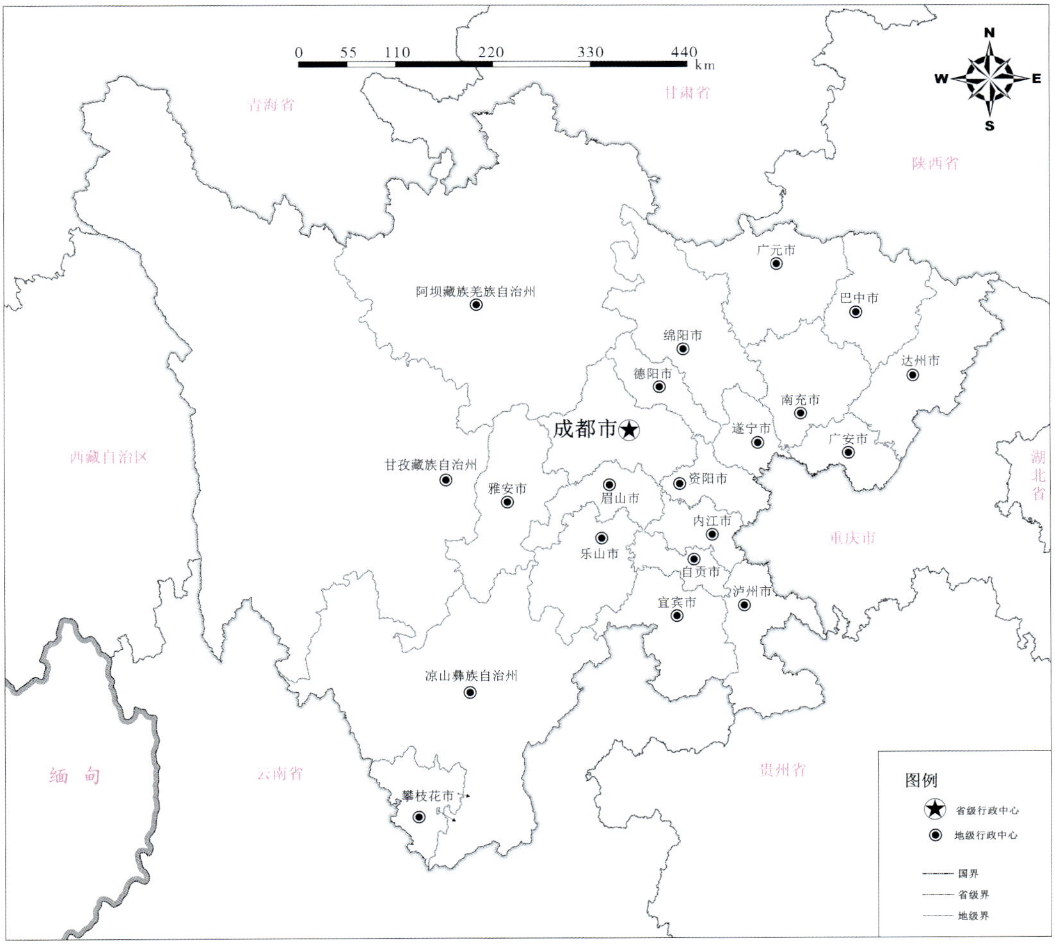

图1.1 四川省行政分区图

1.2 地形地貌

四川位于我国大陆地势三大阶梯中的第一级阶梯青藏高原和第三级阶梯长江中下游平原的过渡地带，地跨青藏高原、横断山脉、云贵高原、秦巴山地、四川盆地等几大地貌单元，地势西高东低，由西北向东南倾斜。地形复杂多样，以山地为主要特色，具有平原、台地、丘陵、山地4种地貌类型，4种地貌分别占全省行政区域面积的5.93%、3.52%、11.03%、79.52%。四川省平均海拔2598m，最高海拔7508.9m（位于甘孜藏族自治州康定市贡嘎山乡贡嘎山主峰），最低海拔188m（位于广安市邻水县御临镇文武村），相对高差超7300m。四川以龙门山—邛崃山—大相岭—大凉山为界，划分为川西强烈隆起高山高原区、川西南上升山地区和川东隆起沉降盆地山地区3个地貌大区（图1.2）。

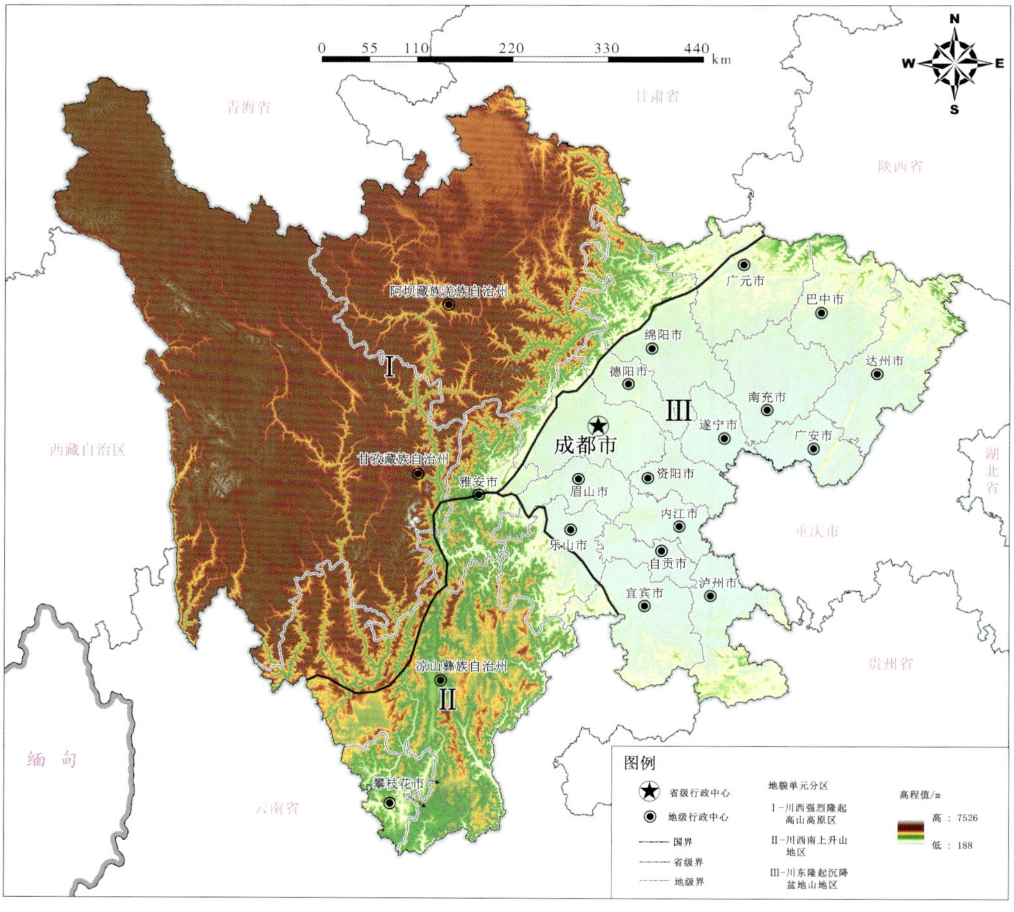

图1.2 四川省地貌分区图

川西强烈隆起高山高原区属青藏高原的东南边缘及横断山脉范畴，地势高峻，以高山、高原为主，整个高原面是由海拔4100~4900m的夷平面所占据，由北向南倾斜。高原面之上，分布着一些海拔5000m以上的极高山，发育有现代冰川，坡度陡峭。高原面以下，分布着一些断陷盆地和宽谷，海拔较低，地势较平。川西南上升山地区以海拔1500~3500m的中山山地为主，山体与构造线相吻合，以南北向为主。中部切割较浅并保留有起伏的山原面。东部及西部切割较深，相对高差较大，西部有宽谷及盆地分布，而东部由于断裂纵横切割而形成的悬崖峭壁甚多。川东隆起沉降盆地山地区即四川盆地区是我国大陆地势第二台阶相对下陷的部分，无论从构造上还是形态上看都是十分完整的。盆地大部分被中生代红色岩层覆盖，海拔大多在750m以下，围绕盆地四周的山地以中山为主，海拔1000~3000m。

1.3 气象水文

四川属暖湿的亚热带东南季风和干湿季分明的亚热带西南季风交替影响地区，分为四川盆地中亚热带湿润气候区、川西南山地亚热带半湿润气候区、川西北高山高原高寒气候区三大气候区。全省多年平均降水量为346~1694mm（图1.3），降水时空分布极不均匀，地区差异和年内变化大。总体呈现为季风气候明显，雨热同季；区域间差异显著，东部冬暖、春旱、夏热、秋雨、多云雾、少日照、生长季长，西部则寒冷、冬长、基本无夏、日照充足、降水集中、干雨季分明；气候垂直变化大，气候类型多；伴随气象灾害种类多，发生频率高且范围大，主要是干旱，其次是暴雨、洪涝和低温等。

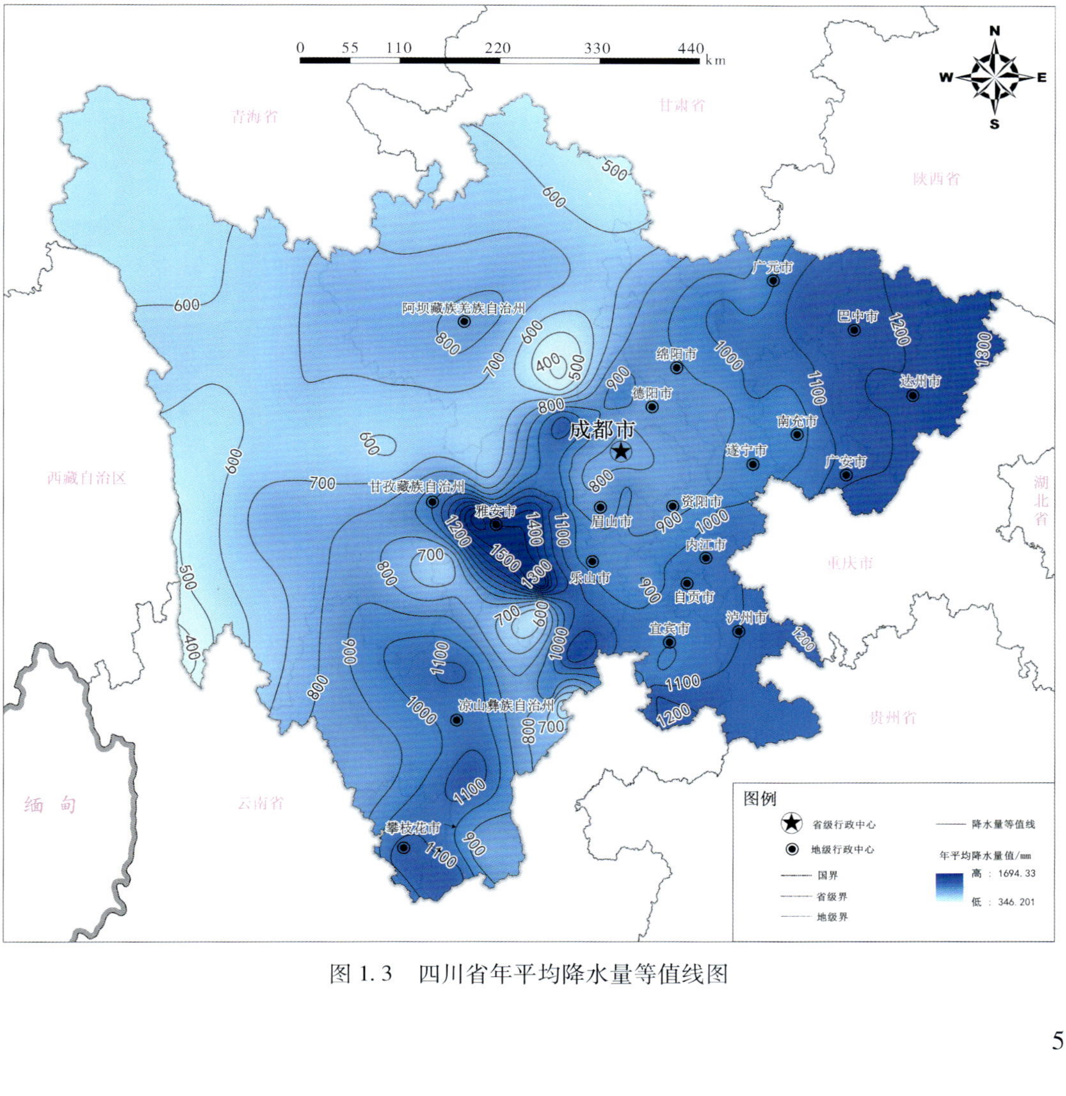

图1.3 四川省年平均降水量等值线图

受地形影响，四川地区气候差异显著，盆地外围山区降水相对丰沛，降水量在1200~1600mm之间，可分为青衣江暴雨区、龙门山暴雨区及大巴山暴雨区，其中降水量最丰富的是华西雨屏带（邛崃山区和龙门山区及其附近地区）。位于华西雨屏带中心位置的雅安，由于降水量丰富，全年2/3的天数都有降雨，故被称为“雨城”。盆地低部、川西北高原及金沙江干热河谷为降水低值区。四川盆地多夜雨，素有“巴山夜雨”之称，夜雨量占全年降水量的60%左右。

统计四川省30余年部分典型雨量数据，24小时最大暴雨值大致分布在162~460mm之间（表1.1）。

表1.1　四川省典型暴雨统计表

所在市（州）	所在县（市、区）	年	月	日	24小时最大降水量/mm
巴中市	通江县	2022	8	29	361.9
绵阳市	平武县	2022	7	13	349.4
达州市	渠县	2021	8	8	390.2
巴中市	通江县	2021	7	10	291.6
德阳市	什邡市	2020	8	16	418.2
成都市	彭州市	2020	8	11	373.8
雅安市	芦山县	2020	8	11	301.6
达州市	万源市	2019	7	17	287.7
广元市	青川县	2019	5	5	405.1
巴中市	巴州区	2018	5	16	247
自贡市	大安区	2017	7	6	286.7
攀枝花市	仁和区	2016	9	19	267.3
广元市	昭化区	2015	7	5	460.7
甘孜藏族自治州	泸定县	2014	7	10	207.2
广安市	岳池县	2014	7	9	333.3
成都市	都江堰市	2013	7	9	406.4
凉山彝族自治州	宁南县	2012	6	28	236
巴中市	南江县	2011	9	18	426
阿坝藏族羌族自治州	汶川县	2010	8	14	162.1
达州市	达川区	2007	6	18	228.9
达州市	宣汉县	2004	9	5	190
凉山彝族自治州	美姑县	1997	6	5	>250
广安市	华蓥市	1989	7	10	301.3

四川河川径流丰富，多年平均径流量为$5024\times10^8 m^3/a$，号称“千河之省”。境内共有大小河流近1400条，流域面积在$100km^2$以上的河流有1065条，$500km^2$以上的河流有325条，$10000km^2$以上的河流有17条。河网结构明显地分为3个不同类型：东部四川盆地内的水系，如岷江、沱江、嘉陵江和涪江等大体上由西北流向东南，最后汇入长江干流，构

成树状水系；西南部横断山区的金沙江、雅砻江和大渡河等水系，均作南北走向，东西依次平行排列，构成典型的羽毛状水系；西北的白河和黑河则由南向北而流注入黄河，构成北流的网状水系（图 1.4）。江河发育具有山区河道特征，谷坡陡峻，河道弯曲，比降大，流水切割强烈。

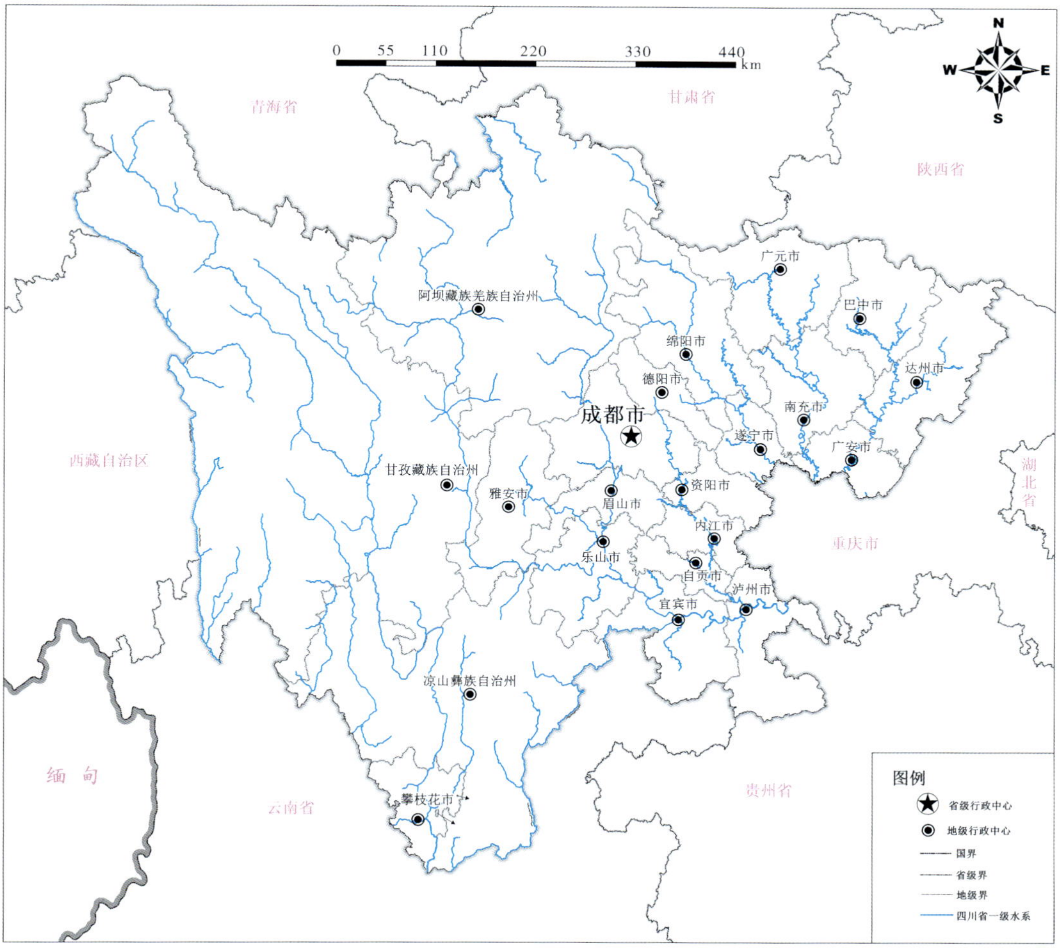

图 1.4 四川省河流水系图

1.4 地层岩性与工程地质岩组

1.4.1 地层岩性

四川地质条件复杂，各时代地层出露齐全（图 1.5），东、西部地质特征差异极大，大体沿龙门山-小金河断裂带分东部和西部，东部为四川盆地及攀西地区，地层层序较完整，由结晶-褶皱基底及沉积盖层组成稳定的“地台型”地层体系。西部基底地层分布零星，盖层各地发育不全，且普遍经受区域变质，以三叠系分布尤为广泛，厚度巨大。东西部基底均为前震旦系变质岩系，以板岩、千枚岩为主，夹片岩、大理岩、灰岩、变质砂岩、火山岩、火山碎屑岩及少量片麻岩零星出露，主要分布于平武—青川以北摩天岭，东部盆地北缘和西缘大巴山及龙门山—会理—金沙江等地。因西部地槽和东部地台沉积环境显著不同，其上分别沉积了两套相联而又有较大差异的地层。

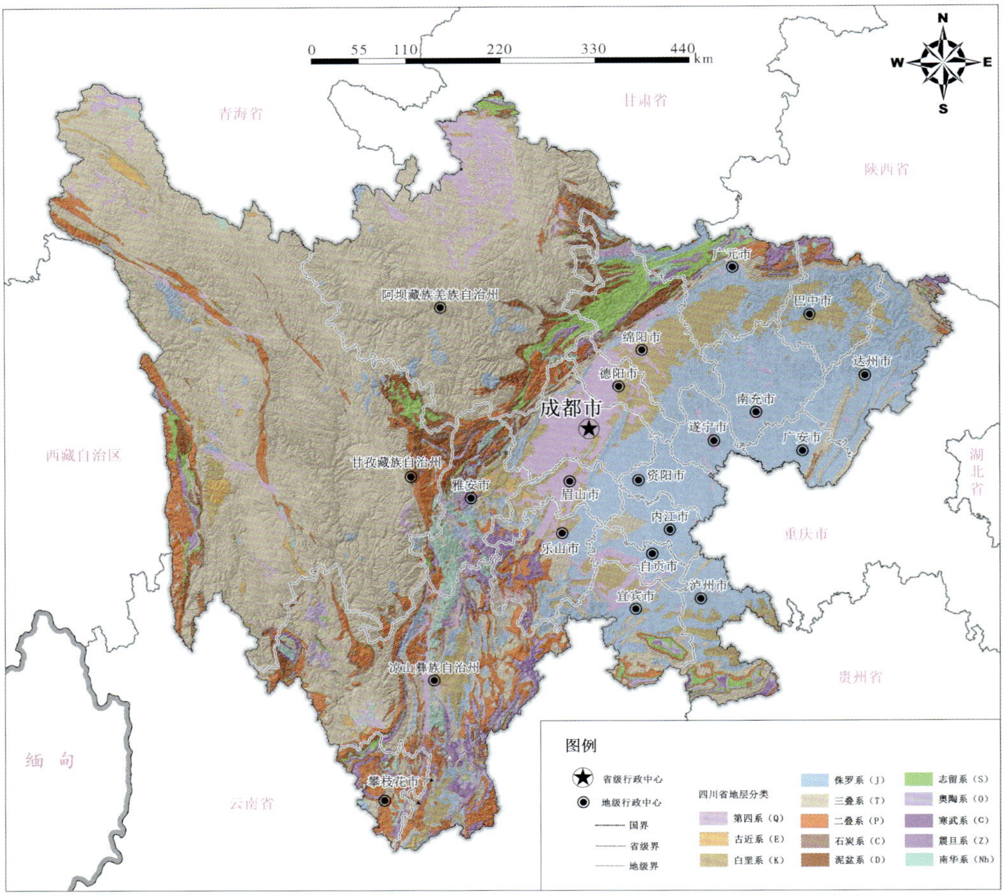

图 1.5　四川省地层岩性图

沉积盖层在四川省东部稳定分布于四川盆地内部及基底岩系周缘，沉积厚度超万米；西部分布极不均衡，受地质构造格局控制显著。下震旦统在攀西地区及若尔盖—平武地区堆积了厚度数千米的杂色中酸性火山熔岩及火山碎屑岩，以苏雄组及开建组具有代表性；上震旦统以碳酸盐岩为主，白云岩占有优势，以灯影组为代表。寒武系—奥陶系由海相碎屑岩和碳酸盐组成，总厚度达 2000m。泥盆系—石炭系在四川东部大部地区缺失，仅龙门山北段局部地区保存较完整，除下泥盆统以海相碎屑岩为主外，均以碳酸盐岩占绝对优势，层序基本连续。二叠系—三叠系主要分布于四川西部，并平行不整合覆盖于古生界之上，西部二叠系分布范围较前期有所扩大，以扬子西缘、岷江流域及金沙江东侧的巴塘地区层序较完整，三叠系全区普遍发育，厚度巨大。侏罗系—古近系主要分布于四川东部，以发育巨厚的陆相红色砂、泥岩系为特征，层序完整而连续，岩系总厚度达 5000m 以上，巨厚的砂泥岩系具有明显的韵律结构。四川西部侏罗系—白垩系全部缺失，仅在局部不连续的小型盆地中有古近系分布，均为红色碎屑岩沉积。第四系在省内分布广泛，成因类型较多。四川盆地西部的成都平原第四系堆积物集中而厚度较大，多以砂砾、粉砂及亚砂土为主，厚 200~400m。

1.4.2 工程地质岩组

四川省岩体类型复杂、齐全，按成因，岩浆岩、变质岩、碎屑岩及碳酸盐岩四大建造均有，根据岩石强度、岩体结构及岩性组合关系，可分为 13 个工程地质岩组（图 1.6）。碎屑岩主要由分布于四川的白垩系、侏罗系、上三叠统及志留系砂泥岩组成，西昌、盐源地区古生界及震旦系中的碎屑岩，常与碳酸盐岩呈互层或夹层产出；碳酸盐岩主要由分布于盆周山地的中三叠统—上震旦统（志留系除外）的灰岩、白云岩组成，西昌地区古生界及上震旦统的碳酸盐岩与碎屑岩呈互层或互为夹层产出，西部地区西、南及北东边缘地带古生界亦多属此建造；变质岩主要由分布于西部地区的三叠系、西昌盐源地区的前震旦系变质岩组成；岩浆岩由西部地区及东部的川西南、龙门山、米仓山等地的侵入岩及东部地区的上二叠统、上震旦统、前震旦系火山岩组成。

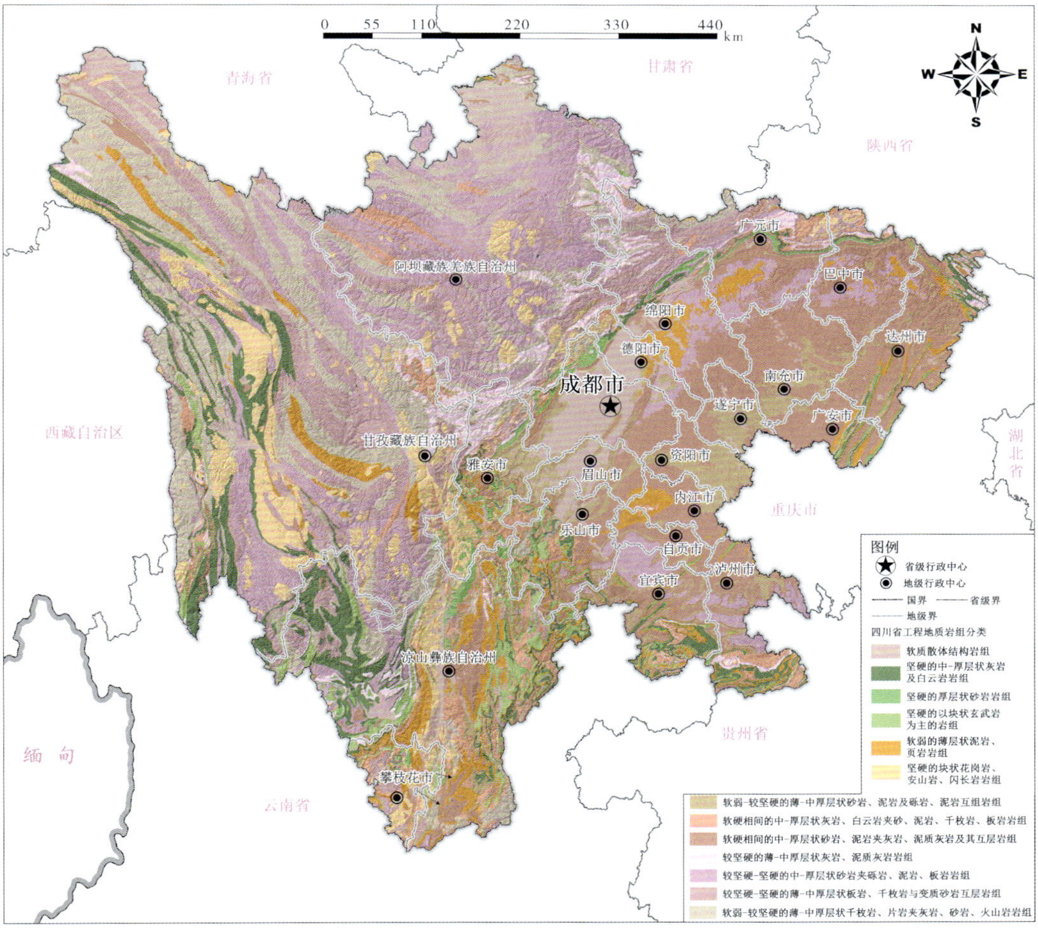

图 1.6 四川省工程地质岩组图

1.5 地质构造与地震活动

1.5.1 地质构造

四川省大地构造单元格局以龙门山—盐源一线为界，东为相对稳定的扬子准地台区，西为相对活动的松潘-甘孜地槽褶皱系，北为秦岭褶皱系，西南为三江褶皱系。台与槽的接触地带为典型过渡带，四川这种构造格局是多旋回演化的结果，其从量变到质变的演化中，具明显的阶段性与地域性，加里东、华力西、燕山及喜马拉雅等旋回对四川沉积建造史、构造形变史等也有重要作用。扬子准地台以龙门山—盐源一线为界，分布于四川东部一带，是晋宁旋回褶皱固化的相对稳定区。松潘-甘孜地槽褶皱系位于扬子准地台西和西北、金沙江以东、秦岭—昆仑山以南的四川广阔区域。三江地槽褶皱系发育于金沙江、澜沧江和怒江流域，四川省境内分布于巴塘北—得荣南一带。秦岭地槽褶皱系在四川仅占极少一部分，即西秦岭冒地槽褶皱带和北大巴山冒地槽褶皱带南缘（图 1.7）。

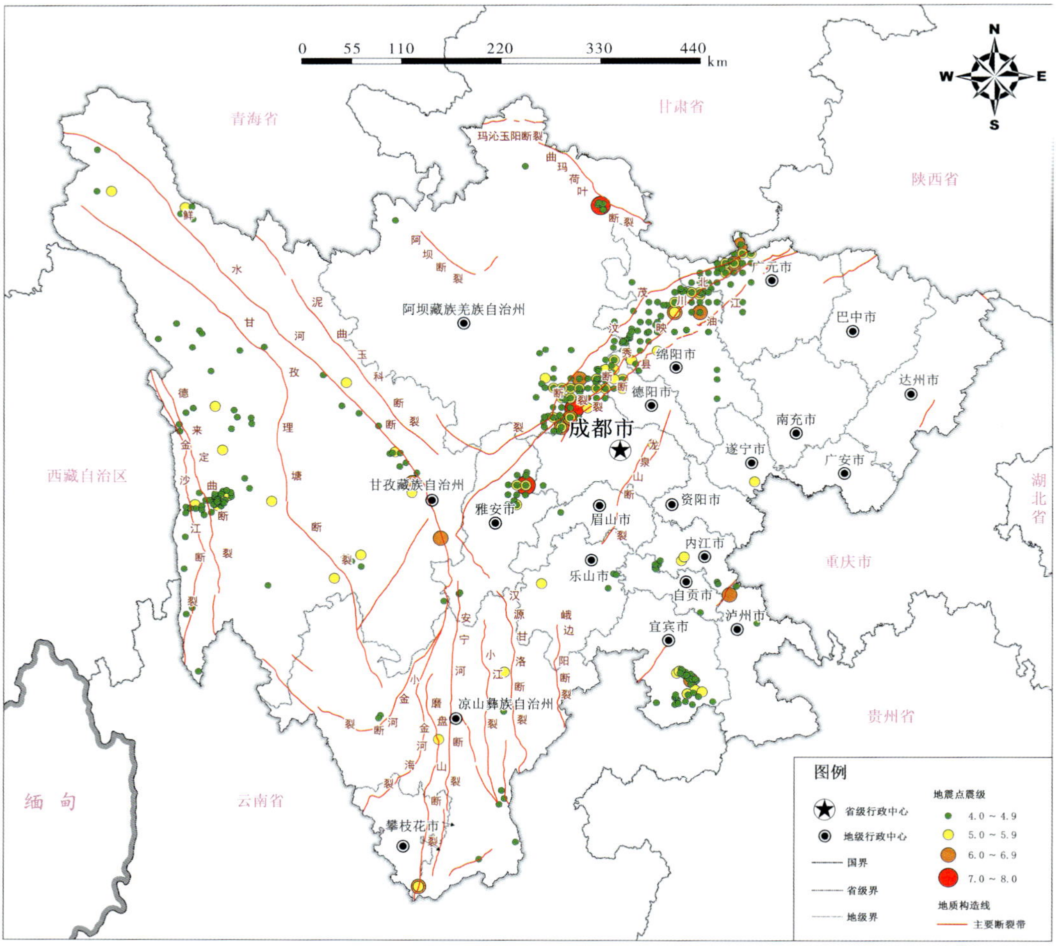

图 1.7　四川省大地构造纲要图

四川东部构造线沿北东、北北东方向伸展；四川西部构造线沿北西、北北西方向伸展，东西对应并于中部东经101°~104°的广大地域汇集、交接、穿插、结合，伴随一系列向南凸的叠置弧形褶皱带，构造形式多样。四川构造体系主要由龙门山隆起褶带、鲜水河断裂带、安宁河断裂构造组成四川构造体系主体，构成四川著名的“Y”字型构造。它们经历了晋宁、澄江、加里东、华力西、印支、燕山及喜马拉雅运动等，在地震构造位置上四川处在我国著名的南北地震带的中南段。

1.5.2 地震活动

四川是一个多地震的省区。据不完全统计，自1933年叠溪地震以来，四川发生大于5级具有代表性的地震41起，其中7级以上地震达7次、6~6.9级地震15次、5~5.9级19次（表1.2）。如“8·25”叠溪7.5级地震（1933年），“2·6”炉霍7.6级地震（1973年），“8·16”松潘、平武7.2级地震（1976年），“5·12”汶川8.0级地震（2008年），“4·20”芦山7.0级地震（2013年），“11·22”康定6.3级地震（2014年），“8·8”九寨沟7.0级地震（2017年），“9·5”泸定6.8级地震（2022年）等。

四川地震多集中分布于陆内板块的边界部位，与活动断裂带有密切关系，省内中、强震基本都发生在这些活动断裂带附近，如龙门山-鲜水河-安宁河“Y”字型断裂带，在这些断裂带上，地震常在短时间内成群分布，形成狭长的地震带，强震常常发生在该带的特定部位，如活动断裂的弯曲部位及交会处，并构成局部的地震活动密集带。

表1.2 四川省部分地震简表

序号	时间	震中位置			震级
		纬度（N）	经度（E）	地点	M_s
1	2022.9.5	29°35′	102°05′	泸定县	6.8
2	2022.6.10	32°15′	101°49′	马尔康市	6.0
3	2022.6.1	30°22′	102°56′	芦山县	6.1
4	2021.9.16	29°12′	105°20′	泸县	6.0
5	2019.6.22	28°26′	104°46′	珙县	5.4
6	2019.6.17	28°20′	104°54′	长宁县	6.0
7	2017.8.8	30°12′	103°49′	九寨沟县	7.0
8	2015.1.14	29°18′	103°12′	金口河区	5.0
9	2014.11.22	30°00′	101°48′	康定市	6.3
10	2013.4.20	30°18′	103°00′	芦山县	7.0
11	2008.5.12	31°00′	103°24′	汶川县	8.0
12	2001.5.24	27°36′	100°54′	盐源县	5.8
13	2001.2.23	29°21′	101°04′	雅江县	6.0
14	1999.11.30	31°26′	104°20′	绵竹市	5.0
15	1999.9.14	31°36′	104°05′	绵竹市	5.0
16	1996.12.21	30°36′	99°25′	白玉县	5.5
17	1996.2.28	29°02′	104°38′	宜宾县	5.4

续表

序号	时间	震中位置			震级
		纬度（N）	经度（E）	地点	M_s
18	1994. 12. 30	29°00′	103°36′	沐川县	5. 7
19	1992. 11. 30	33°12′	98°00′	石渠县	5. 1
20	1991. 2. 18	31°35′	102°23′	小金县	5. 0
21	1990. 4. 9	29°55′	99°21′	巴塘县、理塘县	5. 2
22	1989. 9. 22	31°33′	102°23′	小金县	6. 6
23	1989. 4. 16	29°56′	99°15′	巴塘县	6. 7
24	1989. 3. 1	31°30′	102°26′	小金县	5. 0
25	1988. 6. 2	30°36′	101°30′	道孚县	5. 0
26	1988. 4. 15	26°18′	102°45′	会东县	5. 2
27	1985. 8. 12	27°23′	101°21′	盐源县	5. 2
28	1986. 8. 7	27°24′	101°22′	理塘县	5. 6
29	1982. 6. 16	31°50′	99°51′	甘孜县	6. 0
30	1982. 5. 22	27°16′	101°06′	盐源县	5. 1
31	1981. 1. 24	31°00′	101°10′	道孚县	6. 9
32	1980. 2. 2	27°53′	101°12′	木里藏族自治县	5. 8
33	1976. 11. 7	27°29′	101°06′	盐源县	6. 7
34	1976. 8. 16	32°42′	104°06′	松潘县	7. 2
35	1975. 1. 15	29°26′	101°48′	康定市	6. 2
36	1973. 2. 6	31°30′	100. 4°24′	炉霍县	7. 6
37	1955. 9. 23	26°36′	101°48′	会理县	6. 75
38	1955. 4. 14	30°00′	101°48′	康定市	7. 5
39	1954. 10. 24	29°24′	104°48′	自贡市	5. 0
40	1935. 12. 18	28°42′	103°12′	马边彝族自治县	6. 0
41	1933. 8. 25	32°00′	103°42′	茂县	7. 5

1.6 水文地质

四川地貌类型多样、岩性齐全，受地貌及岩性控制，各岩土体的含水性、透水性、含水层类型及分布情况有所不同，地下水可划分为松散岩类孔隙水、碎屑岩类孔隙裂隙水、碳酸盐岩类裂隙溶洞水、基岩裂隙水等 4 种类型（图 1.8）。松散岩类孔隙水分布在成都平原、峨眉平原、安宁河谷平原、若尔盖草原等山前倾斜平原、河谷阶地、山间盆地中。成都平原上部含水岩组由第四系全新统、上更新统砂卵砾石与含泥砂卵砾石组成，是主要的孔隙含水层，地下水具有埋藏浅、循环交替快、水量丰富、水质好的特点。平原下部第四系中、下更新统含水岩组由泥质砾卵石层组成，含水中等—微弱。碎屑岩类孔隙裂隙水浅部风化带赋存裂隙潜水，在适宜的承压储水构造条件下赋存层间裂隙水，含水岩组自古近系至震旦系不连续分布。碳酸盐岩类裂隙溶洞水（岩溶水）主要分布在盆地外缘山地、盆东条型褶皱带背斜核部和西南山地及川西高山高原局部地段。盆地外缘山地岩溶含水岩组主要由泥盆系—中三叠统中的碳酸盐岩类组成，其分布严格受构造控制。基岩裂隙水分为2个亚类，主要分布于西部高原及西南山地，其中，变质岩裂隙水主要赋存在三叠系西康群砂、板岩和元古宇，古生界的变质火山岩等的构造裂隙、风化网状裂隙中，水量贫乏，水质良好。岩浆岩裂隙水以中酸性岩类居多，西南山地还包括玄武岩。

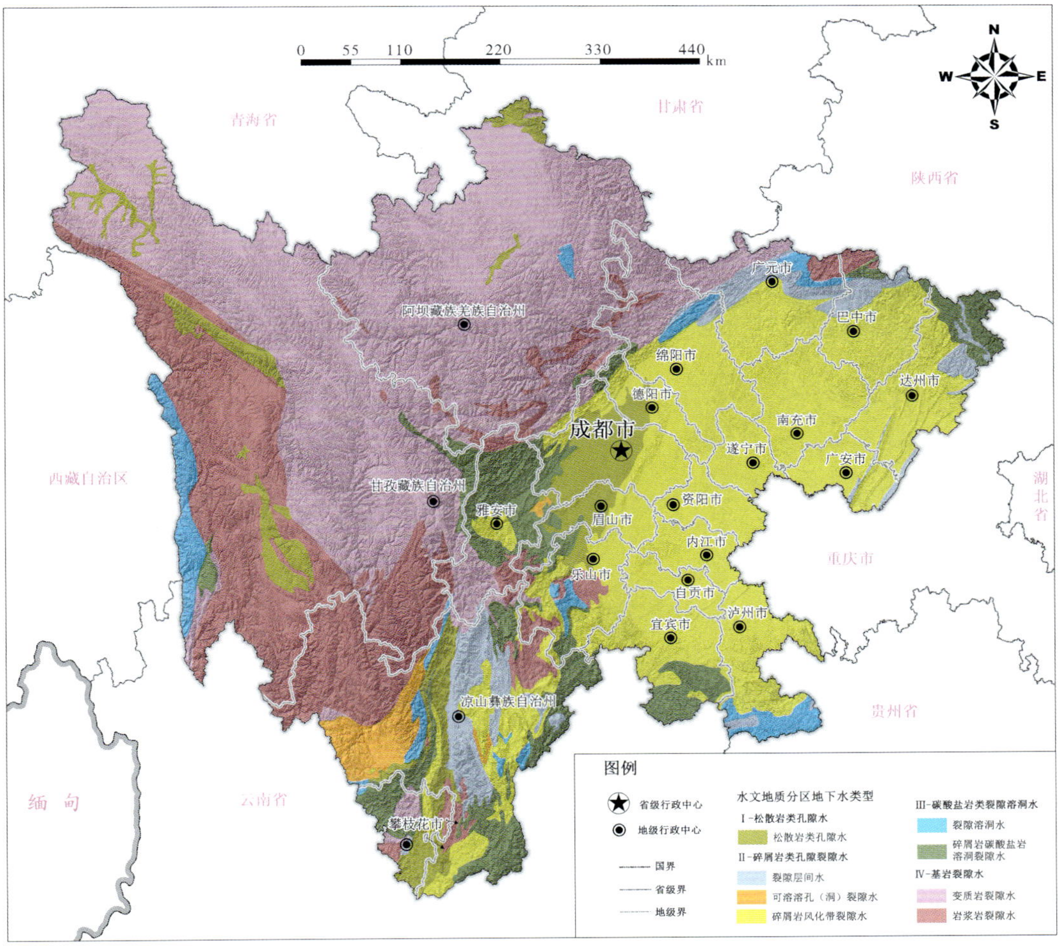

图1.8 四川省水文地质图

1.7 地质灾害诱因

地质灾害的发育形成是内、外动力因素综合作用的结果，其形成条件极为复杂，其中地形地貌、地层及岩土体结构、地质构造等是主要的内在因素，而大气降水、地震活动、人类工程活动等影响则是诱发地质灾害的外在因素。造成四川省地质灾害高发、频发的原因，主要有以下几方面：一是四川地处青藏高原东缘地形急变带，加上几条大的河流切割，在四川西部形成了高山峡谷地貌，为地质灾害发生提供了很好的地质条件；二是多次强震、极端强降雨以及人类工程活动促进和诱发了地质灾害的发生；三是长期以来历史形成的山区人口集聚，人类活动的影响使四川很多城镇很容易遭受地质灾害威胁。

（1）地形地貌控制

处于一定的地貌部位、具备一定坡度的斜坡极易引发地质灾害。其中坡度10°~45°、下陡中缓上陡、上部成环状的坡形是产生滑坡的有利地形，坡度大于45°的高陡斜坡、孤立山嘴或凹形陡坡均为崩塌形成的有利地形，具有山高沟深、地势陡峻、沟床纵坡降大、利于汇集水和固体物质的地形地貌特点为泥石流的有利地形。

四川省东、西部地貌形态差异十分明显。西部山高谷深，山岭海拔4500~5500m或以上，一系列南北向平行河流侵蚀强烈，河谷切深2000~3500m，斜坡多大于35°，易形成滑坡和崩塌；东部盆地群山环绕，盆中平原及丘陵海拔400~800m，谷坡低缓，斜坡稳定，盆周山地海拔2000~3000m，斜坡多大于25°，易形成滑坡及泥石流。

（2）地层岩性控制

地质灾害的产生与地层岩性关系密切，岩性及其组合特征的控制作用决定着地质灾害分布，60%以上的滑坡发生与斜坡堆积松散的土层和软弱岩层的分布密切相关，斜坡堆积松散的土层和软弱的岩层为主要易滑地层。

四川成都平原、红原-若尔盖草原及沿河平坝、山间盆地和谷坡地带多分布松散堆积岩类，易形成中小型滑坡。盆周山地古—中生界砂泥岩互层地层，特别是砂页岩夹煤层、石膏水云母黏土岩、泥盆系水云母黏土岩、志留系页岩、寒武系页岩，均是敏感的易滑地层，易形成规模较大的基岩滑坡和崩塌。盆地丘陵的砂泥岩互层的红层，昔格达组的第四系黏土、残坡积层等也是易滑地层，易形成大规模的岩质滑坡和群发性的小型土质滑坡。川西高山高原地区多分布变质岩类，极易产生泥石流、滑坡等地质灾害。崩塌则主要发生于厚层的中硬至坚硬岩体中，如花岗岩、灰岩、砂岩等。川西高原花岗岩类分布最多，在寒冻风化作用下多崩解成碎屑或砂粒，形成稀性泥石流的固体物源。玄武岩类集中分布于川西南山地，裂隙发育，受构造作用影响，多发生崩塌。

（3）地质构造控制

全省地质灾害的分布呈现出滑坡、崩塌、泥石流等地质灾害沿断裂带成群成带分布的特征。由于断裂构造运动，断裂带尤其是断裂发育或构造裂隙密集地带、多组不同方向断裂的交会部位，常导致岩石破碎，构造裂隙发育，第四系崩坡积土体分布较多，成为崩塌和松散堆积层滑坡发育地段。

在四川构造体系主体，即龙门山隆起褶带、鲜水河断裂带、安宁河断裂构造组成的著名的“Y”字型构造带上，具有前两者以崩塌、滑坡为主，后者以泥石流灾害为主的地质灾害发育集中现象。从区域划分来看，四川省东、西部地质构造环境相差极大。西部沿主要断裂带广泛发育泥石流、滑坡、崩塌等地质灾害；东部区域稳定性较好，仅在褶皱紧密的地应力集中地带，以发育中小型滑坡崩塌为主。

（4）地震活动影响

地震是造成斜坡地质灾害的主要触发因素之一，对崩塌、滑坡等地质灾害的诱发作用十分明显，地震活动累积效应造成山体结构损伤、斜坡的渐进性破坏，强烈地震作用直接拉断岩土体，引发大量崩塌滑坡及碎屑流堆积。西南地区的调查研究表明，是烈度达到7

级以上时，坡度大于25°的斜坡，地震触发破坏的现象十分明显，且震中多位于活动断裂带或两条断裂交会部位，震源深度多为12~15km，震后山体震裂发育。

四川省为地震多发区，地震具有突发性、群体性、频率高、强度大的特点，地质灾害主要沿“Y”字型构造分布，集中在龙门山、鲜水河、安宁河等三大地震活动带附近，具有明显的断层距离效应。崩塌、滑坡、泥石流等地质灾害的发生与地震之间存在显著的对应关系。

（5）大气降水影响

降雨具有覆盖面广、持续时间长和局地冲刷渗流作用强烈等特征，且降雨入渗导致斜坡岩土体重量增加，边坡的下滑力增加，加之岩土体软化、抗剪强度降低，斜坡极易失稳破坏。

四川自然气候复杂多变，降水量东西部变化差异较大，地质灾害都大多伴随着强降雨天气发生，只是在地区分布及严重程度上有所差异。四川盆周地区日降水量在100~200mm之间及以上的暴雨和特大暴雨激发崩塌、滑坡的产生，且滑坡的发生普遍具有滞后的现象，发生频率随降雨强度的增大而增强。而西部地区泥石流受强降雨影响极为明显，具有突发性和短暂性，极易形成暴雨型泥石流，危害特别严重。

（6）人类活动影响

在地质背景相同条件下，人类工程活动影响是地质灾害发育的主要因素之一。在人类工程活动频繁区，地质灾害相对较发育，相反在人烟稀少或人类工程活动不甚强烈地区，地质灾害也较少。由农业生产、工程建设造成的开挖削坡、弃土弃渣，削弱了坡体的完整性，造成山体变形，岩体开裂，边坡失稳，破坏了自然生态平衡，导致水土流失严重、环境恶化。在暴雨等外因激发下，极易形成崩塌、滑坡、泥石流。

2　地质灾害现状与特征

四川省是我国地质灾害最为发育、危害最为严重的省份之一。据不完全统计，2008年“5·12”汶川特大地震发生后，伴随着全省地质灾害区划与震后地质灾害普查详查工作持续推进，四川地质灾害隐患数量呈现出动态变化特征，整体表现为前期不断上升，而后期不断减少的趋势（图2.1）。特别是2013年底地质灾害隐患点数43265处，达到近十余年的峰值。自2014年以后，四川作为全国首批试点开展地质灾害综合防治体系建设，大力对在册地质灾害隐患实施监测预警、避险搬迁与工程治理等防治措施，地质灾害隐患点不断减少，在2022年底降至2.3万余处，较2013年降低了47.14%。

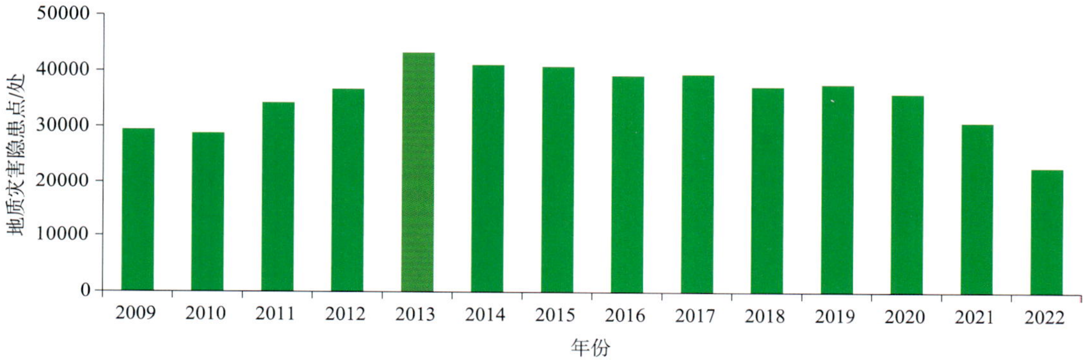

图2.1　四川省地质灾害隐患点统计图（2009—2022年）

2.1　地质灾害隐患发育现状

四川地质灾害隐患数量多、分布广、威胁大。截至2022年12月底，全省共发现地质灾害隐患点22867处，分布在21个市（州）、175个县（市、区），不同程度上威胁98万人生命和700余亿元财产安全。从类型上看，主要为滑坡、崩塌、泥石流（图2.2），其中滑坡14292处、崩塌4010处、泥石流4469处，分别占地质灾害隐患总数的62.8%、17.6%、19.6%。从规模上看，主要为小型、中型灾害。

2.1.1　滑坡

滑坡是四川发育程度最高、分布最广的地质灾害隐患类型，在省内分布不均匀，宏观上集中发育在龙门山、龙泉山以及秦岭大巴山，受地形地貌影响明显，其中川东红层区滑

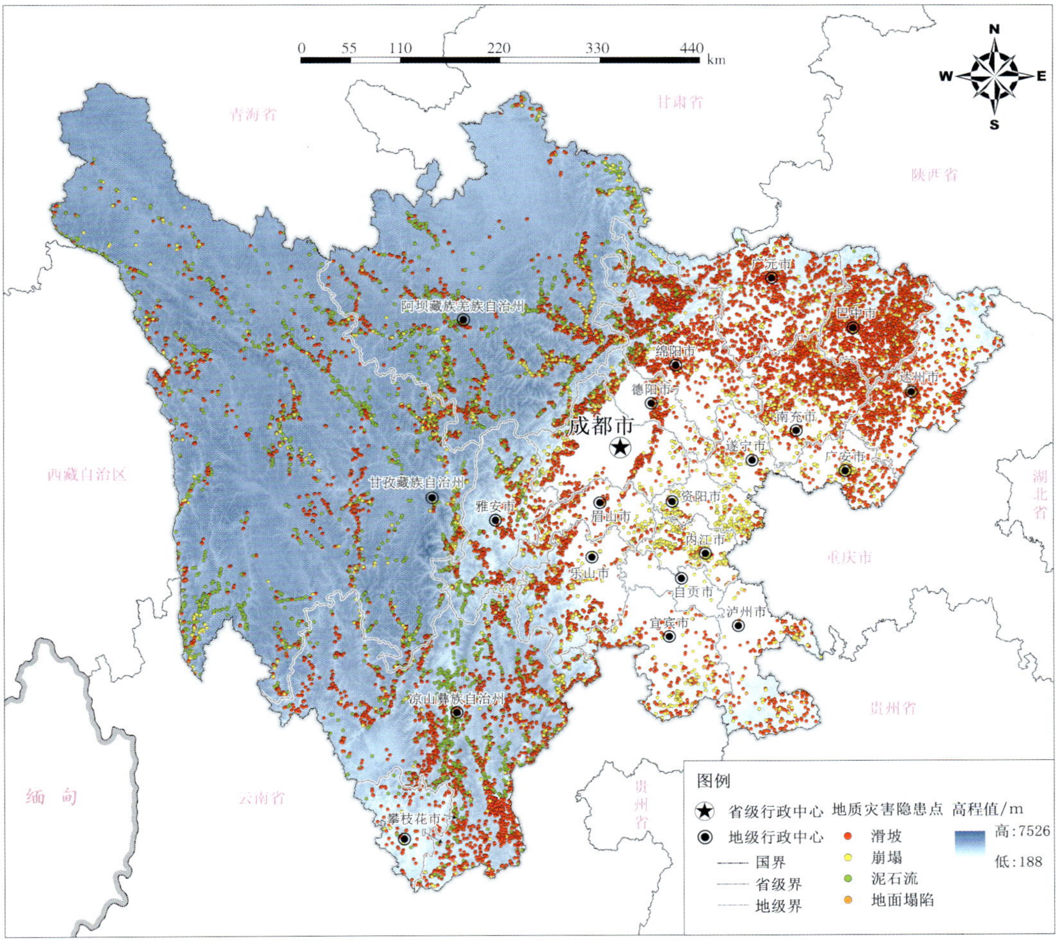

图 2.2　四川省地质灾害隐患点分布图（截至 2022 年 12 月底）

坡最为发育。红层作为四川一种典型的易滑地层，遇水易崩解风化甚至泥化，尤其是砂泥岩互层的红层区，在强降雨条件下易形成滑坡、崩塌。四川滑坡隐患主要以小型为主，在区域内广泛分布，特大型滑坡隐患主要分布在甘孜藏族自治州、阿坝藏族羌族自治州、凉山彝族自治州、雅安市及盆地周边（图 2.3）。

2.1.2　崩塌

崩塌是四川较为发育、数量仅次于滑坡的地质灾害隐患，空间分布极不均匀。与滑坡隐患空间分布较相似，主要集中分布在两个密集区：一个是龙门山断裂沿线密集区。这个区域的崩塌主要受构造作用和地震影响尤为显著，该区域属于地形急变带，崩塌受地形地貌控制显著。另一个是盆地红层区。该区域的崩塌多数是因为砂泥岩差异分化，形成凹腔，上覆砂岩卸荷或滑移形成崩塌，大多规模较小（图 2.4）。四川崩塌隐患以小型为主，特大型崩塌隐患分布不均匀，主要分布在阿坝藏族羌族自治州、凉山彝族自治州、甘孜藏族自治州。

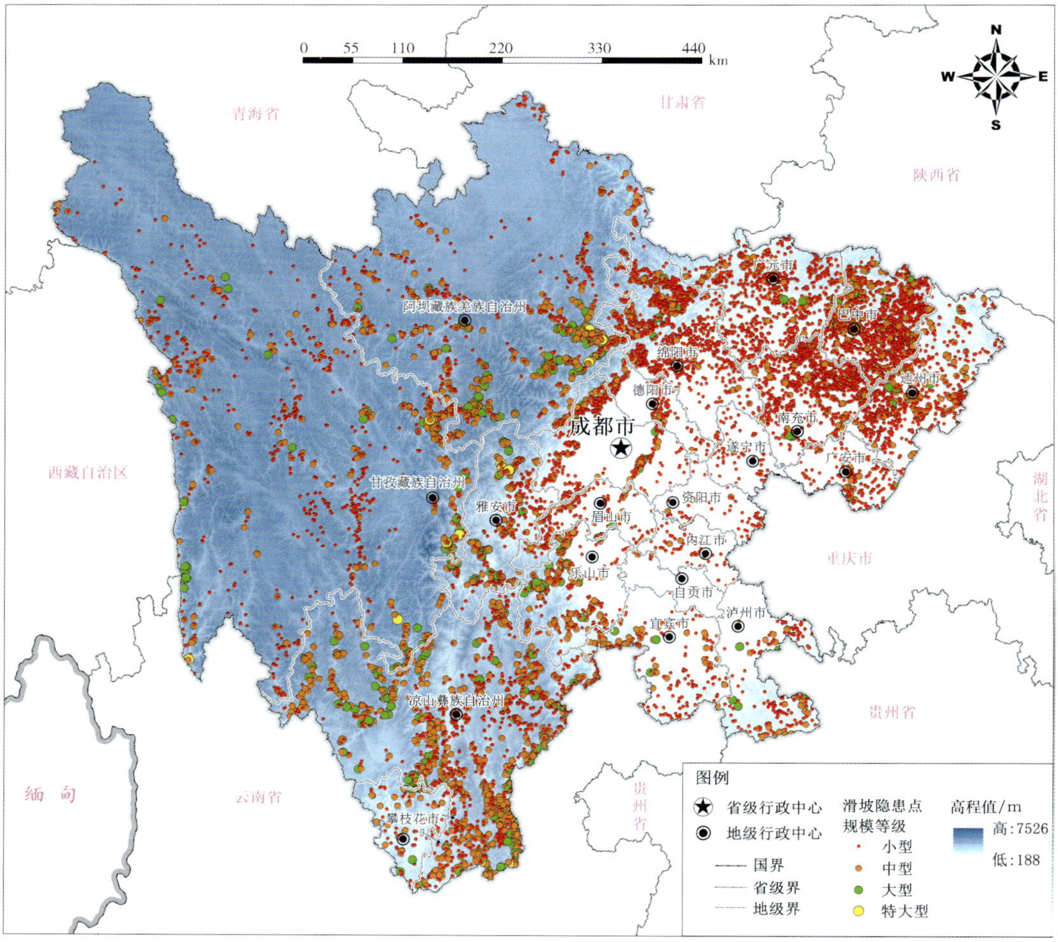

图 2.3 四川省地质灾害隐患滑坡分布图

2.1.3 泥石流

泥石流是四川较为发育的地质灾害隐患类型，空间分布不均匀，在川东红层丘陵区不发育，而是沿省内主要水系呈带状发育，且较为集中分布在阿坝藏族羌族自治州、甘孜藏族自治州、凉山彝族自治州等川西中高山峡谷地区。龙门山断裂带、金川—丹巴—小金沿线、安宁河断裂带沿线属于泥石流发育密集区，金沙江、雅砻江、大渡河沿线属于次密集区域（图 2.5）。四川泥石流隐患以中、小型规模为主。

2.2 地质灾害发生特征

四川省地质环境条件复杂，地质灾害呈现多发频发高发态势。据不完全统计，1993 年至 2022 年的 30 年期间，全省共发生地质灾害 43903 处，因灾造成的 1943 人死亡（未含地震同震地质灾害造成的人员伤亡），直接经济损失达 163.65 亿元。

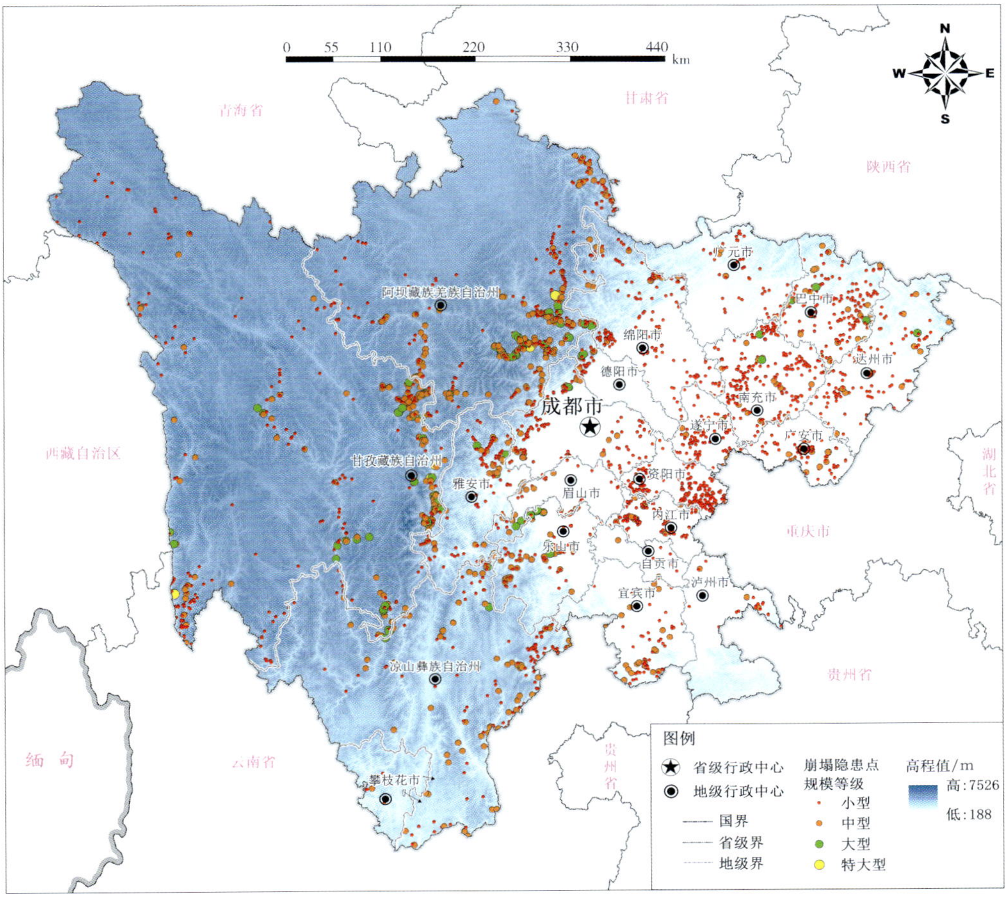

图 2.4 四川省地质灾害隐患崩塌分布图

2.2.1 地质灾害规模类型

统计期内，四川发生的地质灾害以滑坡、崩塌、泥石流为主，其中滑坡 27395 处、崩塌 8944 处、泥石流 5466 处，分别占发生灾害总数的 62.4%、20.4%、12.5%。以“5·12”汶川特大地震发生年份 2008 年为分界线，震前（1993—2007 年）滑坡占比 76.6%、崩塌占比 14.8%、泥石流占比 8.6%；震后（2008—2022 年）滑坡占比 63.6%、崩塌占比 22.6%、泥石流占比 13.8%。与震前相比，震后 3 类地质灾害数量急剧增加，但滑坡占比有所下降，崩塌和泥石流有所增加（图 2.6a）。

四川发生的地质灾害规模以小型为主。震前小型占比 93.1%、中型占比 4.7%、大型占比 2%、特大型占比 0.2%；震后小型占比 87.6%、中型占比 10.3%、大型占比 1.6%、特大型占比 0.6%。与震前相比，震后不同规模的地质灾害规模数量均急剧增加，但小型和大型灾害占比有所下降，中型和特大型灾害占比有所增加，尤其大型和特大型由震前年均个位数升至震后年均几十处甚至上百处（图 2.6b），主要集中分布在“Y”字型断裂带及盆地周边山区（图 2.7）。

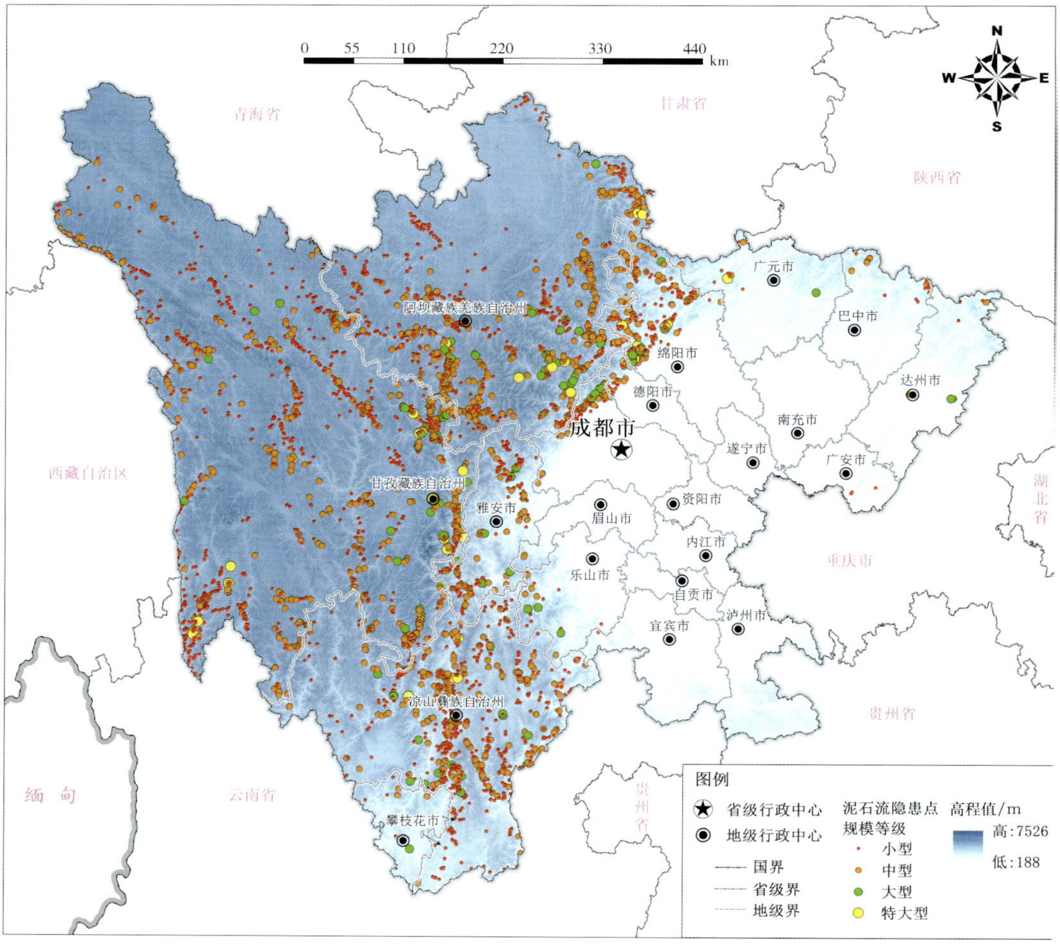

图 2.5　四川省地质灾害隐患泥石流分布图

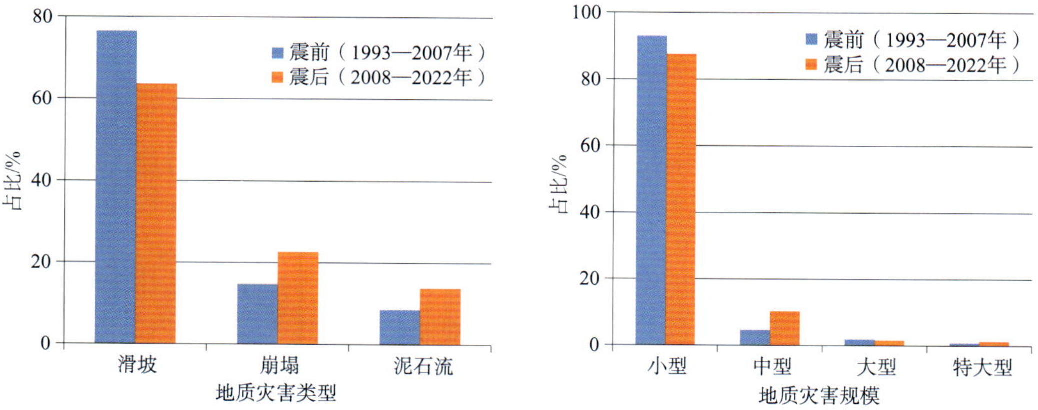

（a）地质灾害类型　　（b）地质灾害规模

图 2.6　四川省地震前后地质灾害类型与规模占比分布图（1993—2022 年）

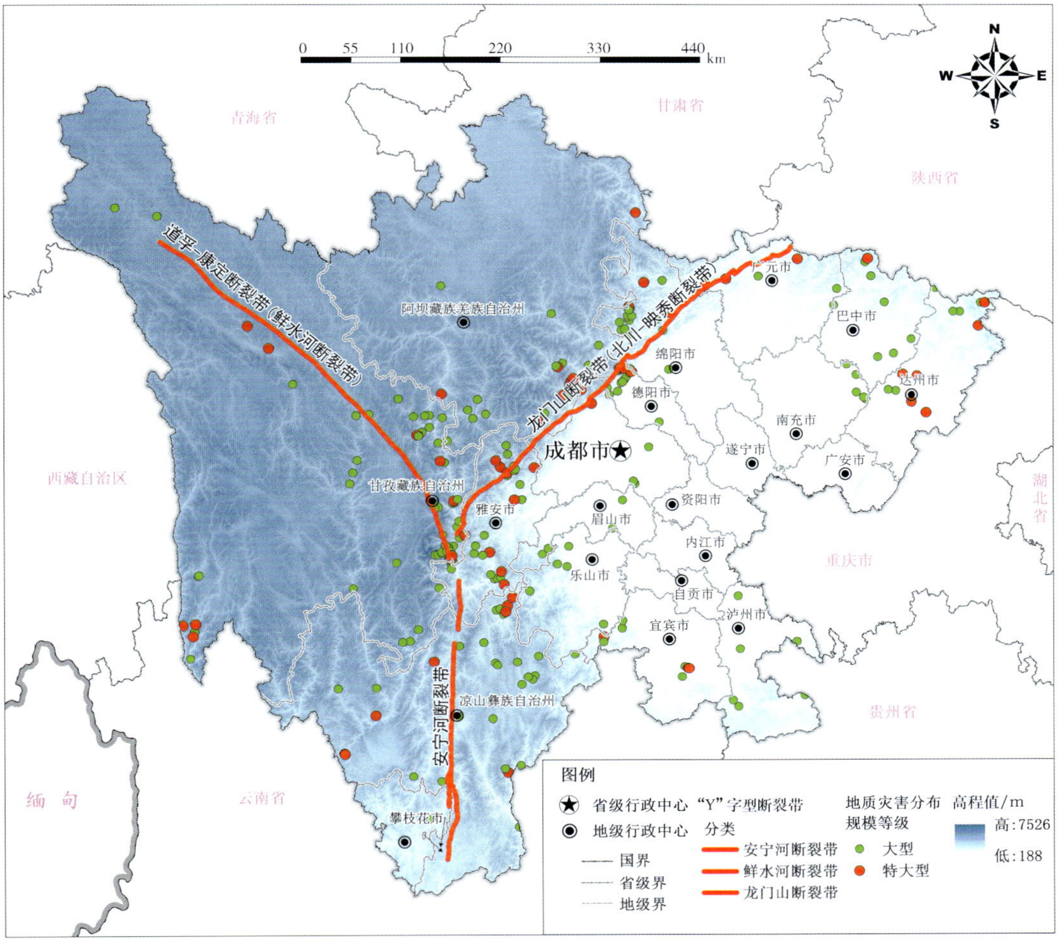

图 2.7　四川省大型特大型地质灾害分布图（2013—2022 年）

2.2.2　地质灾害空间分布

全省 175 个县（市、区）有地质灾害发生，总体呈现点多面广、局部集中分布的特点。受极端强降雨与地震影响，地质灾害空间分布呈现明显的区域差异性特征，可分为 10 个亚区（图 2.8）：川西金沙江东岸高山峡谷泥石流滑坡强烈发育区、川西高山高原滑坡泥石流弱发育区、川西中高山峡谷泥石流滑坡崩塌强烈发育区、川东红层丘陵滑坡崩塌中等发育区、川西南中山峡谷滑坡泥石流强烈发育区、川东北米仓山大巴山中山滑坡崩塌强烈发育区、川东平行岭谷低山丘陵滑坡崩塌较强发育区、川南低山丘陵滑坡崩塌较强发育区、龙门山中山滑坡崩塌泥石流强烈发育区和成都平原地质灾害不发育区。

（1）川西金沙江东岸高山峡谷泥石流滑坡强烈发育区（A）

川西金沙江东岸高山峡谷区位于四川西部，属金沙江东岸构造侵蚀高山峡谷区，为金沙江构造混杂岩带金沙江-哀牢山子系，构造断裂发育，形成南北向高山与峡谷，支沟众多，呈羽状排列，河流切割强烈，相对高差大，地层岩性复杂，易形成大型滑坡、泥石流

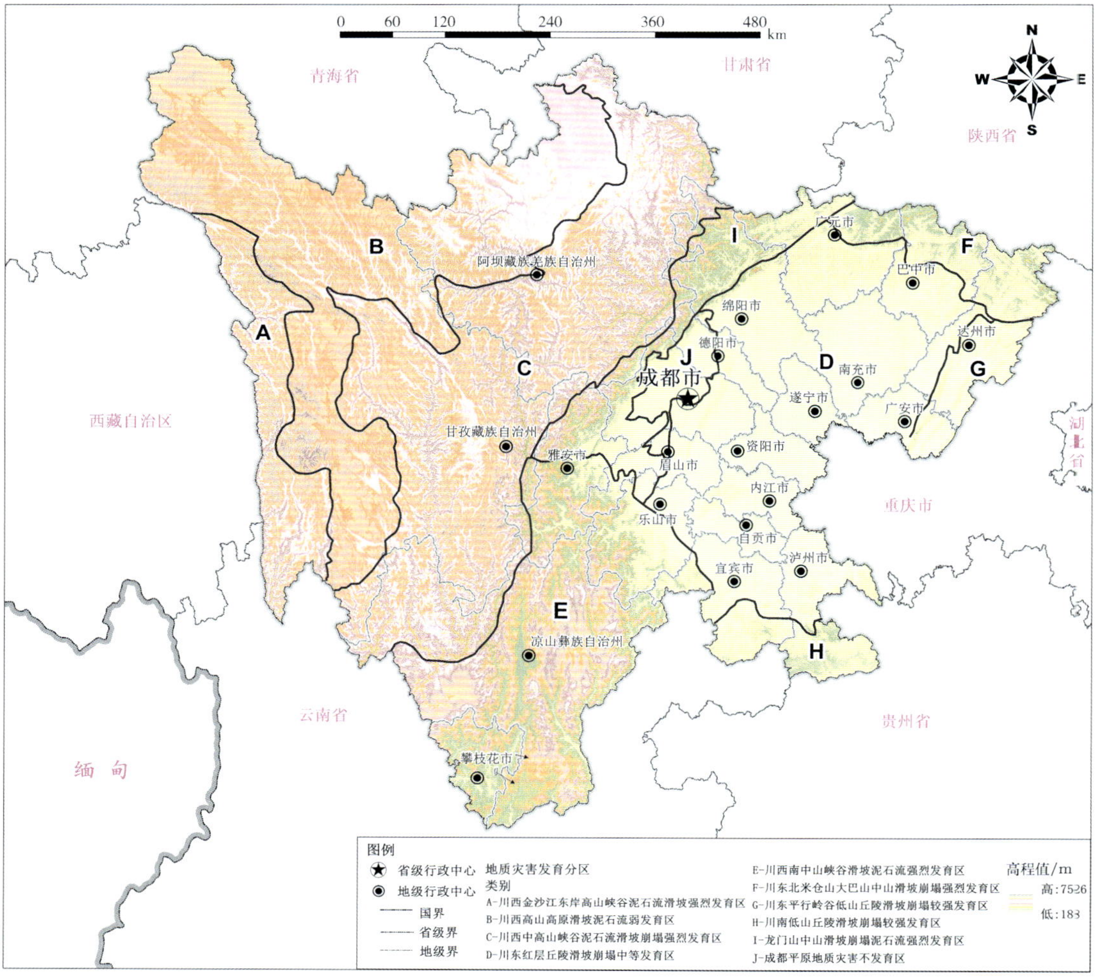

图 2.8　四川省地质灾害发育分区图

等灾害，尤其是高陡河谷型构造破碎松散体发生滑坡易产生灾害链，造成堰塞湖等灾害。据 1∶25 万地质灾害风险评价统计，区内地质灾害隐患点共 1403 处，其中滑坡 559 处、崩塌 215 处、泥石流 629 处，大型及特大型地质灾害共 54 处，泥石流点密度为 2.78 处/100km^2，在全省属于泥石流滑坡发育区域。

（2）川西高山高原滑坡泥石流弱发育区（B）

川西高山高原区主要分为两部分，一是色达—石渠—理塘沿线由浅凹河谷和浑圆形丘陵组成的丘陵状高原，属于构造剥蚀丘状高原区；二是红原—若尔盖一带的沼泽化平坦高原。区域南部甘孜、道孚、金川、马尔康等断裂发育，切割逐渐加深，形成了自西向东岭谷相间的地貌景观。石渠—理塘沿线主要属于义敦岛弧带，构造线方向近南北向，断裂发育，沿断裂带多出现碎裂岩等变质产物，地质灾害大多在不同地貌单元交界部位发育。该区域主要以滑坡、泥石流为主，据 1∶25 万地质灾害风险评价统计，区内地质灾害隐患点共 2178 处，其中滑坡 858 处、崩塌 160 处、泥石流 1160 处，大型及特大型地质灾害共 27 处，地质灾害发育在全省处于较低水平。

（3）川西中高山峡谷泥石流滑坡崩塌强烈发育区（C）

川西中高山峡谷区位于青藏高原的东南翼，地势高耸。整个区域地貌是深切河谷向极高山过渡的强烈隆起的山地。区内主要有雅砻江、大渡河等河流。构造上主要是三江地槽褶皱系和松潘-甘孜地槽褶皱系，构造复杂，褶皱发育，断裂发育，地层出露齐全，地层岩性复杂，变质作用强烈，地质灾害发育，崩塌、滑坡、泥石流共同构成致灾体系。地质灾害主控因素逐渐由地震控制变为降雨控制，泥石流灾害问题突出，地质灾害往往呈群发性和链发性。该区大型及特大型地质灾害在全省属于较多地区，据1∶25万地质灾害风险评价统计，区内地质灾害隐患点共10475处，其中滑坡4659处、崩塌2359处、泥石流3457处，大型及特大型地质灾害共519处。

（4）川东红层丘陵滑坡崩塌中等发育区（D）

川东红层丘陵区位于四川盆地东北边缘，属于扬子准台地里四川台坳，地处大巴山弧形构造带与川东平行皱褶带的结合部位，受构造运动程度较强，主要构造有重庆弧形束、南充台凹等。区内地层以侏罗系、白垩系为主，岩层缓倾或近水平状，地貌以中低山、低山、丘陵为主。地质灾害以滑坡、崩塌为主，泥石流几乎不发育，规模以小型为主，空间发育相对均匀，且普遍发育一些隐蔽性高、突发性强、成因机理复杂的滑坡，主要包括近水平岩层滑坡、缓倾顺层质滑坡及浅层土质滑坡，形成机理突出。该区域地质灾害发育主要原因是红层属于典型的易滑地层，尤其是由砂泥岩互层组成的红层区，差异风化严重，在强降雨与人类工程活动的作用下极易诱发滑坡、崩塌灾害。该区域人口分布密集，地质灾害数量明显高于其他区域，为全省最高。据1∶25万地质灾害风险评价统计，区内地质灾害隐患点共发育40349处，其中滑坡29440处、崩塌10885处、泥石流24处，大型及特大型地质灾害共147处。

（5）川西南中山峡谷滑坡泥石流强烈发育区（E）

川西南中山峡谷区总体处于川西高原大凉山山原及向四川盆周山地过渡区。地貌主要有大凉山山原地貌及高山峡谷地貌。该区主要位于扬子地层中的上扬子地层区，大部分位于扬子陆块区的二级构造单元扬子陆块南部碳酸盐台地，地层岩性出露齐全，较为复杂。新生代以来构造活动强烈，沿断裂发育为断陷谷，成为著名的地震带，对该区域影响较大的断裂有：安宁河断裂带、峨边-金阳断裂带、马边-盐津断裂带。地质灾害主要受岩土体结构控制，以滑坡、泥石流为主，崩塌发育一般，规模上看，崩塌以小型为主，但大型及特大型地质灾害在全省属于较多地区。据1∶25万地质灾害风险评价统计，区内地质灾害隐患点共10055处，其中滑坡6947处、崩塌1085处、泥石2023处，大型及特大型地质灾害共323处。

（6）川东北米仓山大巴山中山滑坡崩塌强烈发育区（F）

川东北米仓山大巴山中山区以中低山为主，北高南低，北部山脉多呈北西—南东方向延展，向南逐渐过渡到四川盆地的北部，相对高差多达2000m。区内降雨充沛，河网密集，侵蚀较为严重。在朝天—剑阁一线为龙门山北东向构造带与川北台凹燕山褶皱区，活动断裂发育，次级褶皱发育，地层岩性复杂。在通江一线为大巴山弧形构造带，并受华蓥山隆褶带的影响，地质灾害主控因素主要有西部的构造控制及东部的岩土体控制，在暴雨等极端天气条件下，易形成滑坡等灾害。滑坡、崩塌发育，泥石流发育较少。据1∶25万地质灾害风险评价统计，区内地质灾害隐患点共4563处，其中滑坡3883处、崩塌616

处、泥石流64处，大型及特大型地质灾害共57处。

（7）川东平行岭谷低山丘陵滑坡崩塌较强发育区（G）

川东平行岭谷低山丘陵区属于盆东侵蚀构造平行岭谷低山丘陵区、川东滑脱褶皱带，地貌类型受构造岩性制约，形成三山夹两槽的特殊地形，褶皱发育，地层岩性较复杂，主要包含川东平行褶皱系列等构造。区内地层破碎，加上人类工程活动强烈，易造成滑坡灾害。在全省属于滑坡较发育区域，泥石流发育极少。据1∶25万地质灾害风险评价统计，区内地质灾害隐患点共2265处，其中，滑坡1901处、崩塌342处、泥石流22处，大型及特大型地质灾害共11处。

（8）川南低山丘陵滑坡崩塌较强发育区（H）

川南低山丘陵区处于云贵高原北部边缘向川南丘陵延伸地带，地势总体南高北低。从区域构造上看，属于扬子地块西缘。金沙江自南西—北东向穿越，岭谷高差大。该区域地质灾害以滑坡、崩塌为主，泥石流较少，地质灾害主要受区内岩土体结构控制。滑坡、崩塌发育，在全省属于较高水平。据1∶25万地质灾害风险评价统计，区内地质灾害隐患点共1600处，其中滑坡1174处、崩塌399处、泥石流27处，大型及特大型地质灾害共10处。

（9）龙门山中山滑坡崩塌泥石流强烈发育区（I）

龙门山中山区地处青藏高原东北缘向四川盆地的过渡地带。区内岷山山系大致呈南北走向，海拔差距大，相对高差可达5000m，属于上扬子陆块西缘与松潘-甘孜造山带结合地带，区内活动断裂发育，地震频发。该区南部处于鲜水河、龙门山和安宁河断裂带交会部位，构造复杂。整个地质环境区域地质灾害类型齐全，滑坡、崩塌、泥石流共同构成致灾体系，泥石流问题突出。地质灾害空间发育呈现出明显的构造带聚集的特点，地震后地质灾害明显增加，降雨触发条件显著降低，成灾机理复杂，复合型地质灾害和灾害链问题突出。据1∶25万地质灾害风险评价统计，地质灾害隐患点共14725处，其中滑坡10537处、崩塌2727处、泥石流1461处，大型及特大型地质灾害共187处，地质灾害明显高于全省其他地区，且泥石流较其他地区更为发育。

（10）成都平原地质灾害不发育区（J）

成都平原区位于青藏高原东南侧前缘的第四纪断陷盆地，处于扬子地台西部，属于扬子地台地层单元，它的形成与演化受东、西两侧断裂带，特别是受西侧龙门山断裂带的制约。第四系广泛分布，成因类型多样，平原地区地质灾害几乎不发育。据1∶25万地质灾害风险评价统计，区内地质灾害隐患点共51处，其中滑坡46处、崩塌5处，为全省地质灾害发育最少区域。

2.2.3 地质灾害时间分布

据不完全统计，自1993年至2022年（30年）期间四川因地质灾害（地震除外）造成1943人死亡失踪。以“5·12”特大地震发生年份2008年为分界线，1993—2007年期间发生灾害6720起（占15.3%），造成1412人死亡（占72.7%），2008—2022年期间发生灾害37183起（占84.7%），造成531人死亡（占27.3%）。“5·12”地震前后相比，震后四川省地质灾害强度增加、活跃性增强，但造成的死亡人数大幅度减少，尤其是2014年以后，全省年均死亡人数大幅度降低至20人/a以内（图2.9）。

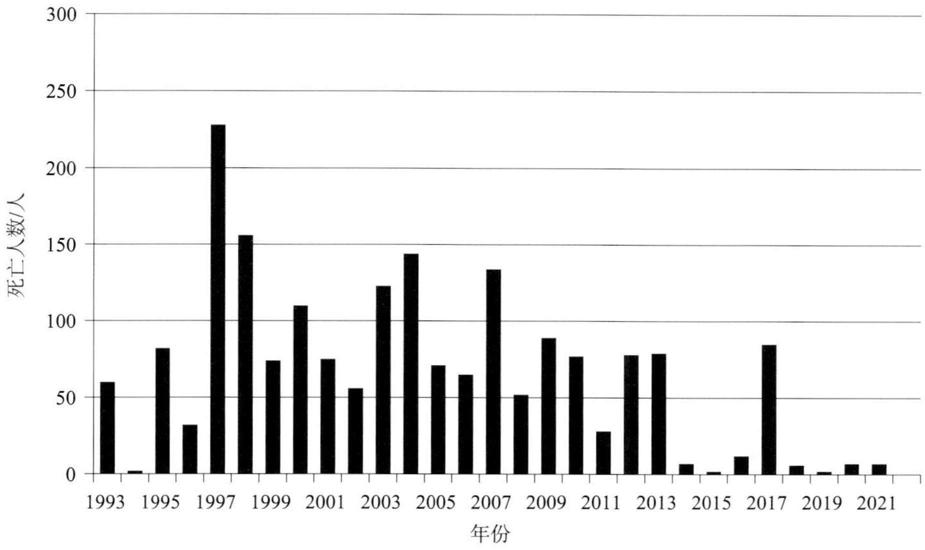

图 2.9　四川省地质灾害造成的死亡人数变化趋势图（1993—2022 年）

四川省地质灾害受降雨因素影响显著，发生时间与降雨集中时间具有一致性，极端强降雨过程均会诱发大量地质灾害（表 2.1）。四川省降雨集中在汛期 6—9 月，此时段也是地质灾害集中发生时段，地质灾害数量占全年的 92.5%；10 月—次年 5 月降水量较少，地质灾害发生数大幅度减少，仅占 7.5%（图 2.10）。

表 2.1　四川省部分典型暴雨诱发灾害事件统计表

序号	发生日期	灾害事件	24 小时最大降水量/mm
1	1989.7.10	广安市华蓥市溪口马鞍坪村大型滑坡	301.3（特大暴雨）
2	1997.6.5	凉山彝族自治州美姑县乐约乡使巴哈、莫尼豁、扎拉古洛呷四村特大型滑坡	大于 250（特大暴雨）
3	2004.9.5	达州市宣汉县天台乡特大型滑坡	190（大暴雨）
4	2007.6.18	达州市达川区群发性滑坡	228.9（大暴雨）
5	2007.7.30	达州市宣汉县清溪镇马伏村特大型滑坡	57.8（暴雨）
6	2010.8.13	德阳市绵竹市清平乡群发性泥石流	大于 227.5（大暴雨）
7	2011.9.16	巴中市南江县群发性滑坡	210（大暴雨）
8	2013.7.9	成都市都江堰市虹口乡红色村干沟中型泥石流	406.4（特大暴雨）
9	2013.7.10	成都市都江堰市三溪村五里坡大型滑坡	大于 500（特大暴雨）
10	2017.6.24	阿坝藏族羌族自治州茂县叠溪镇新磨村新村组特大型滑坡	大于 200（大暴雨）
11	2020.9.15	攀枝花市米易县白坡彝族乡张门扎老街中型泥石流	大于 200（大暴雨）
12	2022.8.23	凉山彝族自治州德昌县乐跃镇群英村 3 社群发性泥石流	大于 79.4（暴雨）

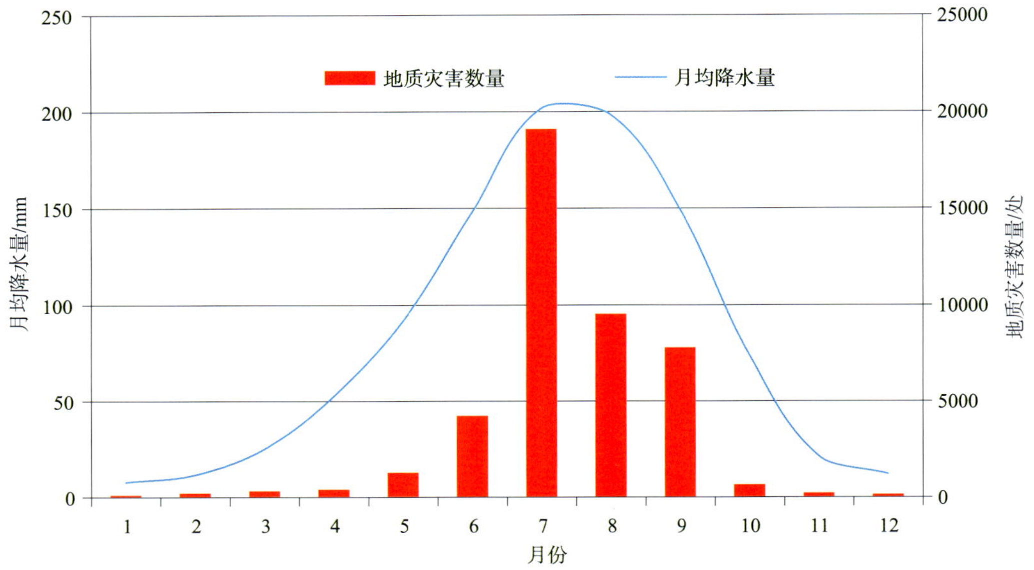

图 2.10　地质灾害数量与月均降水量分布图（1993—2022 年）

2.3　地质灾害分区

2.3.1　地质灾害易发分区

地质灾害易发性是指在现状自然地理、地质构造、地层岩性等成灾背景条件下地质灾害的易发程度，表征地理地质环境基本属性对地质灾害发生的控制作用。地质灾害易发性评价是对地质灾害各控制因素定量分析、有机叠加，并以“分级、分区”的形式将评价结果加以表达，是开展地质灾害风险评价的首要环节。根据四川省 1∶25 万地质灾害易发性评价结果，将全省划分为高易发区、中易发区、低易发区和非易发区 4 个区（图 2.11）。

高易发区呈近“C”形分布，北起大巴山、米仓山，南经龙门山断裂带至攀枝花市、凉山彝族自治州的会理、会东，西沿鲜水河断裂带至炉霍县，并在金沙江白玉—得荣段和盆地东部华蓥山低山区呈带状分布，面积 $26.07\times10^4 km^2$，占全省总面积的 53.60%。区内盆地以西地形高差大，河流深切，构造破碎，地层岩性复杂，受地震影响大，多强降雨，极易形成大型滑坡、泥石流等地质灾害；盆地东北部以中山为主，次级褶皱发育，地层岩性复杂，地震活动微弱，受强降雨影响易发生崩塌、滑坡等地质灾害。

中易发区主要分布于川西甘孜-理塘断裂带、德来-定曲断裂带的德格-得荣-雅砻江高山峡谷、北部的九寨高山峡谷、盆地东北部低山、丘陵区及盆地东南部中山、低山及丘陵区等区域，面积为 $7.11\times10^4 km^2$，占全省总面积的 14.61%。川西高原的中易发区以山地沟谷地貌为主，地势起伏较大，沟壑发育，地质构造复杂，受降雨、地震等因素影响易发生滑坡、泥石流等地质灾害；攀西地区中易发区受构造以及地表侵蚀作用，沟壑发育，受降雨等因素影响易发生滑坡、泥石流等地质灾害；盆区及盆周中易发区地质灾害多受人类工程活动影响。

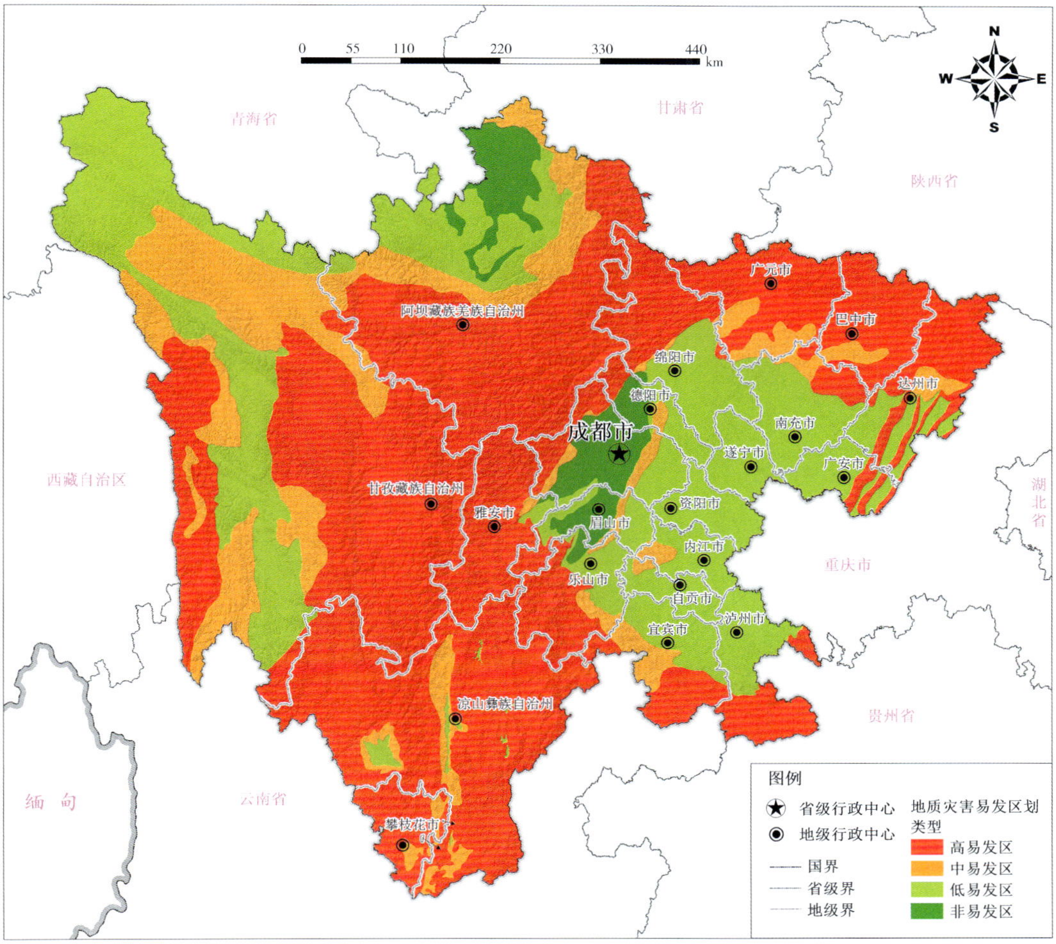

图 2.11　四川省地质灾害易发分区图

低易发区主要分布于川西北丘状高原、攀西地区盐源盆地、安宁河谷及川东低山、丘陵区等区域，面积为 $13.52\times10^4km^2$，占全省总面积的 27.80%。川西高原的低易发区地形条件相对单一，发育沼泽和季节性冻土，地质灾害易发程度较低；盆地低易发区地势相对平缓，地层岩性相对较简单，受人类工程活动、极端降雨等因素影响易形成小型崩塌、滑坡等灾害。

非易发区主要分布于若尔盖红原沼泽草地及成都平原，面积为 $1.94\times10^4km^2$，占全省总面积的 3.98%。区内地势平缓，基本不发生地质灾害。

2.3.2　地质灾害风险分区

地质灾害风险是在一定区域和给定时段内，地质灾害对人类生命财产和经济活动产生损失的可能性和期望值，综合反映了地质灾害的自然属性和社会属性。在地质灾害危险性评价基础上，对置于特定工况环境下人口、财产等承灾体因地质灾害受损程度进行定性定量评价的环节即为地质灾害风险评价。根据四川省 1∶25 万地质灾害风险评价结果，将全省划分为极高、高、中、低 4 个风险区（图 2.12）。

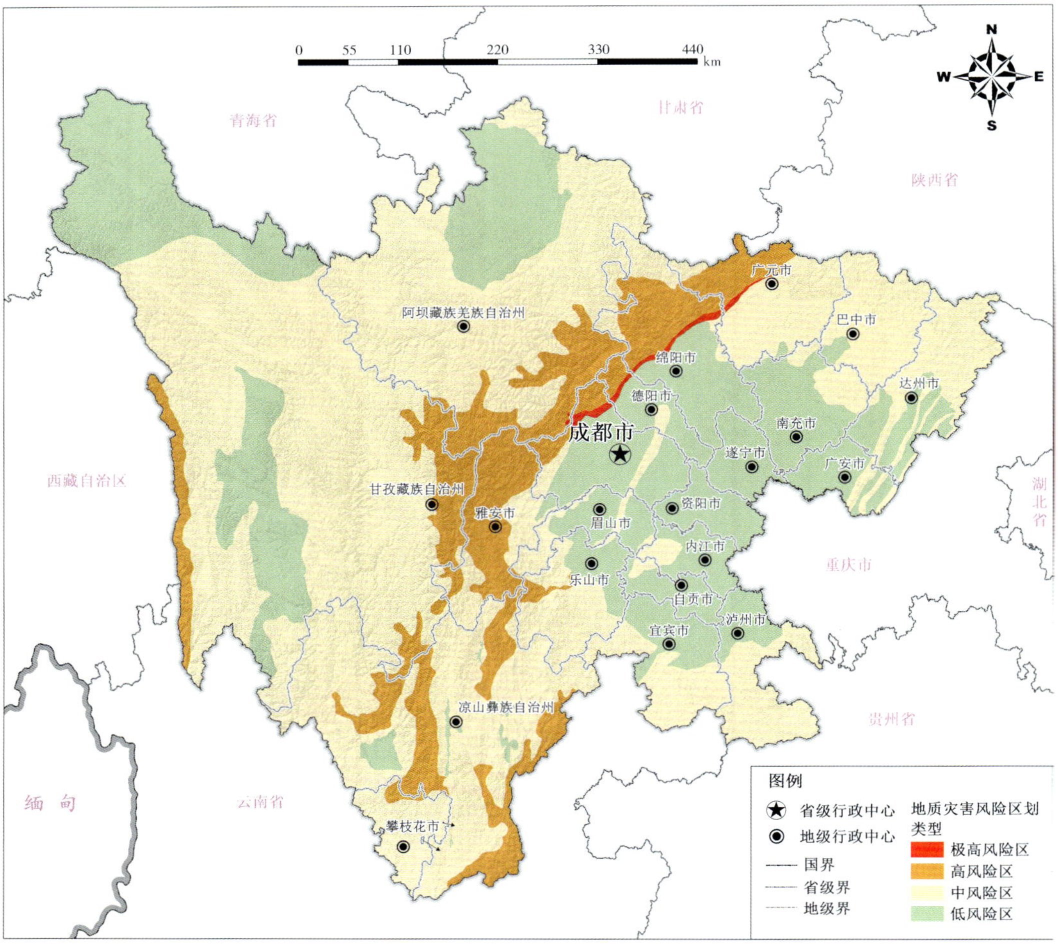

图 2.12　四川省地质灾害风险分区图

极高风险区主要沿盆地以西平原—山地交界处人类经济活动强烈区域，呈带状分布，面积为 $0.17\times10^4km^2$，占全省总面积的 0.35%。区内地质环境条件复杂，受汶川地震影响，山体破碎程度较高，地层岩性复杂多变，地震活动频繁，降雨较充沛、分布不均且差异较大，人口密度较高，人类工程活动强烈、频繁，为地质灾害高易发区，崩塌、滑坡、泥石流等地质灾害发育密度高，成灾规模较大，风险极高，危害极大。

高风险区北起青川，向南经龙门山断裂带至石棉，攀西地区沿雅砻江、金沙江下游呈带状分布，川西地区沿金沙江白玉—得荣段高山峡谷区分布，面积为 $6.29\times10^4km^2$，占全省总面积的 12.92%。区内地质环境条件复杂，地层岩性复杂多变，为“Y”字型构造断裂带强烈发育区，地震活动频繁，降雨较充沛、分布不均且差异较大，以雅安—都江堰一带为降雨中心，人口密度较高，人类工程活动强烈、频繁。本区为地质灾害高易发区，地质灾害成灾规模较大，风险高，危害大。

中风险区主要分布于川西高原高山峡谷区、凉山彝族自治州中山—高山区、盆地东北部低山—中山区、盆东平行岭谷以及盆地南部中山、低山等区域，面积为 $28.00\times10^4km^2$，占全省总面积的57.52%。川西高原及攀西地区中风险区地质环境条件十分复杂，地势高差大，地形陡峻、水系发育，以侵蚀构造高山、极高山区及构造剥蚀丘状高原区为主，为“Y”字型构造断裂带北西段，活动断裂构造发育，地震活动较频繁，生态环境脆弱，降雨较少、分布不均，人口较稀疏，人类工程活动一般—较强烈，交通及水利水电工程等重要基础设施建设众多；盆北及盆南中风险区地质环境条件复杂，地形陡峻、水系较发育，以侵蚀构造中山区为主，河流深切、岸坡陡峭，降雨较充沛、分布不均，局地形成暴雨中心，人口密度较高，人类工程活动较强烈—强烈。本区主要为地质灾害高易发区，滑坡、泥石流、崩塌等地质灾害较发育，成灾规模较大，风险较高，危害较大。

低风险区主要分布于若尔盖红原沼泽草地、石渠县大部分地区、理塘—稻城高原缓丘区以及盆地平原和丘陵区，面积为$14.22\times10^4km^2$，占全省总面积的29.21%。若尔盖红原沼泽草地及成都平原地势平缓，地质灾害基本不发育，地质灾害风险低，危害小；石渠县大部分地区及理塘—稻城高原缓丘区人口稀少，人类工程活动一般，地质灾害弱发育，地质灾害风险低，危害较小；盆地丘陵区人类工程活动较强烈，构造变形较弱，地质灾害弱发育—中等发育。

2.4 地质灾害防治形势与机遇

2.4.1 地质灾害防治面临形势

当前，全球气候变化影响突出，极端强降雨事件频发。全球气候变暖、二氧化碳浓度持续上升，气候格局发生改变，易引发洪涝、强降雨等极端天气，强降雨窗口扩展为4—10月。全省降雨呈现长时间持续、连片集中、雨强屡创新高的特点，加之四川地质结构本身脆弱复杂，地质灾害隐患点多面广，叠加降水不利条件，强降雨极易导致地质灾害群发多发、持续致灾、破坏性强。据统计，四川登记在册的地质灾害隐患点多达1.9万余处，每年80%~90%的地质灾害集中在汛期。

地震诱发地质灾害，地震灾区风险防控难度加大。2008年以来，四川经历了7次强烈地震，特别是2022年6月1日雅安市芦山县、6月10日阿坝藏族羌族自治州马尔康市接连发生6级以上地震，9月5日甘孜藏族自治州泸定县又发生6.8级强烈地震。受频繁地震影响，山体松动，松散物源剧增，地震灾区地质环境更加脆弱，导致降雨诱发滑坡、崩塌、泥石流等地质灾害的风险增加，汛期极易形成链式灾害（如堰塞湖、溃决洪水等），一旦成灾，规模更大、防控更难、损失更重、影响更广。据初步统计，“5·12”汶川地震、“4·20”芦山地震震后5年内，灾区地质灾害都呈显著增加趋势，约为震前的4~5倍水平。特别是在强降雨激发下，几乎逢沟必发山洪泥石流。例如，2010年8月13日，汶川地震灾区因区域性强降雨，引发群发性山洪泥石流灾害，造成道路中断、河道壅塞，经济财产损失巨大。

人类工程活动引发次生灾害，在建工程风险较高。近年来，“三州”地区、盆周山区大量工程项目开工上马，施工过程中的切坡、爆破、堆填等活动对地质环境扰动大，容易诱发次生地质灾害。特别是工棚营地防灾措施落实不到位，加之外来人员防灾意识不强、避险经验欠缺，进一步加剧了在建工程的受灾风险。据初步统计，2009 年至 2022 年，全省因工程建设引发地质灾害，造成人员伤亡的事件数量有 43 起，仅占同期发灾总数的 0.4%，但因灾死亡或失踪人数达 295 人，占到同期的 58%。例如，2019 年 8 月 14 日，成昆铁路甘洛段发生一起高位山体垮塌，当地政府前期已将此处隐患点移交施工单位，但因该单位监测防范措施落实不到位，造成正在坡脚开展涵洞清淤作业的 17 名施工人员死亡或失踪。

监测预警技术仍需提高，隐患发现能力存在短板。四川山地丘陵广布、地形起伏悬殊，大部分地区植被覆盖率高，加之频繁地震、强降雨叠加影响，地质灾害隐蔽性强、突发性高，但受限于地质灾害调查的深度与精度，“隐患在哪里”的问题尚未彻底解决。据初步统计，近 6 年全省近 80%的新增地质灾害发生于在册的隐患点之外。同时，监测预警新技术应用和普及水平不高，目前尚未破解“什么时候发生”的问题。例如，2017 年 6 月 24 日，在阿坝藏族羌族自治州茂县叠溪镇新磨村发生一起高位远程特大型崩滑灾害，造成 83 人死亡或失踪。此类地质灾害往往发生在高陡斜坡上部，仅靠传统调查手段和方法难以发现，且无法及时预警预报，一旦发灾，损失极为严重。

专业人才设备储备不足，应急处置支撑能力仍需提升。随着能力建设的不断推进，应急处置能力大幅提升，但仍普遍存在缺人才、缺资金、缺装备等现象。同时，专业地勘队伍应急调查装备配置还不能满足“三断”条件下的工作需求，缺少 5G 单兵移动通信装备，遥感航摄调查也以小型无人机为主，滞空时间短、航拍范围受限，不能实现对重点地区全覆盖快速调查解译，缺乏对灾害的管控能力。特别是在灾害以后，受技术条件限制，尚不能在较短时间对重点地区灾害全面掌握了解。例如，2022 年“9・5”泸定地震时，由于灾区山高谷深、次生地质灾害突出、居民分散，加之地震造成道路交通、通信、电力中断，难以在第一时间准确获取灾区相关信息。

2.4.2 地质灾害防治发展机遇

统筹发展和安全，牢牢守住安全发展底线，为地质灾害防治指明了方向。习近平总书记多次就防灾减灾救灾工作作出重要批示指示，提出“两个坚持、三个转变”防灾减灾救灾理念，为做好防灾减灾工作、加强地质灾害防治提供了根本遵循。党的十九大报告中明确提出要“加强地质灾害防治”，党的二十大报告提出“坚持安全第一、预防为主”“提高防灾减灾救灾和重大突发公共事件处置保障能力”。中央财经委员会第三次会议指出“要建立高效科学的自然灾害防治体系，提高全社会自然灾害防治能力”，2020 年 6 月国务院部署开展了第一次全国自然灾害综合风险普查工作，明确将地质灾害作为重点普查对象。四川省委、省政府始终把地质灾害防治作为“生命工程”“底板工程”来抓，逐步建立了“党委领导、政府负责、部门联动、防治救协调统一”的地质灾害防治机制，常态化设立了地质灾害防治专项资金，系统推进了以调查评价、监测预警、综合整治、能力建设为主体的地质灾害防治工作。《四川省国民经济和社会发展第十四个五年规划和二〇三五年远景目标纲要》提出要“统筹发展和安全，建设更高水平的法治四川和平安四川”，明确要求“加强洪涝干旱、森林草原火灾、地质灾害、地震等领域监测预警和防灾减灾救灾能力建设”“有效应对各类风险挑战”，切实保护人民群众生命财产安全。

融入新发展格局，为加快推进地质灾害防治体系和治理能力现代化建设提供有利契机。四川积极参与“一带一路”建设、长江经济带发展、成渝地区双城经济圈建设、新时代西部大开发等国家重大战略，抢抓推动“一干多支、五区协同”“四向拓展、全域开放”发展机遇，落实《中华人民共和国长江保护法》关于“加强长江流域洪涝干旱、森林草原火灾、地质灾害、地震等灾害的监测预报预警、防御、应急处置与恢复重建体系建设”及省委十一届九次全会提出的“开展重大自然灾害防治和重大公共安全处置领域先进适用技术和装备研发”重大决策，加快实施地质灾害防治，更好服务“平安四川”建设，以治理保安全，以安全促发展，为实现全省经济行稳致远、社会安定和谐提供地质安全保障。

中 篇

3　地质灾害防治历程

3.1　多措防治探索（中华人民共和国成立初期—2013 年）

3.1.1　地质灾害防治开局起步阶段（中华人民共和国成立初期—1997 年）

（1）地质灾害防治事业初见雏形

中华人民共和国成立初期，四川地质灾害的防治主要为自发性防治、分散治理。如汉源县城东西沟，当地住户自发修建了干砌石排导槽。20 世纪 60 年代中期，随着成昆铁路等重大基础设施建设，重大工程周边泥石流灾害开始了有针对性的防治，受当时条件限制，泥石流灾害防治仅采用单一的工程治理措施。1967 年后，四川在西昌黑沙河开创性启动了“工程治理为主，工程与生物治理相结合”的综合治理规划的研究，1972 年按照综合治理规划实施黑沙河综合治理工程。1979 年，四川建立了“防汛指挥部主管、多个部门协调”的城镇泥石流和矿山泥石流的综合治理工作模式，结束了自发、分散的泥石流防治历史，开始了有组织、有计划的治理，形成了泥石流灾害系统治理体系。

（2）地质灾害防治工作集中统一

1978 年 12 月，党的十一届三中全会顺利召开，全会明确把党和国家的工作重点转移到社会主义现代化建设上来，提出实行改革开放的重大决策，实现了党的历史上具有深远意义的重大转折，开创了改革开放和社会主义现代化建设新时期。1988 年，国务院正式赋予地质矿产部“对地质环境进行监测、评价和监督管理”的职能，统一规划、统一部署，地质灾害防治工作有了明确职能部门，助推了国内地质灾害防治工作进程和工作体系成型。1989 年，四川省地质矿产厅成立，统一行使地质灾害防治行政管理职能，地质灾害防治工作结束了分散无序、各自为战的状态。

3.1.2　地质灾害防治基本成型阶段（1998—2008 年）

（1）明确地质灾害防治责任

1998 年 3 月 10 日，九届全国人大一次会议第三次全体会议表决通过关于国务院机构改革方案的决定，国土资源部成立。1999 年，国土资源部颁布实施《地质灾害防治管理办法》，首次以规章的形式明确了地质灾害防治责任，提出了“以防为主，防治结合”的原则，明确了以调查、监测、治理为主体的地质灾害防治思路，建立了建设用地地质灾害危险性评估制度和资质管理制度。同年，四川省第九届人民代表大会常务委员会通过《四川省地质环境管理条例》，对四川地质灾害防治工作提出了新要求。在四川省 1∶100 万地质灾害调查研究、市（州）1∶50 万地质灾害调查研究等区域地质灾害调查的基础上，四川启动了1∶10万县（市、区）地质灾害调查与区划。

（2）理顺组织管理体制

2000年3月，四川在全国率先建立县、乡、村、组四级地质灾害“群测群防”体系。2003年7月1日，“四川省地质灾害气象风险预警预报系统”正式运行，联合四川省气象局，通过四川省电视台天气预报节目，向全省广大人民群众发布24小时地质灾害气象风险预警预报，让受地质灾害威胁的群众及时掌握地质灾害发生风险。2000年5月23日，四川省国土资源厅挂牌成立，内设地质环境处，专门负责地质灾害防治工作，其职能职责包括承担地质环境保护的责任，组织、协调、指导和监督地质灾害防治工作，指导重大地质灾害应急处置，组织拟订、实施全省突发重大地质灾害应急预案，组织编制地质灾害防治专项规划并监测规划执行情况，结束了地质灾害长期存在的“九龙治水、多头管理”的局面。为加强地质环境监督管理职能，成都、绵阳、德阳、泸州、内江等19个市（州）和南部、沐川、洪雅、江油、叙永、珙县等30多个地质灾害易发县（市、区）相继建立了地质环境监测站，自此四川省、市（州）、县（市、区）三级地质灾害防治组织管理体系初步搭建完成。

（3）建立完善防范体系

在党的十六大“立党为公，执政为民”的执政纲领和“三个代表”的指引下，地质灾害防治工作成为“关系民生、保障发展”影响政府全局性工作的重要组成部分。2003年，国务院第394号令发布了《地质灾害防治条例》，进一步完善了地质灾害防治、应急以及救助法律制度，首次明确了“政府统一管理，部门分工协作，群众广泛参与，国土资源部门牵头组织”的具有中国特色的地质灾害防治工作体制，提出了“谁引发、谁治理”的工作原则，大大改善了我国地质灾害防治工作“一方治理，多方破坏”的局面。2004年，四川启动了县（市、区）地质灾害补充调查与区划，部署地质灾害避险搬迁及选址地调查工作，进一步摸清地质灾害避险搬迁底数。2006年，四川将重大地质灾害防治工程和地质灾害避险搬迁工程列入省人民政府目标管理，建立完善了“防治结合”的地质灾害防范体系。同年，四川全面完成176个县（市、区）地质灾害调查与区划，初步摸清了全省地质灾害“家底”。同时，四川启动受地质灾害威胁人员防灾搬迁避让安置工程，通过“就近就地分散安置、跨村跨社插花安置、集中社区化安置、异地货币化安置”等多种搬迁形式，让群众永久性摆脱原居住环境的地质灾害威胁，体现了以防为主的管理思路。

（4）强化防治制度建设

2000—2006年间，四川先后出台了《关于印发地质灾害防治工程施工单位资质管理办法的通知》《关于印发地质灾害防治工作规划纲要的通知》《关于加强地质灾害防治工作意见的通知》《关于加强四川建设用地预审及建设用地审批中地质灾害危险性评估工作的通知》《关于进一步规范四川特大型地质灾害防治项目管理工作的紧急通知》《四川省地质灾害防治工程项目管理暂行办法》《四川省突发地质灾害应急预案》等文件，初步奠定了四川地质灾害防治的管理政策基础。

3.1.3 地质灾害防治稳步发展阶段（2008—2013年）

（1）地震灾后恢复重建

2008年，“5·12”汶川8.0级特大地震诱发了大量地质灾害。在党中央、国务院关怀下，先后出台《汶川地震灾后恢复重建条例》《国务院关于支持汶川地震灾后恢复重建政策措施的意见》《国务院关于印发汶川地震灾后恢复重建总体规划的通知》《四川省人民政府关于支持汶川地震灾后恢复重建政策措施的意见》《关于贯彻实施〈汶川地震灾后恢复重建条例〉的通知》《四川省地震灾区重大地质灾害防治工程项目管理暂行办法》《四川省地震灾区重大地质灾害防治工程项目资金管理暂行办法》等重要文件。在地震灾区灾后重建阶段，四川系统实施了“5·12”汶川8.0级特大地震灾后恢复重建地质灾害防治规划，推动实施了2334处地质灾害工程治理。针对汶川特大地震后地质灾害防治工作出现的新情况、新问题、新需求，大量专家学者对地质灾害发育特征、诱发机理、复合型灾害链动机理、震后长期效应等进行了深入研究，形成了一系列地质灾害防治新技术新方法，进一步丰富了四川地质灾害防治理论体系。

（2）防治体系健全革新

2009年，四川省国土资源厅创新建立了汛期地质灾害驻守支撑机制，派出18名专业技术人员汛期常驻阿坝、成都、德阳、绵阳、广元、雅安等地震重灾区6个市（州），指导县（市、区）开展督导检查、巡查排查、应急处置、宣传培训、应急演练等工作。2011年，四川省人民政府在贯彻落实国务院《关于加强地质灾害防治工作的决定》的基础上，结合四川当前地质灾害防治形势出台了《关于加强地质灾害防治工作的实施意见》，从制度层面强化了地质灾害防治工作管理。2012年，中共四川省委机构编制委员会批准四川省国土资源厅地质环境处加挂“地质灾害应急管理办公室”牌子，负责承担地质灾害应急处置，协助地质灾害防治项目管理，组织、协调、指导和监督地质灾害防治等工作。2013年6月，四川在全国率先开展了“一日一会商”工作，与地质灾害气象风险预警涉及的市（州）和重点县（市、区）联合召开视频会商调度，强化地质灾害气象风险预警响应措施的落实。此外，四川提出隐患点“动态排查、动态核实、动态监测、动态管理”的管理原则，实现了全省地质灾害隐患点的群测群防分级防控和动态管理。2013年7月，四川省国土资源厅联合四川省财政厅正式印发了《四川省地质灾害治理工程概（预）算标准（试行）》，进一步规范了全省地质灾害治理工程项目各阶段的概（预）算及完工结算的工作流程，提高了地质灾害防治专项资金使用效益。

3.2 综合防治体系建设（2014—2018年）

（1）综合防治体系试点

2014年，四川省人民政府成立了四川省地质灾害应急指挥部，首次实现了地质灾害防治从部门推动到政府统筹的管理体制变革，是推动四川地质灾害防治全民化的里程碑事件。同年，四川紧紧抓住中央部委创新改革中央财政地质灾害防治专项资金分配模式的契机，以第一名的优异成绩成功申请成为全国地质灾害综合防治体系建设试点省份。结合经济社会发展水平与防灾减灾工作实际需要，围绕“调查评价、监测预警、防治体系、能力建设”四个方面，坚持“以人为本、生命至上”的防灾理念和“在时序上分期、在空间上分区”的部署原则，在地质灾害重点防治区和一般防治区合理配置工程与非工程措施，将地质灾害防治工作重点由灾后治理转移到灾前预防，着力提升地质灾害综合防治体系建设水平。其间，出台了《四川省地质灾害综合防治体系建设项目和资金管理办法》，制定了全国首部《四川省地质灾害治理工程概（预）算标准（试行）》，在全国率先启动了政府投资的地质灾害防治项目建设市场信用管理体系建设，建立完善了特大型地质灾害治理工程“立项、实施、验收”三分离制度，有力保障了地质灾害防治工作规范、高效实施。

（2）部署推进调查评价

在原有1：10万县域地质灾害调查与区划工作基础上，重点部署了76个县（市、区）1：5万地质灾害详细调查。2017年，专项开展了全省全覆盖的地质灾害应急排查，重点开展已有隐患点核查、已建地质灾害治理工程复查复核、新增隐患点调查及人口聚居区地质环境调查、易发区工程建设项目地质灾害危险性评估防范措施落实情况检查等工作。建立地质灾害巡排查制度，常态化推进汛前排查、汛中巡查、汛后核查工作，全面实现地质灾害隐患点动态更新、新增、核销，实时修订了地质灾害隐患点防灾预案。在龙门山断裂带、大渡河沿岸等地质灾害防治重点区域，通过InSAR解译、机载LiDAR获取、无人机航摄等手段，第一次大范围地开展地质灾害隐患识别示范工作，开发了地质环境管理信息公共管理平台。

（3）健全优化监测预警

大量实践证明，群专结合的地质灾害监测预警工作仍然是现阶段最有效的重要防灾手段之一。四川积极推进群专结合的地质灾害监测预警体系建设，进一步健全省、市、县、乡、村、社、点七级联动的地质灾害群测群防专职监测网络，对全省已发现的地质灾害隐患点按年度逐点落实监测责任人及专职监测员，并建立地质灾害群测群防台账。在省级及21个市（州）统筹规划专业监测点，整合地质环境管理信息平台、地质灾害气象预警预报、地质灾害应急会商、地质灾害专业监测预警等系统，构建信息化平台，完善地质环境数据库，重点围绕威胁人口相对集中的崩塌、滑坡、泥石流等重大地质灾害隐患点的变形破坏特征及影响因素进行自动化实时监测体系建设，提升地质灾害专业监测预警能力与水平，实现专业监测和动态预警。

（4）组织开展综合防治

按轻重缓急，适时组织开展地质灾害工程治理、避险搬迁等工作，积极探索开展地质灾害集中连片发育的典型小流域及重点场镇的综合整治，及时消除地质灾害隐患威胁，切实保障群众生命财产安全，拓展地质环境安全容量，着力提升防灾实效。一是组织搬迁避让，对受地质灾害隐患点威胁的91337户农户、30万余人实施搬迁避让安置；二是开展治理工程，实施1261处地质灾害隐患点工程治理；三是落实综合整治工程，实施地质灾害集中发育的19处典型小流域、重点城镇的综合整治工程；四是实施排危除险工程，对3084处地质灾害隐患点进行排危除险。

（5）多方推动能力建设

为了深入贯彻党的十八大精神，加强防灾减灾体系建设，提高气象、地质、地震灾害防御能力，四川从多方面加强地质灾害防治能力建设。一是加强科普宣传，指导市、县、乡、村完善防灾预案，落实防灾责任制，扩大地质灾害防治知识宣传培训范围，省、市（州）、县（市、区）每年至少组织开展地质灾害应急避险演练1次；二是加大应急物资储备，加强地质灾害易发区市（州）、县（市、区）建立地质灾害防灾物资储备，规划建立地质灾害避险场所，完善应急物资保障体系；三是提升应急处置能力，在地质灾害多发、险情大、交通通信保障条件差的93个地质灾害重点防治县建设地质灾害远程传输实时对讲监测指挥平台，提升基层应急响应能力；四是开展地质灾害防治科学技术研究，针对重大地质灾害隐患识别、成因研判、监测预警、防控方法和应急处置等开展研究，着力破解四川地质灾害防治技术瓶颈。

（6）综防体系成绩斐然

经过5年的地质灾害综合防治体系建设，累计投入地质灾害防治专项资金114.18亿元，其中，省级投入57.02亿元，四川地质灾害防治取得显著的防灾效果。实现成功避险328起，避免了17762名群众可能的因灾伤亡，因灾伤亡人数持续保持低位；通过工程治理、避险搬迁等措施实际销号地质灾害隐患点26186处，在2013年末43265处地质灾害隐患点的基础上下降60.5%，地质灾害隐患大量核减；受地质灾害隐患点威胁的场镇减少47.5%，受地质灾害隐患点威胁的学校减少38.3%，地质灾害防治严峻形势初步得到控制；群专结合监测预警高效运转，培训演练机制逐步完善，极大提升了地质灾害易发区群众识灾、防灾、避灾意识及自救互救能力，开创了“全民防灾”的良好局面。多年实践表明，四川地质灾害综合防治体系建设取得显著成果，相关做法走在了全国前列。

3.3 全域综合整治（2019年至今）

（1）优化革新防灾机制

2018年10月10日，中央财经委员会第三次会议提出，加强自然灾害防治关系国计民生，要建立高效科学的自然灾害防治体系，提高全社会自然灾害防治能力，为保护人民群众生命财产安全和国家安全提供有力保障。随着新一轮党和国家机构改革，2018年11月，四川省自然资源厅成立，进一步明确了地质灾害防治处职能职责：负责地质灾害预防和治理；负责落实综合防灾减灾规划相关要求，组织编制并实施地质灾害防治规划和防护标准；组织、指导、协调和监督地质灾害调查评价及隐患的普查、详查、排查；组织、指导开展群测群防、专业监测和预报预警等工作，组织、指导开展地质灾害工程治理工作；承担地质灾害应急救援的技术保障工作。2018年12月，四川省自然资源厅、四川省财政厅联合修订印发《四川省地质灾害治理工程概（预）算标准（修订）》，进一步提高了地质灾害治理工程概（预）算编制与审查的工作效率。2019年6月27日，四川省人民政府调整完善四川省应急委员会的职能职责，下设18个专项指挥部，其中专设四川省地质灾害防治指挥部，负责贯彻落实省委、省政府关于地质灾害防治和应急处置工作的决策部署。2020年5月修订印发《四川省突发地质灾害应急预案（试行）》，完善四川省突发地质灾害应急响应流程图，进一步规范四川突发地质灾害应急抢险组织指挥体系和响应调度程序。同年，修订出台了《四川省地质灾害防治项目管理办法》《四川省政府投资地质灾害防治项目建设市场主体信用评价管理办法》，并探索建立四川地质灾害防治工程治理项目绿色通道，优化项目资金审批程序，缩短工程项目实施周期，提高防灾工程效益。

（2）创新全域综合整治

自2021年起，四川充分总结几十年来的地质灾害防治工作经验，将地质灾害综合整治作为生态文明建设改革事项，在全国率先提出了全域综合整治理念，并经四川省委深化改革委员会审议通过，于2021年5月底前印发实施了《四川省地质灾害全域综合整治三年行动计划（2021—2023年）》，提出了全域整治模式、分级治理格局、科学防控体系、多元投入机制（含新增政府一般债券投入）等4个方面的改革创新。同时，为进一步提升全省地质灾害防治工作力度，四川省人民政府将《四川省“十四五”地质灾害防治规划》纳入政府一般专项规划，经2021年12月8日批复同意后由四川省自然资源厅印发实施，致力于加快构建与四川高质量发展相适应的地质灾害综合防治体系，大力提升地质灾害综合防范能力，全力保障人民群众生命财产安全。

（3）建立隐患识别与管控体系

一是全面开展地质灾害隐患遥感识别工作。2018年在“8·8”九寨沟地震灾区实施了地质灾害综合遥感测绘保障项目；2020年启动了省级地质灾害隐患识别分析中心建设，同步组织实施了全省地质灾害隐患遥感识别与监测项目，“空—天—地”地质灾害隐患遥感识别技术体系逐渐发展成熟。二是全覆盖开展风险调查评价。四川省自然资源厅组织编制了《四川省地质灾害风险调查评价指南》，分批次部署了地质灾害风险调查评价工作，累计组织200余支专业地勘队伍4000余名技术人员，全面完成了176个地质灾害易发县（市、区）1∶5万、21个市（州）1∶10万、四川全域1∶25万地质灾害风险调查评价，并将风险调查成果按照“分级分类”集中统一入库，构建统一信息服务。制定《地质灾害风险动态调整工作流程》，将风险区核查纳入常态化地质灾害隐患巡（排）查工作范畴，紧盯重要点位、重点地区、重点时段风险发展变化过程，确保了风险区调查成果动态复核、实时调整。三是健全完善监测预警体系。在充分调动基层防灾力量开展群专结合监测预警的基础上，在全国率先研发地质灾害气象风险预警互联互通系统，构建形成“平台共用、预警共商、分级负责、逐级精细”的地质灾害气象风险预警预报工作机制，实现从“单级预警”到“三级互联预警”的转变，预警精度达到了“省级到县、市级到乡、县级到村”，积极探索1小时、3小时、6小时地质灾害短临预警工作机制，提升了气象风险预警精准度。同时，迭代升级四川地质灾害专业监测预警平台及“地灾智防”APP，保障了全省自动化专业监测点设备的顺畅运行。四是分级分区防控地质灾害风险。2021年，四川启动了“地质灾害隐患点+地质灾害风险区”双控试点工作，试点探索构建地质灾害隐患风险点面双控体系，选取省内彭州、合江、北川等6个县（市），按照“一试点一方案一方向”工作思路，开展地质灾害“点面双控”风险管控试点工作，梳理形成相关技术指南，为风险管控在全省逐步推广探索经验。五是探索风险源头管控。2022年1月14日，四川省自然资源厅印发了《关于地质灾害风险调查评价成果纳入国土空间规划的通知》，明确将地质灾害风险普查成果纳入省、市、县、镇级片区国土空间规划，将地质灾害易发区或者危险区纳入国土空间规划管控，优化四川国土空间布局，强化地质灾害风险源头管控。

（4）开展受威胁县城综合整治

一是开展县城风险调查评估。综合评定58个县城地质灾害风险等级，重点评估其中15个地质灾害集中连片发育的重点县城。建立完善县城地质灾害风险调查评估体系，指导县城地质灾害综合整治和国土空间规划布局。二是“分类分区”推进受威胁县城综合整治。对地质灾害集中连片发育的15个重点县城，按照布局优化、功能疏解、工程防控三种类型持续进行分类整治；对于其余43个县城，按照建成区“治理为主，避让为辅”和规划新区“避让为主，治理为辅”，划分轻重缓急开展工程防治。目前已初步形成以地质灾害风险防控为基础，以优化用地布局为导向，以安全稳定和可持续发展为目标的国土空间开发保护新格局。

（5）实施重大隐患搬迁治理

依托县域地质灾害风险调查评价成果，创新提出“全域整治、科学防控、分级防治”工作思路，聚焦威胁50人及以上的地质灾害隐患点，按照“以搬为主、搬治结合”的原则进行集中整治，加大地质灾害避险搬迁实施力度，鼓励搬迁群众向城镇、中心村集聚。在此基础上，按照轻重缓急有序开展工程治理，重点治理威胁学校、医院、场镇、历史文化村落、政府办公场所、重大公用设施、聚居点等无法全面搬迁的隐患点，消减地质灾害隐患近万处，减少受威胁群众30万余人，有效化解了重大地质灾害风险。50人以下的地质灾害隐患点落实巡查排查、排危除险、监测预警、主动避让等防控措施，最大程度上做到发现在早、防范在先、处置在前，重大地质灾害风险持续降低。同时，因地制宜实施“地质灾害工程治理+生态修复、文化旅游项目开发、康养设施建设、综合田园体及市政基础设施打造”等综合治理，建成一批兼具社会效益和经济效益的地质灾害防治示范工程。另外，定期开展已竣工项目调查评估，及时进行清淤和维护加固，有效发挥和提升防灾功效。

（6）持续提升地质灾害防治能力

一是创新推广“矩阵式”宣传培训模式。创新开展进企业、进农村、进社区、进学校、进家庭、进机关、进工地“七进”活动。充分运用典型正、反地质灾害案例，精心编排《地质灾害警示教育片》，制作防灾宣传“口袋书”，加强正面引导和反面警示教育。联合四川省教育厅编印《四川省小学生地质灾害防范与自救》及地质灾害知识宣传挂图，制作四川省地质灾害防治科普动画片，积极推动地质灾害知识宣传进课堂，开展全省小学生“开学第一课”。二是探索建立志愿者参与地质灾害防治工作机制。联合团省委组织开展了“青春志愿·守护生命”地质灾害防治志愿服务行动，按照“就近、就便、定点、定向”的原则，鼓励各市、县结合当地实际就近建设志愿服务队伍，累计组建全省各级组织动员近3000支志愿服务队、3万余名志愿者，充分利用世界地球日、全国防灾减灾日、安全生产月、雷锋日、全国土地日等特殊时间节点，积极带动广大志愿者开展地质灾害巡查排查、宣传培训、监测预警和避险帮扶等工作，有效提升了基层识灾避灾防灾意识，充实了基层防灾力量。

（7）构建多元化投入机制

创新支持市、县使用一般债券开展符合条件的地质灾害防治项目实施，落实受益企业地质灾害防治责任和义务，加大力度整合惠农惠民项目和资金，综合利用泥石流治理工程清淤腾库砂石资源，改变了以往主要靠中央和省级财政资金为主的单一投入模式。建立起以市、县为主体，中央和省级财政专项资金补助为辅的投入新机制，保障地质灾害全域综合整治经费投入，不断解决四川防灾任务重、资金筹措压力大的困境。

（8）健全完善法治制度保障

修订完善《四川省突发地质灾害应急预案（试行）》，督促指导市、县完善预案并加强演练，着力提升应急预案的操作性和实用性；印发《四川省地质灾害隐患点动态管理办法》，规范地质灾害隐患点动态管理；印发《四川省地质灾害成功避险奖励暂行规定》，激发引导公众参与防灾避险积极性；优化完善地质灾害防治信用管理体系，出台《四川省政府投资地质灾害防治项目建设市场主体信用评价管理办法》等制度性文件，制定守信激励和失信惩戒制度，建立四川省政府投资地质灾害防治项目建设市场信用平台，实现地质灾害防治市场主体、从业人员、工程项目全程在线监管。

（9）防灾减灾跨入新征程

党的二十大召开后，以习近平同志为核心的党中央将防灾减灾救灾、统筹发展和安全问题提到了新的高度，习近平总书记对创新发展作出战略性擘画和系统性部署，提出要坚持安全第一、预防为主，要求“提高防灾减灾救灾和重大突发公共事件处置保障能力”，强调要“加快实现高水平科技自立自强。以国家战略需求为导向，集聚力量进行原创性引领性科技攻关，坚决打赢关键核心技术攻坚战。加快实施一批具有战略性全局性前瞻性的国家重大科技项目，增强自主创新能力”。

四川省委十二届一次、二次全会指出，要认真践行以人民为中心的发展思想，把防风险、保安全作为底线任务，加强重点领域安全能力建设。这是未来一段时期四川防灾减灾工作的根本遵循，这就要求站在新的时期，必须进一步树牢人民至上、生命至上的安全理念，将地质灾害防治工作从单一安全防灾向防灾保安全、惠民生、促发展方向转变，紧密结合国土空间规划、重要工程建设和重大民生项目等，把地质灾害防治效益同人民群众日益增长的安全感、获得感和幸福感相融合，更好统筹发展和确保安全，以安全可靠的地质环境条件服务新时期现代化四川建设新征程。

4　地质灾害防灾机制建设

四川地质灾害防治工作经历了长期探索与尝试，多年的推陈出新，固化形成了一套具有四川地域特色的地质灾害防治做法，并将多年积累沉淀的宝贵经验融入常态化防灾工作中，最大限度地保障了人民群众的生命和财产安全。其中，最具特点的就是以调查评价、监测预警、综合治理与能力建设为主的四大防灾机制，多角度、多阶段、多层面发力，全面推动四川防灾工作高效运转。

4.1　防灾组织管理体系

四川坚决贯彻落实党中央、国务院以及省委、省政府的防灾减灾决策部署，形成了以省委、省政府为主导，有机协同自然资源部门、应急管理部门等 44 个政府组成部门为整体的组织管理体系。

4.1.1　防灾管理体系与职责

（1）党委领导

各地要严格按照“属地管理分级负责”和“党政同责、一岗双责”的防灾要求，铆紧“省市县乡村组点”防灾责任链条，全面落实地方党委领导下以行政首长负责制为核心的防灾减灾责任制。

（2）政府负责

全省各级人民政府主要负责人对本地区地质灾害防治工作负总责并建立完善逐级负责制，确保责任和措施层层落到实处。市、县、乡级人民政府把地质灾害防治工作列入重要议事日程，纳入政府绩效考核体系，考核结果作为领导班子和领导干部综合考核评价的重要内容。把地质灾害防治作为市、县、乡级人民政府分管领导及主管部门负责人任职等谈话的重要内容，督促检查责任落实情况。

（3）部门联动

按照权责一致的原则，在当地人民政府的统一领导下，各行业主管部门按职责分工做好地质灾害防治工作。自然资源行政主管部门主要负责地质灾害防治工作的组织、协调、指导和监督，做好威胁城镇居民和乡村农户安全的地质灾害防治应急工作的组织实施；应急处置行政主管部门负责做好应急防灾减灾预案和安全生产类、自然灾害专项预案，承担应急预案衔接工作，组织开展预案实施，负责组织地震、地质灾害应急救援工作；其他行业部门组织实施管辖范围内地质灾害防治工作。各相关部门协同联动，密切配合，建立信息共享机制，重要信息、突发事件要及时通报、快速反应，实现信息与部门工作间的充分衔接。

（4）全民参与

编印小学生地质灾害防范科普读本、拍摄地质灾害科普动画片和宣传教育片，建立健全地质灾害防治科普产品体系，提升群众避险撤离自觉性和自救互救能力，常态化、全覆盖开展地质灾害防灾知识宣传培训和避险演练，持续提高群众识灾防灾避灾意识和能力，充实基层防灾力量，广泛发动社会各方面力量积极参与地质灾害防治工作，开展“青春志愿·守护生命”志愿服务活动，构建全社会共同参与的地质灾害防治工作格局。

（5）专业支撑

1）专业技术队伍。建立专业队伍驻守支撑工作机制，各市（州）、县（市、区）以购买服务方式，与专业地勘单位开展战略合作，地勘单位每年派驻4名以上相关专业技术人员，提供1台及以上工作用车和无人机等相关技术装备，组建地质灾害防治驻守技术支撑队伍，协助开展地质灾害防范应对。

2）抢险救灾队伍。依托四川省地质矿产勘查开发局、四川省地质调查研究院、四川省自然资源投资集团、四川省国土空间生态修复与地质灾害防治研究院等单位，建立省级地质灾害应急抢险队伍，配备无人机、全站仪、钻机、空压机、三维激光扫描、挖掘机等专业应急调查及救援装备，全面提升突发地质灾害抢险救援技术保障能力。

3）专家智库。建立了四川省地质灾害防治专家库和突发重大地质灾害技术支撑专家库，涵盖了在川高校、科研院所、地勘单位等专家，为全省地质灾害防治和突发地质灾害抢险救援决策咨询提供了强大的智力支持。

4.1.2 应急指挥体系与职责

2019年，四川省人民政府发布《关于调整完善四川省应急委员会的通知》（川府函〔2019〕98号），明确成立省、市、县三级地质灾害指挥部，形成统一领导、分级负责，多级联动、广泛参与的应急指挥体系（图4.1），高效应对突发地质灾害事件。

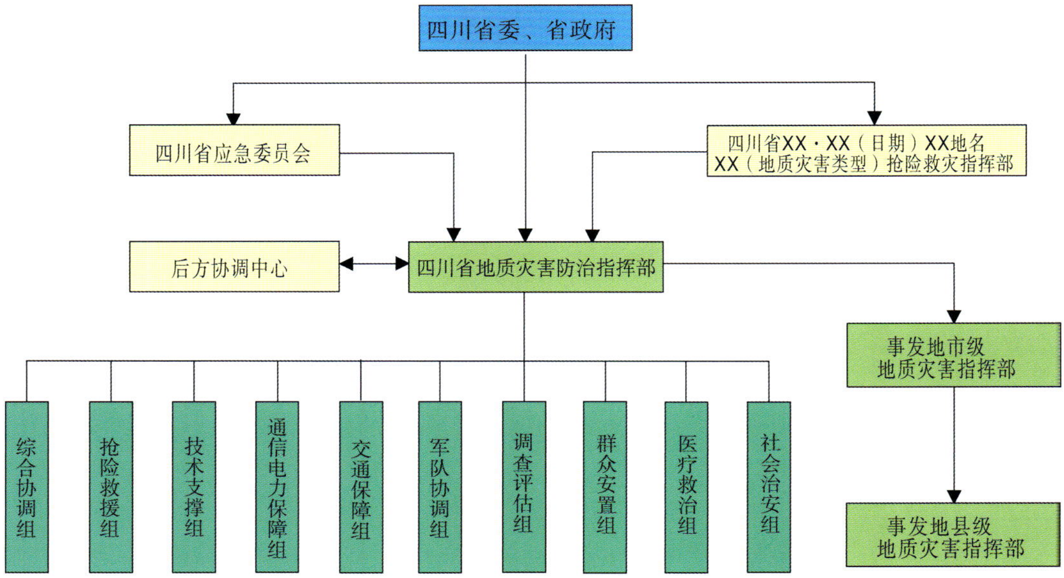

图4.1 四川省突发地质灾害组织指挥体系图

（1）四川省地质灾害防治指挥部

四川省地质灾害防治指挥部是四川省应急委员会下设的专项指挥部，在省委、省政府领导下，在四川省应急委员会统筹协调下，建立常态化组织体系，具体负责组织、指导、协调全省突发地质灾害应急处置工作。当发生地质灾害时，根据抢险救灾需要，可以在常态组织体系基础上扩大响应，成立临时指挥机构。

1）四川省地质灾害防治指挥部常态组织体系。由四川省政府分管副省长担任指挥长，自然资源部门、应急管理部门主要负责人任常务副指挥长，其余成员单位由政府组成部门构成。

2）四川省地质灾害防治指挥部办公室。四川省地质灾害防治指挥部办公室设在自然资源厅，实行工作专班实质化运行，承担指挥部日常工作。设办公室主任 1 名，由自然资源厅厅长兼任；设办公室副主任 2 名，由自然资源厅、应急厅各 1 名分管厅领导兼任。

四川省地质灾害防治指挥部办公室实行工作专班实质化运行，每年汛期，从四川省地质矿产勘查开发局、四川省地质调查研究院、四川省自然资源投资集团有限责任公司抽调业务骨干组成工作专班。市、县级指挥部则抽调当地驻守支撑单位组成工作专班，全面加强汛期地质灾害防范应对工作。

3）专项工作组。四川省地质灾害防治指挥部根据响应等级和实际需要，临时设立相应工作组（包括综合协调组、抢险救援组、技术支撑组、调查评估组等），并根据实际增减、合并工作组或调整成员单位。各工作组组长根据响应等级分别由牵头单位主要负责同志或分管负责同志担任，各工作组成员由相关成员单位抽调精干力量组成，实行集中办公。

（2）市（州）级、县（市、区）级、乡（镇）级地质灾害指挥机构

有地质灾害防治和应急任务的市（州）、县（市、区）人民政府建立和完善本级人民政府地质灾害指挥部，负责统一指挥、协调本行政区域内的地质灾害抢险救援工作。市（州）、县（市、区）地质灾害指挥部应当明确组织体系，健全完善协调机制，定期召开工作会议，分析研判防灾形势，安排部署地质灾害防范应对工作。

有地质灾害防治和应急任务的乡（镇）人民政府、街道办事处设地质灾害指挥机构，由主要负责人担任指挥长，并明确承担地质灾害应急工作任务的工作人员，在上级地质灾害指挥部的领导下，负责本区域地质灾害防范应对工作。

4.2 宣传培训演练机制

四川多年来持续组织开展省、市、县、乡等多层级多领域地质灾害防治知识宣传培训演练工作，不断增强广大干部群众识灾辨灾和防灾避险能力。

4.2.1 全覆盖培训机制

针对不同培训对象、不同行业特点，有针对性地开展地质灾害防治知识宣讲，宣传培训对象主要包括三类人员。

1）地质灾害防治工作管理人员。包括市（州）、县（市、区）政府分管地质灾害防治工作的负责人，市（州）、县（市、区）两级自然资源主管部门分管地质灾害防治工作的负责人，地质灾害科（股、站）长等。主要内容包括地质灾害群测群防体系和地质灾

害防治相关法律法规、防灾责任、重要文件精神及突发事件应急处置等。

2）在建工程管理人员。包括在建工程领域相关行政管理人员、施工现场管理人员、施工人员等。主要内容包括工程建设过程中防灾基本知识、应急避让、应急处置等。

3）防灾责任人、监测人和受威胁群众。包括地质灾害易发区的乡（镇）干部、基层自然资源所工作人员、地质灾害隐患点防灾责任人、监测责任人、监测员、村社干部、受地质灾害威胁的群众、中小学在校学生等。主要内容包括识灾辨灾防灾避灾的知识与方法。

4.2.2 多元培训机制

1）集中培训。针对市、县重点场次人数较多，涉及对象较广的特点，以“视频培训+现场培训”相结合的方式，集中组织21个市（州）的市、县两级地质灾害防治相关管理工作者、村组干部、群测群防员，以及在建工程领域管理人员集中开展宣传培训。

2）现场宣讲。组织专家深入交通、住建、水利、民政、文旅等行业在建工程现场，对相关人员开展地质灾害防治知识宣传培训，重点结合在建工程的地质环境条件、工程活动及外来人员较多等特征，有针对性地开展相关宣讲培训。

3）“青春志愿·守护生命”地质灾害防治志愿服务行动。四川省自然资源厅和共青团四川省委在全国率先将志愿服务引入到地质灾害防治工作，探索开展四川省“青春志愿·守护生命”地质灾害防治志愿服务行动，在全国率先将志愿服务引入到地质灾害防治工作当中。通过有组织地公开招募、自愿报名、组织选拔等流程，按照“就近、就便、定点、定向”的原则，以乡（镇）、街道为单位建立志愿服务队伍，开展宣传培训、避险演练、预警响应等服务内容，并在汛期每月至少开展一次时长不低于10个小时的志愿服务，建立地质灾害隐患点周边志愿者联系台账，把隐患点的培训演练、避险转移等与志愿者名录联系起来，实现分区包片包点到人，发挥志愿者“第一响应”优势，以提升预警响应时效和应急处置能力。通过现场宣讲、资料宣传及新媒体推介等方式持续推进地质灾害科普宣传进企业、进农村、进社区、进学校、进家庭、进机关、进工地等“七进”活动，将地质灾害防治科普宣传覆盖到“最后一米”。

4.2.3 实战化演练机制

每年不定期组织开展“省、市、县、乡、隐患点”多层级突发地质灾害应急预案演练。同时，针对排查发现的隐患点和风险区，逐点逐区完善应急预案，采取集中与分散、综合与专项相结合等方式对每个地质灾害隐患点、在建工程至少开展1次避险演练，并及时对新增风险隐患落实防灾措施，特别强化夜间和断路、断电、断网等特殊情境下的避险演练。

4.3 调查评价机制

地质灾害调查评价是一项基础性工作。多年来，四川周期性组织实施地质灾害调查评价，在此基础上常态化开展地质灾害“三查”，将地质灾害隐患纳入动态管理，针对建设用地全面落实地质灾害危险性评估制度，多形式开展地质灾害督导检查，形成了一套完整的调查评价机制，旨在逐步掌握地质灾害发育及变化特征，提前防范地质灾害隐患风险、全面督促防灾工作整改落实。

4.3.1 地质灾害三查机制

针对区域性地质灾害及在册（新增）隐患点巡排查工作，细化排查内容、完善组织方式，建立了“汛前排查、汛期巡查、汛后核查”为主体的“阶段三查”机制与“雨前排查、雨中巡查、雨后核查”为核心的“动态三查”机制。

4.3.1.1 “阶段三查”机制

按照“阶段三查”规定，由各县（市、区）、乡（镇）、村（组）三级集中动员，开展区域性集中摸排，重点掌握更新风险隐患变化情况。

（1）排查时段

汛前排查在每年1—4月份进行，抢抓“草枯叶落雪融”有利时机，适时启动至少一轮的地质灾害隐患全覆盖排查工作；汛期巡查是在每年5—10月份进行，坚持“汛期不过、排查不停、整改不止”原则，开展地质灾害隐患点“动态三查”工作；汛后核查在每年的11—12月份进行，核查掌握地质灾害隐患点数、威胁对象的变化情况，为下一年度地质灾害防治工作提供基础数据。

（2）组织方式

县级统筹，以乡（镇）为单位，村（组）为网格，以地质灾害隐患点动态巡排查为基础，专业地勘单位为主要支撑，全面组织开展辖区内地质灾害隐患专项排查工作。

（3）排查内容

一是对地质灾害危险区、地质灾害隐患点、临沟临坎居住点等重点部位和地震灾区等重点地区开展隐患排查。二是对于植被覆盖好、人工排查难以达到的高陡斜坡及地震灾区沟谷，借助高分遥感、无人机航摄、三维激光雷达等“空—天—地”技术手段，进一步排查隐患风险。三是对排查发现的新增（或者险情有变化的）风险隐患，评价其发展趋势，落实（更新）隐患点防灾责任人、监测责任人和监测员，编制发放（更新）防灾预案表、防灾工作明白卡及避险工作明白卡，并逐点登记造册，录入管理系统，确保纳入当地监测预警体系。四是排查已有监测设备、治理工程的运行情况与防灾功效，落实后期加固维护等措施。五是检查地质灾害隐患点的警示标牌、撤离路线标识是否清晰明显，检查应急力量和应急物资储备情况。六是对同年上报的地质灾害灾险情、拟核销地质灾害隐患点、地质灾害治理工程等进行全面核查，更新隐患点数据库，分析隐患点变化发展趋势和治理工程运行效果，对发现的问题及时提出明确建议意见和具体要求。七是对年度地质灾害防治方案、地质灾害隐患点防灾预案执行情况进行全面核查和总结。

4.3.1.2 “动态三查”机制

重点关注地质灾害气象风险预警预报信息，按照“动态三查”规定，对隐患点开展专项巡排查，做到早发现、早预警、早处置、早撤离，尽最大努力减少人员伤亡及财产损失。

（1）排查时段

每年汛期，特别是“七下八上”“秋雨秋汛”等重点时段或特大暴雨、连日强降雨、短时强降雨等极端天气发生前后，依据实际情况开展动态连续跟踪监测。

（2）组织方式

以隐患点群测群防员巡查、附近居民自发性监测排查为主，实时掌握隐患点变化情况，确保地质灾害发现上报及时、预警处置准确、避险撤离迅速。

（3）排查内容

1）雨前排查。群测群防员、隐患点防灾责任人、监测责任人和专职监测员等人员针对持续降雨或大到暴雨等天气，对地质灾害易发区，尤其是交通干线、人口聚集区、工矿企业、山区沟谷等进行巡查，采用简易监测法（埋桩法、埋钉法、上漆法、贴片法等）进行监测，观察斜坡、沟谷状况，及时发现可能发生的地质灾害险情。

2）雨中巡查。地质灾害隐患点附近居民对房前屋后斜坡、沟谷等地进行巡回排查，观察是否存在地面鼓胀、反翘、拉裂缝或建筑物地基错裂，观察高陡斜坡危岩体是否存在新生裂缝或裂缝明显拉张（闭合），巡查民房后山斜坡上引水渠、蓄水池、水塘等水利设施是否泄漏，巡查河道沟口是否存在采矿排渣、修路弃土、生活垃圾等物源堆积，观察斜坡上泉水浑浊度、颜色、水量变化情况，判断是否出现特大暴雨征兆，降水量是否大于常年同期水平，发现异常情况及时上报。

3）雨后核查。核查人员、居民家庭财产和水利水电工程、交通干线等设施的受损情况、群众转移撤离情况及应急处置情况等，评估雨后隐患点危险性及发育趋势，严防地质灾害滞后效应，动态更新隐患点在库信息。

4.3.2 隐患动态管理机制

2022年6月，四川省自然资源厅在《四川省国土资源厅关于加强全省地质灾害隐患点动态管理工作的通知》（川国土资发〔2013〕116号）基础上，制定《四川省地质灾害隐患点动态管理办法》（川自然资发〔2022〕30号），以“动态调查、动态核实、动态监测、动态管理”为原则，厘清各级各有关部门关于地质灾害隐患点动态管理的职责分工，细化明确“申报、调查、审查、公开”的认定与核销工作流程，全周期规范地质灾害隐患点动态管理工作。

4.3.2.1 地质灾害隐患核实认定

（1）认定程序

1）调查。县级自然资源主管部门负责组织调查（具有相关资质调查单位出具调查报告），核实威胁居民及乡村农户生命财产安全的地质灾害隐患点，作为隐患点认定依据同步移交乡（镇）人民政府。

2）申报。县级自然资源主管部门督促指导乡（镇）及时开展新增隐患点申报和管理工作，落实相关防灾措施，填写新增隐患点登记材料。

3）审查。县级自然资源主管部门对新增隐患点申报材料审查认定后，及时纳入全省地质灾害隐患点数据库。

4）公开。县级自然资源主管部门按规定公开新增隐患点信息。

（2）责任划分

1）对因自然因素引发，并且威胁对象为城镇居民及乡村农户的地质灾害隐患点，由县级自然资源主管部门指导乡（镇）人民政府（街道办事处）开展相关防灾工作。

2）对因自然因素引发威胁公路、铁路、航道、水利、电力、市政等的地质灾害隐患点，由相关行业主管部门（单位）开展地质灾害防治工作。

3）对因工程建设等人为活动引发的地质灾害治理按《地质灾害防治条例》相关规定执行。

4.3.2.2 地质灾害隐患核销管理

地质灾害隐患点的核销是指地质灾害危险已消除，不纳入地质灾害群测群防监测预警体系的管理行为。

（1）申请核销的地质灾害隐患点必须符合以下条件之一

1）已实施避险搬迁，无威胁对象。

2）已完成排危除险、工程治理，且经监测趋于稳定无变化。

3）常年连续监测或观测，趋于稳定或危险区威胁对象已不存在，周边地质环境较为稳定。

4）通过其他方式消除地质灾害风险隐患。

（2）地质灾害隐患点核销程序

1）申报。乡（镇）人民政府向县级自然资源主管部门提出核销申请并附交核销申报表。

2）调查。县级自然资源主管部门组织具有相关资质调查单位现场调查并出具核销调查报告（表）。

3）审查。县级自然资源主管部门对核销材料进行审查，符合核销条件的隐患点则同意销号。

4）公开。县级自然资源主管部门将核销的隐患点向社会公开。

4.3.2.3 地质灾害隐患日常管理

采用职能责任分级管理，做到县级采集录入、市级审批监督、省级汇总管理，省、市、县三级部门相互监督、共同运作，实现隐患日常管理的规范化和高效化，并建立全省地质灾害隐患点数据库，实现隐患点的信息共享和实时管理。

1）省级自然资源主管部门职责。负责出台全省地质灾害隐患点管理制度，指导全省开展地质灾害隐患点动态管理工作，建立全省地质灾害隐患点数据库并做好维护管理。

2）市（州）自然资源主管部门职责。负责本辖区地质灾害隐患点认定和核销工作的监督、管理与指导。

3）县（市、区）自然资源主管部门职责。做好认定和核销地质灾害隐患点资料的归档工作，在20个工作日内将认定和核销地质灾害隐患点的调查报告（表）及批准表格报市（州）自然资源主管部门备案，并将相关资料按要求上传至全省地质灾害隐患点数据库存档。

4.3.3 地质灾害危险性评估机制

按照《地质灾害防治条例》（国务院令第394号）和《国土资源部关于加强地质灾害危险性评估工作的通知》（国土资发〔2004〕69号）的相关规定，四川建立了建设用地地质灾害危险性评估工作机制，有效预防了人为建设活动引发的地质灾害。

4.3.3.1 地质灾害危险性评估告知制度

1）出具告知书。受委托的地质灾害危险性评估单位在完成建设用地评估后，根据地质灾害危险性评估结果，以及提出的防灾避灾措施建议，以正式行文的方式，函告建设业主单位。

2）签收告知书。建设业主单位收到告知书后，认真学习告知书相关内容，并严格按照地质灾害危险性评估报告提出的建议做好防灾避灾工作，并在告知书上签收意见。

3）报送告知书。受委托的地质灾害危险性评估单位将签收后的告知书，报送至建设用地所在地市（州）和县（市、区）自然资源主管部门。

4.3.3.2 地质灾害危险性评估监督检查制度

按照定期抽查和通报制度，对工程建设项目开展地质灾害危险性评估情况进行检查监督。位于地质灾害易发区范围内，未按要求进行地质灾害危险性评估或未严格落实防灾措施的建设项目，责令限期整改到位。

1）组织形式。四川省地质灾害防治指挥部、市（州）、县（市、区）自然资源主管部门组织督导组，实行在建工程地质灾害防范工作检查。

2）检查内容。检查有无完成建设用地地质灾害危险性评估，以及是否落实评估后提出的防灾措施。

3）整改督促。督导组在检查过程中发现问题，及时填写整改通知，并督促相关单位限期整改。

4.3.3.3 区域地质灾害危险性评估制度

1）评估对象。在地质灾害易发区内的各类经济开发区、新区、产业集聚区、特色小镇以及县级以上人民政府确定的其他区域（以下简称“专区”）。

2）评估规范。具备相应等级资质的单位承担区域地质灾害评估，严格执行国家、行业地质灾害危险性评估规范开展工作。专区地质环境条件、控制性详细规划或修建性详细规划发生重大变化的，及时更新区域地质灾害评估成果。

3）质量监管。各市（州）、县（市、区）自然资源主管部门监督检查区域地质灾害评估工作和成果质量，质量抽查评定结果纳入省地质灾害防治市场信用体系。区域地质灾害评估纳入地质灾害防治项目领域常态化巡查范围，专区管理机构落实“区域地质灾害评估”相应管理制度。

4.3.4 全面督导检查机制

2017年以来，按照“分片包干、对口督导”的原则，四川建立健全督导检查机制，组建21个省级督导工作组，开展“四不两直”汛期督导、不定期明察暗访工作，运用“两书一函”“三单一书”的方式，针对防治工作中的问题短板和薄弱环节，既“点对点”督促整改，又从面上举一反三，查漏补缺，进一步强化地质灾害防治各级指挥机构及相关人员责任，从而稳住已知隐患点位基本盘，确保人民群众生命财产安全。

4.3.4.1 汛期驻守督导工作机制

（1）组织形式

四川省地质灾害防治指挥部从有关成员单位抽调熟悉地质灾害防治业务的精干力量，

组建21个省级督导工作组，各督导组由牵头单位厅级领导干部带队，于每年5月1日至汛期结束，按照每月至少现场督导1次的频次，赴有关市（州）开展实地督导。同时，各督导组联合督导市（州）建立沟通协调机制，主动关注、掌握地方雨、水、灾、险情，如遇省级发布暴雨蓝色及以上级别预警或所在市（州）发布暴雨黄色及以上级别预警时（以市级气象部门发布的天气预报为准），第一时间赴预警涉及县（市、区）进行现场督导。

针对督导发现的重要问题、重大风险隐患，四川省地质灾害防治指挥部办公室通过“两书一函”等方式，及时“点对点”通报当地党委、政府，督导组及时指导推进问题整改。各市（州）严格落实地质灾害防治主体责任，将督导反馈问题纳入“三单一书”管理，坚决确保整改到位。

（2）督导内容

一是贯彻落实党中央、国务院和省委、省政府关于地质灾害防治工作决策和各项安排部署情况；二是检查各级地质灾害防治工作责任制落实和“市县乡村组点”六级防灾链条“串联”情况，“空心村”结对帮扶责任及措施等落实情况；三是核查汛期地质灾害防治各项工作部署落实情况，包括隐患排查、责任公示、值班值守、监测预警、预警响应、会商调度、宣传培训、预案修编与演练、信息报送等；四是地质灾害防治项目实施及资金拨付情况，如地质灾害全域综合整治3年行动计划等专项工作推进情况；五是检查位于地质灾害易发区的城镇、学校、医院、集市、村庄、农家乐、景区、安置点等人口聚集区和靠山靠崖、临沟临坎的住户，在建工程及工棚营地、交通干线沿线、旅游景区以及重要基础设施周边区域等重点部位防灾责任和防治措施落实等情况；六是督促各级地质灾害防治督导工作开展及发现问题整改落实情况。

4.3.4.2 “三单一书”工作机制

1）责任清单。在贯彻落实“党政同责、一岗双责、齐抓共管、失职追责”的基础上，进一步强化地质灾害防治各级指挥机构及相关人员责任。市（州）、县（市、区）梳理地质灾害指挥部指挥长、副指挥长等主要职责，乡（镇）梳理地质灾害指挥机构负责人等工作职责，村、组干部和专职监测员梳理防灾人员直接责任，形成责任清单，明晰职责，压实责任。

2）职责清单。市（州）、县（市、区）、乡（镇）梳理地质灾害指挥部（或机构）、办公室及成员单位职责，建立指挥协调机构及部门职责清单，形成防灾合力，确保地质灾害防治和突发地质灾害应急处置等各项工作任务高质量完成。

3）督查清单。建立地质灾害防治督查清单制度，省、市（州）、县（市、区）、乡（镇）对照督查清单内容采取“四不两直”、明察暗访等方式对辖区各级各部门地质灾害防治责任、防灾措施落实情况等进行督查。

4）责任和任务承诺书。市（州）、县（市、区）、乡（镇）地质灾害指挥部（或机构）主要负责人签署《地质灾害防治责任和任务承诺书》。村、组干部、专职监测员结合实际参照签署《地质灾害防治责任和任务承诺书》，承诺履职尽责，确保安全。

4.3.4.3 “两书一函”制度

1）约谈通知书。对存在落实党中央、国务院和省委、省政府及各级地质灾害指挥部工作部署不力，责任区域防灾责任、防灾措施落实存在严重疏漏，责任区域发生群死群伤地质灾害，瞒报、迟报、漏报、谎报地质灾害灾险情信息，以及其他需要约谈情形的责任单位或责任人，由对应地质灾害指挥部发出《约谈通知书》，督促责任人或责任单位在规定时限提交书面检查、整改方案，并按得到认可后的整改方案整改落实到位。

2）整改通知书。对存在落实党中央、国务院和省委、省政府及各级地质灾害指挥部工作部署不到位，重要区域、重点部位、重要时段防灾措施落实存在疏漏，地质灾害防治工作推进不力，以及其他需要整改情形的责任单位或责任人，由对应各级地质灾害指挥部发出《整改通知书》，督促责任人或责任单位在规定时限整改到位、及时报告整改情况，并提出核查销号申请。

3）提醒敦促函。对存在落实党中央、国务院和省委、省政府及各级地质灾害指挥部工作部署不及时，存在地质灾害风险和隐患问题，地质灾害防治工作存在短板或疏漏，以及其他需要提醒敦促情形的责任单位或责任人，由对应地质灾害指挥部办公室发出《提醒敦促函》，督促责任人或责任单位在规定时限抓好整改落实。

4.4 监测预警机制

地质灾害监测预警是防治地质灾害的关键性环节。自2013年以来的10年间，四川逐步完善了地质灾害气象风险预警，大力实施群专结合监测预警体系建设，不断健全七级联动的地质灾害群测群防专职监测网络，形成了以气象风险预警、专业监测预警及群测群防专职监测为主体的综合监测预警机制，形成了“人防+技防”地质灾害监测预警工作格局。

4.4.1 气象风险预警

四川在全国率先研发建立了省、市、县三级的地质灾害气象风险预警互联互通系统，基本构建了“平台共用、预警共商、分级负责、逐级精细”的地质灾害气象风险预警预报工作机制。

4.4.1.1 预警类型及等级划分

四川省地质灾害气象风险预警细分为地质灾害气象风险等级预报（简称等级预报）和地质灾害气象风险短临预警（简称短临预警）。等级预报是指在一定的地质环境和人为活动背景条件下，基于前期降水量和预报降水量，对某区域发生地质灾害的可能性及成灾风险大小的预测。短临预警指基于短时实况降水量和预报降水量，对某区域发生地质灾害的可能性及成灾风险大小的预测。

地质灾害气象风险预警的级别从低到高依次划分四级、三级、二级、一级，分别用蓝色、黄色、橙色、红色表示。四级预警：蓝色预警，表示预警区内气象因素致地质灾害发生有一定风险。三级预警：黄色预警，表示预警区内气象因素致地质灾害发生的风险较高。二级预警：橙色预警，表示预警区内气象因素致地质灾害发生的风险高。一级预警：红色预警，表示预警区内气象因素致地质灾害发生的风险很高。

4.4.1.2 信息共享

2022年，四川省自然资源厅与四川省气象局签署《关于深化地质灾害气象风险预警工作的合作协议》，四川省气象局共享全省5000余处气象站点实时监测雨量资料，逐小时传输雨量预报数据等，实现全省一体数据实时共享，全面提升预警时效。在省级自然资源部门与气象部门协调联动的示范带动下，进一步促进了市、县两级部门的深入合作。目前，四川省21个市（州）175个处于地质灾害易发区的县（市、区）均与同级气象部门建立了预警合作机制，实现了地质灾害气象风险预警业务全覆盖。

4.4.1.3 分级预警

四川省自然资源厅按照“属地为主、部门协同、分级负责”的总体思路，2022年编制印发了《四川省地质灾害分级预警工作导则（试行）》，健全完善省、市、县分级预警互联协作机制。

（1）分工负责运行

省级自然资源厅职责。负责组织、协调和指导全省地质灾害监测预警工作，开发、建设和维护省地质灾害气象和实时预警平台等。负责制定地质灾害监测预警技术标准。联合省气象局开展省级等级预报工作，制作、审批并发布省级等级预报产品。负责督导检查市、县地质灾害监测预警工作开展和响应措施落实情况。

市级自然资源主管部门职责。负责组织、协调和指导本辖区地质灾害监测预警工作，细化制定并动态更新市级地质灾害监测预警响应指引。联合本级气象部门开展市级等级预报，制作、审批并发布市级等级预报产品。负责督导检查县级地质灾害监测预警工作开展和响应措施落实情况。负责督促、指导县级开展等级预报与短临预警模型、阈值设置及优化。

县级自然资源主管部门职责。负责组织、协调和开展本辖区地质灾害监测预警工作。联合本级气象部门开展县级等级预报，制作、审批并发布县级等级预报产品。负责本辖区短临预警工作，并根据防灾实际组织开展地质灾害监测预警基础信息更新、预警模型及阈值优化和信息上报。负责督促指导辖区乡镇人民政府（街道办）、村（组、社区）基层自治组织及有关行业主管部门、企事业单位等防灾主体落实预警响应措施。

（2）规范化预警流程

省、市、县三级的等级预警业务流程一致（图4.2），通过互联系统制作预警产品。预警工作期原则为每年汛期（5月1日至9月30日），各地可结合本地防灾工作实际，自行确定时间，但截止日期不早于省级等级预报结束时间。预警时段为当日20时至次日20时（24小时预警）。

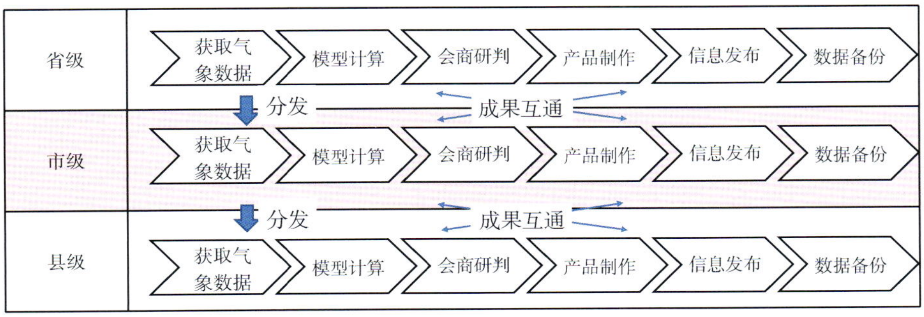

图4.2 省、市、县三级预警业务流程图

各级自然资源主管部门会同气象等部门根据辖区地质灾害发生情况及降水实际，结合上级预警结果，生成预警产品，预警产品内容包括预警对象、时段、区域、等级等。省级预警区应具体到市级的某个区域，预警精度到县（市、区）；市级预警区应具体到县级的某个区域，预警精度到乡（镇、街道）；县级预警区应具体到乡镇的某个区域，预警精度到村（组、社区）。

（3）会商研判

根据预警互联系统模型计算生成的初步预警产品，四川省地质灾害防治指挥部办公室联合自然资源部地质灾害防治技术指导中心、省气象部门、预警区域的市（州）自然资源主管部门开展会商研判，确定地质灾害气象风险预警区域与预警等级。市级、县级负责地质灾害气象风险预警主体参照省级会商研判机制，开展与本级相关部门及上下级的会商研判工作。

（4）等级预报分级发布

在等级预报预警信息发布上，为避免多头发布给基层防灾工作造成困扰，等级预报实行分级预警原则。省级预警信息发布到市（州）、县（市、区）自然资源主管部门和省级有关行业主管部门；市级预警信息发布到县（市、区）自然资源主管部门和市级有关行业主管部门；县级预警信息发布到乡（镇、街道）、村（组、社区）两级防灾责任人、县级有关行业主管部门及隐患点防灾监测责任人、在建工程防灾责任人。发布方式包括但不限于电视、网络、短信、新媒体等。

（5）短临预警动态发布

短临预警是在时间维度上对气象风险预警进行的补强，突出预警信息的滚动发布。按照分级预警机制，强化基层防灾主动权，由县级自然资源主管部门负责组织在短临预警平台上分区设置 1h、3h 和 6h 的预警阈值，平台结合逐小时实况雨量与预报雨量数据，自动计算生成预警结果，并发布预警短信，可直接将预警信息发布到隐患点（风险区）防灾人员，具体流程见图 4.3。同时，“地灾智防” APP 同步短临预警信息。

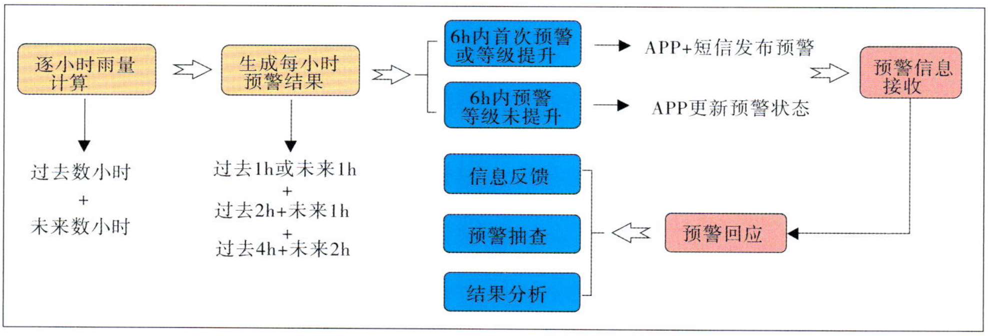

图 4.3　短临预警业务流程图

4.4.1.4　预警调度

（1）常规调度

每年汛期，根据气象风险等级预报、暴雨等级预警等，适时开展全省地质灾害防范视频会商调度。根据气象预测，原则上一个降雨周期对本轮降雨影响区域进行一次视频会商调度。

1）四川省地质灾害防治指挥部办公室调度。气象风险等级预报发布后，四川省地质灾害防治指挥部办公室分级开展会商调度。发布地质灾害气象风险黄色预警，四川省地质灾害防治指挥部办公室带班领导组织会商调度；发布橙色预警时，指挥部常务副指挥长或副指挥长组织会商调度；发布红色预警时，指挥部指挥长或常务副指挥长组织会商调度。

2）四川省防汛抗旱指挥部办公室、四川省地质灾害防治指挥部办公室联合调度。发布暴雨预警时，由四川省防汛抗旱指挥部办公室、四川省地质灾害防治指挥部办公室联合调度，协同推进防灾减灾工作。发布暴雨蓝色预警时，四川省防汛抗旱指挥部副指挥长组织联合调度；发布暴雨黄色预警或连续两天发布暴雨蓝色预警时，四川省防汛抗旱指挥部常务副指挥长或受其委托的副指挥长组织会商调度；连续两天发布暴雨黄色预警或连续3天及以上发布暴雨蓝色预警时，四川省防汛抗旱指挥部指挥长或受其委托的常务副指挥长组织会商调度；发布省级暴雨橙色预警、红色预警时，四川省防汛抗旱指挥部指挥长、四川省地质灾害防治指挥部指挥长分别组织召开防汛减灾、地质灾害防范应对调度会。

3）调度内容。

①通报省级气象预报信息及地质灾害气象风险预警信息，其中气象预报信息包括整个降雨过程降雨趋势预报及本次暴雨预警信息。

②省气象部门发布暴雨蓝色及以上预警市（州）、当日地质灾害气象风险预警等级为橙色（2级）及以上的市（州）作情况汇报。

③市县汇报辖区内预警信息接收、会商与发布值班值守、抽查调度、组织避险转移、人员安全管控等方面存在的问题及降雨、灾险情发生情况、已采取的防治措施，分析防灾工作中存在问题的原因，针对性提出进一步做好防灾工作建议。

④部署强降雨期间防灾工作。

（2）动态分级调度

在地质灾害气象风险等级预报和短临预警基础上，市级和县级自然资源主管部门根据气象部门暴雨预警信号发布及调整情况，动态开展分级调度。

1）市级调度。

①启动条件。辖区内气象部门发布暴雨黄色及以上预警信号。

②启动程序。收到暴雨黄色及以上预警信号后，地质灾害指挥部办公室值班人员10分钟内报办公室负责同志或带班领导。地质灾害指挥部视情况组织相关部门（单位）对预警区域启动调度，调度范围根据预警情况确定。

暴雨黄色预警信号：市级地质灾害指挥部办公室组织调度，地质灾害指挥部办公室值班人员和预警涉及县（市、区）地质灾害指挥部办公室带班领导、有关负责同志参加调度。

暴雨橙色、红色预警信号：市级地质灾害指挥部指挥长或受委托副指挥长、带班领导组织调度，地质灾害指挥部有关成员单位负责同志及预警涉及县（市、区）参加调度，县（市、区）参加调度人员参照市级确定。

③信息报送。汇总辖区各地暴雨黄色及以上预警信号响应情况，纳入每日“地质灾害预警区情况反馈”，在7点前报送四川省地质灾害防治指挥部办公室值班室。

2）县级调度。

①启动条件。同级气象部门发布暴雨黄色及以上预警信号。

②启动程序。收到暴雨黄色及以上预警信号后，地质灾害指挥部办公室值班人员10分钟内报办公室带班领导并上报市级地质灾害指挥部办公室。地质灾害指挥部办公室视情

况组织相关部门（单位）和乡（镇）对预警区域启动调度，调度范围根据预警情况确定。

暴雨黄色预警信号：县级地质灾害指挥部办公室负责同志或受委托带班领导组织调度，地质灾害指挥部办公室值班人员和预警涉及乡（镇）负责同志参加调度。

暴雨橙色、红色预警信号：县级地质灾害指挥部指挥长或受委托副指挥长组织调度，地质灾害指挥部有关成员单位和预警涉及乡（镇）、重大在建工程有关负责同志参加调度。

③信息报送。地质灾害指挥部办公室汇总辖区暴雨预警信号响应处置情况随时上报。

（3）精细化调度

2023 年，四川省地质灾害防治指挥部办公室根据四川省地质环境条件，结合地质灾害防治工作实际，编制了《四川省地质灾害精细化调度工作参考手册》，供省、市、县调度工作参考使用，该手册将全省 175 个地质灾害易发县（市、区）划分为 7 个区域，分别为Ⅰ（川东北中低山区）、Ⅱ（盆中红层丘陵区）、Ⅲ（川南中低山区）、Ⅳ（龙门山区）、Ⅴ（川西东部高山峡谷区）、Ⅵ（川西西部高山高原区）、Ⅶ（攀西地区），针对每个区域的特点，介绍了地质环境与地质灾害背景，包括地形地貌、孕灾条件、降水特点及灾害特点等，着重强调了调度提醒重点事项，包括重点时段、重点区域以及重点人群，同时选取典型灾害事件，供调度时警示和复盘。

4.4.1.5 分级响应

2022 年四川省自然资源厅修订完善《四川省地质灾害监测预警响应指引》，建立健全了预警与应急响应联动机制，量化预警响应启动标准，明确预警响应避让转移条件。各级地质灾害指挥部办公室发挥统筹协调作用，按照“一日一会商”工作要求，牵头与气象、水利、应急等部门会商研判雨情、水情、汛情、险情，督促指导市、县结合实际逐级细化，规范地质灾害隐患点防灾责任人、监测责任人、监测员和该区域内的群众响应措施和应对流程，形成闭环管理。

（1）省级预警响应

1）四级（蓝色）预警响应。密切关注雨情、水情变化，实行 24 小时值班值守，相关人员迅速到岗到位，保持通信联络畅通，开展市、县防灾措施落实和值班值守情况抽查。

2）三级（黄色）预警响应。在四级响应基础上，强化 24 小时值班值守，密切关注降雨预报及降雨实况，会商研判地质灾害发展趋势，适时加密开展等级预报。督促指导预警区市、县强化防灾责任体系、房前屋后斜坡、靠山靠崖、沟口等危险地段巡查与监测、预警信息发布等防灾措施落实。做好突发地质灾害应急准备工作。

3）二级（橙色）预警响应。在三级响应基础上，督促指导预警区市、县对地质灾害易发地段加密巡查、排查、监测；指导市、县提请当地政府根据实际情况启动相应应急预案；适时加密开展等级预报；做好突发地质灾害应急准备工作；组织省级技术支撑队伍进入待命状态。

4）一级（红色）预警响应。在二级响应基础上，督促指导预警区市、县加强地质灾害易发地段及地质灾害隐患点 24 小时巡查、监测、预警，实时加强雨情、灾情收集研判。指导市、县督促有关部门和单位组织受威胁人员严格落实“三避让”“三个紧急撤离”，防止无关人员进入地质灾害危险区域。派出省级技术支撑队伍赶重点地区指导防灾工作。

（2）市、县级基础预警响应

1）四级（蓝色）预警响应。密切关注雨情、水情变化，实行 24 小时值班值守，相关人员迅速到岗到位，保持通信联络畅通。

2）三级（黄色）预警响应。在四级响应基础上，强化 24 小时值班值守，密切关注降雨预报及降雨实况，会商研判地质灾害发展趋势，适时加密开展等级预报；检查防灾责任体系落实情况，加密房前屋后斜坡、靠山靠崖、沟口等危险地段巡查与监测；做好监测预警和预警信息发布；预警期遇暴雨及以上水量（暴雨：24 小时内降水量大于 50mm，各地可根据当地实际调整响应标准。其中，甘孜藏族自治州、阿坝藏族羌族自治州相应标准减半）或发现险情迹象，立即督促指导当地政府和有关单位按职责分工做好隐患点受威胁人员转移避让准备，必要时，果断转移避让，确保群众生命安全；做好突发地质灾害应急准备工作。

3）二级（橙色）预警响应。在三级响应基础上，对地质灾害易发地段加密巡查、排查、监测；适时加密开展等级预报；加强短临预警；检查预警响应落实情况；预警期遇大雨及以上雨量（大雨：24 小时内降水量大于 25mm，各地可根据当地实际调整响应标准）或发现险情迹象，立即督促指导有关部门和单位组织地质灾害隐患点受威胁人员、处于高和极高危险区内在建工程营地施工人员提前转移避让，并做好避险管控；做好突发地质灾害应急准备工作；技术支撑队伍进入待命状态。

4）一级（红色）预警响应。在二级响应基础上，加强地质灾害易发地段及地质灾害隐患点 24 小时巡查、监测、预警；实时加强雨情、灾情收集，主动研判风险，调度防灾力量；预警期遇中雨及以上雨量（中雨：24 小时内降水量大于 10mm，各地可根据当地实际调整响应标准）或发现险情迹象，立即督促指导有关部门和单位组织预警区域内高、极高危险区受威胁人员严格落实“三避让”“三个紧急撤离”并做好避险管控，防止无关人员进入地质灾害危险区域，必要时，可强行组织避灾疏散。派出技术支撑单位到重点地区指导防灾工作。在当地政府或地质灾害指挥部的统一指挥下，发改（能源）、经信、自然资源、住建、交通、水利、应急等相关行业主管部门开展相关行业领域地质灾害隐患点和在建工程营地预警响应检查工作。

针对重点地区或敏感时段，在暴雨蓝色、地质灾害黄色及以上预警发布后，可按照本级预案上调一级启动响应。

4.4.1.6 联防联控

针对邻省接壤区域之间、省内毗邻地区之间、流域上下游左右岸之间联防联控短板弱项，全面排查跨区域地质灾害隐患点，会同水利部门共同梳理跨行业山洪灾害危险区、地质灾害隐患点重合区域，建立健全毗邻省份、相邻市、县地质灾害联防联控机制。加强预警信息共享传递、救援物资和救援队伍互助，对地质灾害风险隐患开展风险分析、会商研判，联合监测预报预警，切实做到“上游下雨、中游吹哨、下游开跑”。

4.4.2 专业监测预警

2017 年以来，按照“统筹规划、分步实施”的原则，四川在全国率先启动地质灾害自动化实时监测体系建设工作，开展地质灾害专业监测体系建设，在设备选型、安装建设、模型应用等方面探索先行，提出了提示性预警和响应性预警的不同预警响应机制，结合基层实际建立了“分级预警”工作机制。

4.4.2.1 “现场+后台”双模式预警

1）工作模式。专业监测预警体系实行“现场+后台”双模式预警机制，其中现场预警通过监测设备本地组网构建前端预警网络，设备监测值超过现场预警阈值后，由预警广播发布现场预警信号；后台预警基于监测设备回传监测数据至预警平台，经后端预警模型分析计算，形成分级预警并通过数据流驱动现场广播预警或发送预警短信到监测员、监测责任人、防灾责任人等。

2）技术要求。现场监测设备支持本地组网和远程管理，断电断网（无外接电源和公共通信网）情形下可以实现现场预警，允许授权的服务端访问和控制设备，后台驱动设备发布预警信号。

3）人员设定。市、县自然资源主管部门按地区、项目、隐患点分级设定专业监测预警接收人，通过定期更新隐患点监测员、监测责任人、防灾责任人等人员信息，保障后台预警信息及时发布。

4.4.2.2 分级预警响应

预警信息发布后，监测员第一时间开展预警区现场核查，若为异常预警，检查预警设备和周围环境，并及时通过电话或“地灾智防”APP向县级自然资源主管部门反馈现场情况，由县级自然资源主管部门组织技术人员分析误报原因，开展设备检修维护、预警阈值校正等工作。若核实为有效预警，则立即按预案启动预警响应。

1）四级（蓝色）预警响应。监测员按照不低于1次/d的频率开展现场巡查，并在4h内通过“地灾智防”APP上传现场照片并反馈核查结果。防灾责任人、监测责任人加密与监测员联系，督促做好巡查、核实工作。县级自然资源主管部门在预警信息发布4h内掌握现场情况，督促指导预警区落实各项防灾措施。

2）三级（黄色）预警响应。在四级响应基础上，监测员按照不低于2次/d的频率加密现场巡查，并在3h内通过“地灾智防”APP上传现场照片并反馈核查结果，通知受威胁群众做好防范工作。防灾责任人、监测责任人赴现场组织划定地质灾害危险区。县级自然资源主管部门在预警信息发布3h内掌握现场情况，组织专业技术人员开展实地调查，分析发展趋势并提出应对策略。

3）二级（橙色）预警响应。在三级响应基础上，监测员按照不低于4次/d的频率加密现场巡查，并在2h内通过“地灾智防”APP上传现场照片并反馈核查结果，逐户告知受威胁的人员做好避险撤离准备。防灾责任人、监测责任人组织设定明显的危险警示标志，强化人员管控。县级自然资源主管部门在预警信息发布2h内掌握现场情况，做好突发地质灾害应急准备。

4）一级（红色）预警响应。在二级响应基础上，监测员应动态加密现场巡查，在1h内通过“地灾智防”APP上传现场照片并反馈核查结果，协助组织受威胁群众进行避险转移。防灾责任人、监测责任人根据实际启动应急预案，组织受威胁群众按照“防灾明白卡”“避险明白卡”进行避险撤离；县级自然资源主管部门在预警信息发布1h内掌握现场情况，督促指导当地政府落实“三避让”“三个紧急撤离”刚性要求，组织驻守支撑队伍或专家研讨隐患发展趋势和应对策略，做好突发地质灾害应急处置准备工作。

4.4.2.3 预警闭环管理

按照“属地为主、分级负责”原则，明确省、市、县自然资源主管部门履行专业监测预警主体责任，建立基于“专人值守、动态发布、现场核实、应对处置、信息反馈”全流程的预警闭环管理制度（图4.4）。

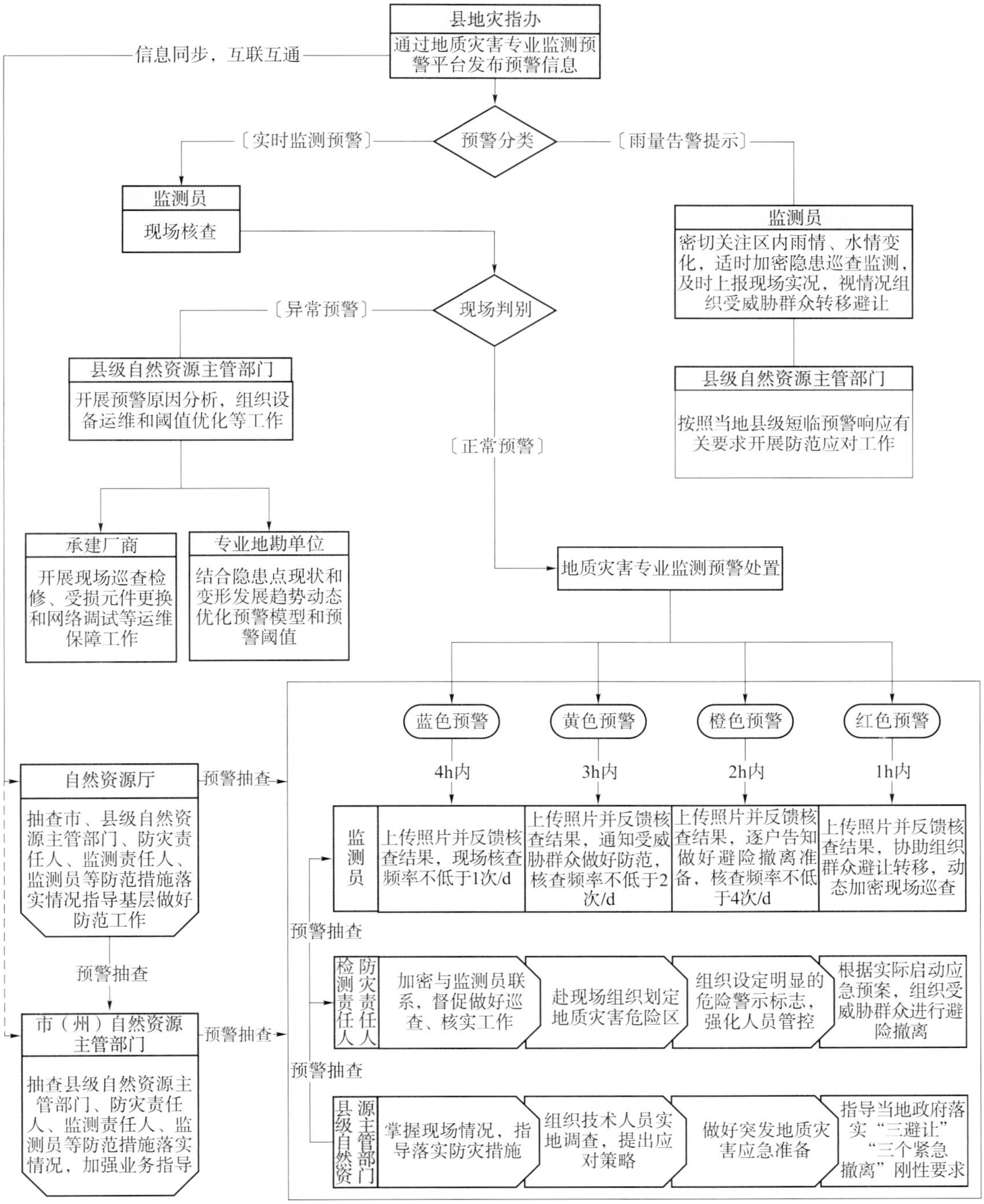

图4.4 四川省地质灾害专业监测预警响应流程图

1）专人监管。省、市（州）、县（市、区）三级自然资源主管部门落实专人作为地质灾害专业监测预警调度员，负责地质灾害专业监测预警管理工作，汛期期间实时跟踪监测预警状态及信息发布落实情况，熟悉掌握运用预警平台的功能，不定期抽查监测数据准确度、完整性、实时性，确保监测工作质量达标。

2）信息反馈。现场核查后，监测员通过电话或“地灾智防”APP反馈现场核查结果，县级自然资源主管部门掌握现场情况并在省级专业监测预警平台填写预警处置单，市级自然资源主管部门进行预警处置结果审核，完成专业监测预警闭环管理。

3）预警抽查。结合防灾工作实际，市（州）自然资源主管部门信息动态抽查县级自然资源主管部门、防灾责任人、监测责任人、监测员等防范措施落实情况，加强业务指导。自然资源厅结合预警信息动态抽查市（州）自然资源主管部门、县级自然资源主管部门、防灾责任人、监测责任人、监测员等防范措施落实情况，指导基层做好防范工作。

4.4.2.4 预警阈值长效调优

市、县级自然资源主管部门在汛前组织专业技术力量对已发生地质灾害、地质条件和降雨等资料数据进行综合分析，结合当地地质环境、隐患点现状、发展趋势等现场条件，选用适合本地的省级预警模型并逐一调优专业监测设备的预警阈值。同时，根据汛期实际降雨情况和隐患点变形区域，动态调整监测点红色、橙色、黄色、蓝色等级的预警阈值，持续提高监测预警精准度。

4.4.2.5 设备“全生命周期”监管

1）设备启停管理。设备划分待启用、启用和停用三类运行状态，建立厂商申请、县级把关、市级审核的监测设备启停管理制度，通过省级平台科学开展启用前设备数据联调测试、启用中设备在线率考核与预警分析以及停用设备审批等工作，完成全省监测设备全生命周期状态监管（图4.5）。

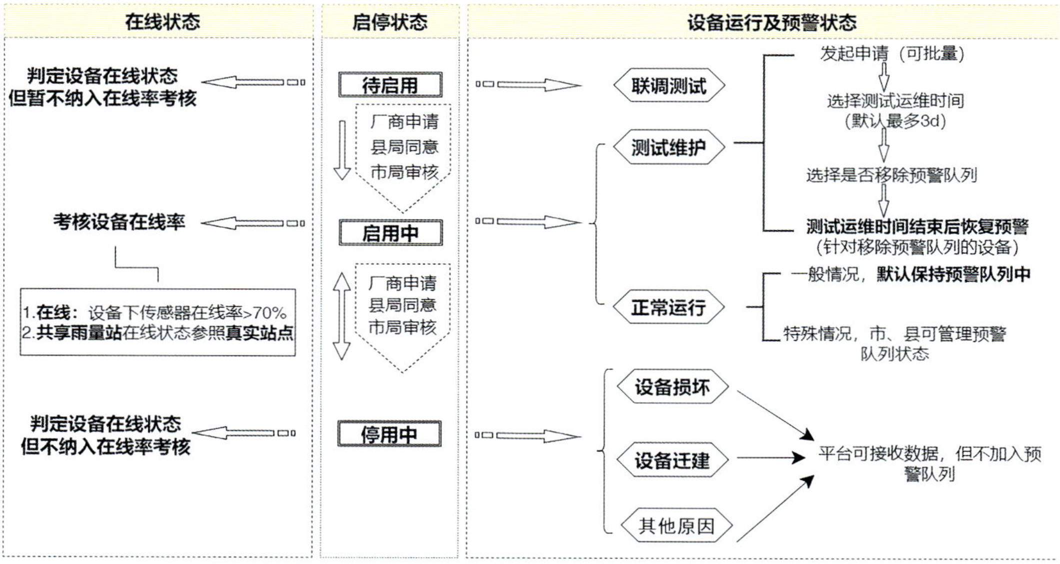

图4.5 四川省地质灾害专业监测预警平台设备监管机制示意图

2）测试运维报备。基于省级平台和 APP 建立设备巡查管护和测试报备机制，减少现场测试和后台调试的预警误报，为设备健康状态管理和数据质量评价提供数据支撑。

2020 年以来，全省地质灾害专业监测预警体系实现了 109 处地质灾害隐患点变形发灾过程的成功监测（其中成功预报 14 处、有效预警 95 处），及时提醒 8027 名受威胁群众提前避险撤离。

4.4.3 群测群防响应

地质灾害群测群防体系，是我国地质灾害防治体系的重要组成部分。近年来，四川在推进地质灾害群测群防工作中，不断创新工作思路，健全工作机制，在全国率先建立专职监测员、“空心村”结对帮扶、志愿者服务、成功避险奖励等制度，完善了预警发布与预警响应（“喊醒叫应”、联防联控、主动避让、信息反馈）闭环管理机制，创新性提出“三避让”“三个紧急撤离”“早转、快转、尽转、多转”避险转移刚性要求，同时对值班值守、隐患点公示、警示标志设立等常规措施进行了规范。实践证明，这套具有四川特色的群测群防制度体系运行有效，对增强干部群众的防灾意识和自救互救能力、有效避免和减少灾害损失起到了重要作用。

4.4.3.1 防灾预案和“两卡”发放制度

1）年度地质灾害防治方案。由县级自然资源主管部门会同水利、交通、住建、气象等相关部门编制，报本级人民政府批准并公布实施。方案主要内容包括地质灾害趋势预测、地质灾害威胁对象和范围、重点防范期、防治措施、地质灾害的监测、预防责任人等。

2）隐患点（区）防灾预案。由隐患点（区）所在地乡（镇、街道）自然资源所会同隐患点所在村编制，并报乡（镇、街道）人民政府批准并公布实施。

3）“两卡”的填制与发放。由县级自然资源主管部门会同乡（镇）人民政府、街道办事处组织填制地质灾害防灾明白卡和地质灾害避险明白卡。地质灾害防灾明白卡由乡（镇）人民政府、街道办事处发放给防灾责任人，地质灾害避险明白卡由隐患点所在村负责具体发放，并在醒目位置挂牌上墙，同时向持卡人说明其内容及使用方法，对持卡人进行登记造册，建立“两卡档案”。

4.4.3.2 专职监测员制度

对排查出的地质灾害隐患点逐点落实监测责任人及专职监测员，确保每一处隐患点至少有一名专职监测员，且原则上每个监测员只能负责一处地质灾害隐患点的监测工作。

1）监测员任职条件。监测员一般需具备以下基本条件：一是在当地生活或工作，对当地地质环境情况比较熟悉；二是年龄一般在 60 周岁以下，身体健康、责任心强、热心公益、心理素质好，有一定的应变能力和组织能力；三是具有一定文化知识，能够适应地质灾害监测、巡查等工作要求；四是为受地质灾害隐患点威胁的村（居）民或企事业单位人员优先考虑。

2）监测员确定程序。监测员选拔由本人提出申请，村（居）委会、有关单位推荐，经乡（镇）人民政府、街道办事处审核并经公示无异议后确认，并报县（市、区）级自然资源主管部门和财政部门备案。

3）监测员培训。监测员上岗前须经业务培训。县级自然资源主管部门负责监测员日常业务指导，采取集中和分散等多种形式，对其进行业务培训，一般至少每年汛前集中培训一次。

4）监测员管理。乡（镇）人民政府、街道办事处负责监测员的日常管理。做好专职监测员的选拔录用、监督考核及补贴发放等工作。动态开展监测履职能力评估，及时调整年龄偏大、履职能力偏弱的监测员。

4.4.3.3　警示标志管理机制

1）规范信息公示。地质灾害隐患点信息公示牌须由隐患点平面影像和信息表组成。平面影像须明确隐患位置及威胁对象、危险区边界范围、避险转移路线等关键内容。信息表须包括隐患点名称、行政区位置、隐患类型及规模、主要诱发因素、威胁对象情况、预警信号、防范提示信息、防灾责任人及电话、监测责任人及电话、专职监测人及电话、防灾责任单位以及隐患点二维码（入库隐患点由管理系统自动生成）等关键信息。

2）规范安置安装。每个地质灾害隐患点原则上在安全醒目位置设置一块公示牌，避险线路指示牌和警示牌应根据实际情况设在醒目位置，确保撤离路线指示清楚、隐患信息提示警示到位，方便群众阅看。各类标识标牌应用钢管单独支撑，与地面垂直，留足净高，原则上不得采取挂、靠、贴等方式随意放置。

3）规范动态更新。凡地质灾害隐患点及威胁状况有明显变化的，应及时动态更新公示内容。

4.4.3.4　值班值守制度

1）24 小时值班制度。在地质灾害高发期、多发期和紧急状态下，各级政府和职能部门严格实行 24 小时值班制度，坚持领导带班，责任人值班，确保通信畅通。

2）公示制度。汛前向社会公布地质灾害隐患点基本情况，防灾责任人、监测责任人、专职监测员姓名、联系方式等。

4.4.3.5　信息报送制度

1）报告流程及时限。发现临灾前兆或险情时，监测员要及时上报，接报突发地质灾害事件的乡（镇）人民政府（街道办事处）及企事业单位应立即向当地基层自治组织和群众示警，同时向县级人民政府及自然资源、应急等部门报告情况，事发地县级以上地方各级人民政府及自然资源、应急等部门应及时将地质灾害相关信息向上级人民政府及其自然资源、应急部门报告，每级上报时限不得超过 1h，必要时可先越级上报再逐级上报。

2）报告内容。信息报告应坚持“边处置边报告”“边核实边报告”的原则，做到“首报快，续报准，终报全”，报告内容应尽可能详细说明地质灾害发生的时间、地点、灾害类型、灾害体的规模、可能的引发因素和发展趋势等，同时提出已采取的对策和措施。对地质灾害灾情的速报，还应包括伤亡、失踪和受伤的人数及造成的直接经济损失等。

4.4.3.6　“喊醒”“叫应”机制

相关预警单位发布地质灾害气象风险等级预警、短临预警、专业监测预警等信息后，群测群防机构通过微信、短信、电话、APP 等方式，将预警信息逐级传递到地质灾害隐患点防灾责任人、监测人、村组干部、受地质灾害威胁群众及辖区在建工程安全负责人，凡未及时确认收到信息的，通过电话、上门提醒等方式逐一“喊醒”“叫应”，做到预警信息到点到户到人全覆盖，实现预警信息发布—接收闭环管理。

4.4.3.7 动态监测机制

1）监测方法。群测群防人员随身携带卷（直）尺、油漆、记录本、预警器具等监测预警工具，采用简易监测法（埋桩法、埋钉法、上漆法、贴片法等）和宏观变形地质监测法进行监测，也可利用简易、快捷、实用的位移计、泥位计、雨量监测站等普适性监测预警装置，提高预警的准确性和临灾的快速反应能力。

2）监测频率。非汛期正常情况下半个月监测一次，雨后增加观测一次；汛期、雨季、冰雪消融期及防治工程施工期等情况下应加密监测，宜每天一次或数小时一次直至连续跟踪监测。

3）监测内容。滑坡、崩塌包括绝对位移、相对位移、主要影响因素和宏观变形前兆监测；泥石流分为形成条件监测、运动特征监测、流体特征监测等。其中，宏观变形前兆监测具体内容有：滑坡、崩塌隐患点（风险斜坡）是否发生局部沉陷、隆起、裂缝及其变化情况，房前屋后高陡边坡是否变形开裂；有人居住地斜坡上的引水渠、蓄水池、水塘等是否渗漏；房屋等建筑物墙、地面是否有开裂、下错或变形加剧。泥石流隐患点沟谷河（溪）、泉（井）水浑浊度（泥沙含量）、流量、颜色变化；沟谷上游是否有阻断沟谷的堆积体及变化情况；山体及地面是否出现异常声响等。

4.4.3.8 预警响应机制

群测群防机构可通过电视、网络、传真、通信、移动端等形式接收省、市（州）发布的地质灾害气象风险预警信息，结合当地降雨实况、预报情况分析研判和动态发布的地质灾害预警信息，第一时间将信息转发到相关地质灾害防治责任单位、隐患点监测责任人及隐患区巡查责任单位，各级防灾人员按照不同预警等级响应要求落实巡查排查、监测预警、主动预防避让等防范措施。

4.4.3.9 先期处置机制

当出现地质灾害灾情或险情时，群测群防机构可采取填埋地表裂缝、开挖截排水沟、利用重物反压坡脚等先期处置措施。在指挥部的统一领导下，协助各工作组进行相关工作。

1）协助调查监测组对灾点进行调查和动态监测。

2）协助灾情评估组核实灾情。

3）协助工程抢险组、通信保障组、交通保障组、物资保障组、灾民安置组、医疗卫生组、治安保障组等，参与抢险救灾工作。

4.4.3.10 数据库管理

省级自然资源主管部门负责四川省地质环境管理信息系统的建设与维护。县级自然资源主管部门应当将地质灾害防治工作机构及群测群防网络数据、防灾责任人、监测责任人、监测人、结对帮扶人及监测点基本信息、隐患点防灾预案、“两卡”及监测数据等信息纳入四川省地质环境管理信息系统，实现群测群防体系相关信息的动态管理和共享。

4.4.4 避险转移管理

为科学高效开展地质灾害避险转移工作，全链条细化预报、研判、预警、叫应、避险、安置、评估、返回等各环节工作要求，2023 年 9 月，四川省地质灾害防治指挥部办公室结合“气象风险预警”工作机制以及“三避让”“三个紧急撤离”刚性要求，印发《四川省地质灾害避险转移闭环管理工作指南》，以“避险转移七步法”确保预警响应处置形成完整工作闭环，切实做到“早转、快转、尽转、多转”，最大限度地避免或减轻地质灾害损失，保护人民群众生命财产安全。

4.4.4.1 天气预报

省、市、县各级气象部门作为天气预报的责任主体，通过省、市、县三级的地质灾害气象风险预警互联互通系统，及时滚动发布气象预警信息，突出短时强降雨、局地暴雨临灾预警提示。

4.4.4.2 会商研判

省、市、县各级地质灾害指办依据“气象风险预警”工作机制，多部门联合开展气象风险预警会商研判。当县级气象部门发布暴雨预警或预警信号时，县级地质灾害指挥部应立即组织有关乡（镇、街道）党委、政府及自然资源、水利、应急、气象部门加密开展会商研判。省、市、县三级地质灾害指挥部办公室根据会商研判结果，按照相关规定，通过四川省地质灾害气象风险预警互联系统分级制作地质灾害气象风险等级预报产品。

4.4.4.3 预警预报

依据“气象风险预警”工作机制，省、市、县各级地质灾害指挥部办公室按照分级预警要求，负责本级发布范围内地质灾害风险预警信息传递。

4.4.4.4 预警叫应

依据“气象风险预警”工作机制，各级地质灾害指挥部通过常规调度、动态分级调度以及精细化调度 3 种模式进行调度部署，并依托“群测群防响应机制”，将预警信息及防灾要求措施逐级传递到地质灾害隐患点防灾责任人、监测人、村组干部、受地质灾害威胁群众以及辖区在建工程安全负责人，确保“喊醒”“叫应”，做到预警信息到点到户到人全覆盖。

4.4.4.5 避险转移

强降雨来临前或发现成灾征兆时，严格落实乡镇、村组干部避险转移组织责任，第一时间组织受威胁群众撤离危险地带，坚决杜绝患得患失、犹豫不决而贻误最佳撤离时机的现象发生，情况紧急时，可强制组织避灾疏散，确保预警响应时“撤得快、方向对、安得稳”。针对集雨面积较大、山洪泥石流风险高的山区沟谷地带，根据气象预报及地质灾害风险预警信息，结合地形地貌特点，可适当扩大避险撤离范围。

（1）责任分工

各级地质灾害指挥部督促本级发改、经信、教育、自然资源、住建、交通、水利、文旅、卫健、应急、国资、铁路等成员单位负责本辖区、本领域避险转移工作的抽查调度。乡（镇、街道）党委、政府负责组织开展威胁城镇居民和乡村农户安全的地质灾害避险转移工作。县（市、区）、乡（镇、街道）有关负责同志按要求对本辖区重点工地、营地防灾避险转移工作实行包保责任制。

乡（镇、街道）党委、政府和相关企（事）业单位等是本辖区、本领域防灾避险转移工作责任主体，负责建立健全防灾一线避险转移责任机制，落实属地和各自并行、相互兜底的避险转移“指挥官”（防灾责任人或指定负责人）、避险过程“监管员”〔村组（社区）干部或监测员、网格员、工地班组长等〕、安置管理“责任人”〔监测责任人、村组（社区）干部、工地项目负责人等〕，建好临时安置“安全屋”（避险转移安置点）。乡（镇、街道）党委、政府负责组织村组（社区）干部、监测员、民兵、党员、骨干群众（防灾“明白人”）、志愿者等组成帮扶队伍，针对“老、弱、病、残、孕”等特殊群体逐一落实防灾避险转移结对帮扶措施。

村组（社区）、在建工程工地营地施工项目部、旅游景区主管部门（单位）等是地质灾害避险转移工作的实施主体。受威胁城镇居民和乡村农户在乡（镇、街道）避险转移“指挥官”、避险过程“监管员”、安置管理“责任人”组织下，开展避险转移和信息登记工作。在建工程工地营地施工项目部、旅游景区主管部门（单位）等相关责任人员按照本行业工作机制，有序组织开展受威胁对象防灾避险转移和人员信息确认登记等工作。

（2）长期避险转移人员

乡（镇、街道）避险过程“指挥官”负责在长期（一般指当年整个汛期）避险转移人员转移安置后，出具证明材料并报送县级地质灾害指挥部办公室。县级地质灾害指挥部办公室负责证明材料核实存档。证明材料应包括隐患点（风险区）名称及编号、长期转移人员清单、安置地点、安置照片、接帮户联系方式等信息。

（3）临时避险转移人员

村组（社区）负责在监测员协助下做好地质灾害隐患点和风险区临时转移安置人员情况核实与信息收集工作。内容包括：村组（社区）名称、转移类型（隐患点或风险区）、转移原因（接收预警、发生强降雨、隐患点险情发生变化等）、转移时间、转移人员、安置地点、联系方式、转移安置照片或视频等。

县级发改、经信、教育、自然资源、住建、交通、水利、文旅、卫健、应急、国资等行业主管部门（单位）负责督促指导本辖区本领域企（事）业单位及在建工程工地营地施工项目部、旅游景区等做好防灾避险转移安置及信息核报工作。

（4）结对帮扶

针对农村青壮年劳动力大量外出务工，孤寡老人、留守儿童、残疾人等特殊群体自救互救能力较弱的情况，在当地党委和政府的统一领导下，整合基层党员、驻守专业队伍、驻村帮扶干部、民兵、志愿者等骨干力量，建立“村组组织领导+监测员巡查预警+骨干群众参与+接帮户支持+受帮户配合”五位一体的避险结对帮扶机制，实现户帮户、人盯人，有效化解“空心村”地质灾害防范风险。

（5）信息反馈

村组（社区）在监测员协助下负责将地质灾害隐患点、风险区避险转移安置信息报送乡（镇、街道）避险转移“指挥官”。在建工程工地营地施工项目部、旅游景区主管部门（单位）等避险转移“指挥官”负责将避险转移安置信息报送当地乡（镇、街道）政府，并同步报送上级主管单位或行业主管部门。

乡（镇、街道）负责收集整理本辖区地质灾害避险转移台账、图片、视频等有关信息并报送县级地质灾害指挥部办公室汇总上报。

县级地质灾害指挥部办公室负责核实统计本辖区威胁城镇居民和乡村农户安全的地质灾害隐患点及风险区避险转移信息，负责避险转移台账、图片、视频等资料存档。同级发改、经信、教育、自然资源、住建、交通、水利、文旅、卫健、应急、国资等部门（单位）负责管理本行业领域避险转移安置信息和资料。

（6）反馈抽查

市级地质灾害指挥部办公室负责汇总县级地质灾害指挥部办公室地质灾害避险转移统计数据报送省级地质灾害指挥部办公室，并按不低于5%的比例（避险转移起数）对相关县（市、区）避险转移情况开展抽查。省级地质灾害指挥部办公室负责汇总全省地质灾害避险转移统计数据，结合降雨实况开展随机抽查。各级发改、经信、教育、自然资源、住建、交通、水利、文旅、卫健、应急、国资等行业主管部门（单位）负责对本领域避险转移安置反馈信息开展抽查。

（7）责任处理

在地质灾害避险转移工作中发现有弄虚作假行为的，一经查实，涉及地质灾害隐患点的取消监测员资格，当年对其补助资金全部收回；涉及县、乡党委、政府和村组（社区）干部及其他行业领域人员的，根据具体情况对直接责任人和有关人员移交有权机关（单位）依纪依规作出相应纪律处分，情节严重的移交有权机关（单位）依法依规追究其法律责任。

4.4.4.6 安置管控

（1）安置点设置

乡（镇、街道）党委、政府及在建工程施工单位等在县级行业主管部门及专业单位指导下，确定地质灾害隐患点、风险区、旅游景区及工棚营地等临时安置“安全屋”（避险安置点）和撤离路线。优先选择闲置学校、村委会、养老机构等安全可靠、具备一定生活条件、交通便捷的公共场所。

（2）安置管控

乡（镇、街道）党委、政府负责在县级地质灾害指挥部办公室指导下建立健全地质灾害隐患点及风险区避险转移安置管理制度，设置警戒线和禁止进入指示标识，根据工作需要配置足够管控力量，安排人员在核心通道、路口处进行警戒，对不服从现场管理的人员进行耐心劝导。对不听劝导强行进入的人员，可依法采取必要手段进行严肃管控。对避险撤离出来的群众，基层政府要做好政策宣传引导，妥善安排群众的生产生活，多措并举防止群众擅自返回撤离区域，坚决做到“不安全、不返回”。乡（镇、街道）安置管理“责任人”、避险过程“监管员”结合转移安置台账，掌握避险群众动向。

在建工程工地营地施工项目部、旅游景区主管部门（单位）等可参照上述工作机制落实避险转移人员安置管控措施。

（3）安置保障

乡（镇、街道）安置管理“责任人”负责安置点生活服务和管理，组织做好公共卫生、人员考勤、安全防范、防灾宣传、诉求传达等工作，积极妥善处理转移安置群众的合理诉求，对老、弱、病、残、孕等特殊群体尽可能提供关怀和便利条件。

在建工程工地营地施工项目部、旅游景区主管部门（单位）等负责落实本行业系统相关避险转移人员安置保障工作。

4.4.4.7　评估返回

在收到县级暴雨灾害预警、预警信号解除信息，或超出地质灾害气象风险等级预报、短临预警时限，未再发布新的预警信息且预警时段内未发生地质灾害时，乡（镇、街道）避险转移“指挥官”负责组织开展隐患点、风险区、受威胁房屋、通行路线的雨（灾）后排查和安全评估，确认安全后有序组织返回。因威胁城镇居民和乡村农户的地质灾害隐患点出现变形加剧等临灾前兆避险时，县级地质灾害指挥部办公室负责组织专业队伍开展调查评估及后续处置。在建工程工地营地、旅游景区等其他行业领域组织避险转移的，由其责任单位自行组织开展雨（灾）后排查和安全评估，确认安全后有序组织返回。

4.4.5　成功避险奖励

4.4.5.1　奖励对象

首先发现地质灾害前兆信息，及时报告或主动采取应急处置措施，成功避免因灾人员伤亡的个人和单位。

4.4.5.2　奖励方式

包括精神奖励和物质奖励。

精神奖励由自然资源主管部门按相关规定，表彰表扬为“地质灾害防治先进个人”或“地质灾害防治先进集体”。对在全国、全省范围内有广泛良好社会影响的个人和单位，按程序提请省委、省政府或省地质灾害指挥部给予即时通报表扬。

物质奖励根据一次成功避免的可能因灾伤亡人数设置，省级设一等奖、二等奖、三等奖共 3 个奖励等级。一等奖［一次避免伤亡 100 人（含）以上］个人奖励 3 万元、单位奖励 5 万元；二等奖［一次避免伤亡 50 人（含）以上 100 人以下］个人奖励 2 万元、单位奖励 3 万元；三等奖［一次避免伤亡 30 人（含）以上 50 人以下］个人奖励 1 万元、单位奖励 2 万元。成功避免一次地质灾害造成人员伤亡 30 人以下事件的奖励办法由市（州）自然资源、财政主管部门制定。

4.4.5.3　奖励程序

符合省级地质灾害成功避险物质奖励标准的，主要奖励程序如下：

1）推荐。市（州）自然资源主管部门根据辖区内本年度地质灾害成功避险事件避免可能的因灾伤亡人数确定推荐个人和单位名单。

2）审查。按照“随时受理、集中审查”形式，省级自然资源主管部门于每年 10 月根据各地推荐情况，组织相关专家集中审查市（州）推荐材料，并拟定奖励等级。

3）公示。省级自然资源主管部门在其官方网站及有关新闻媒体上按规定进行公示，公示时间不少于 5 个工作日。公示内容包括：地质灾害发生的时间、地点、受灾情况，成功预报地质灾害的个人和单位基本信息及其对成功避险的主要贡献，避免可能的人员伤亡情况，拟定奖励等级、奖金额度等。

4）奖励。公示期满无异议的，由省级自然资源主管部门按程序给予奖励。

4.5 工程治理机制

地质灾害综合治理是减轻地质灾害风险的重要手段。通过近9000处地质灾害治理工程和避险搬迁等项目的实施，四川逐步建立了集项目监管、项目考核及资金绩效评价、多元化资金筹措、市场征信管理于一体的综合治理机制，全面规范了项目管理，拓宽资金来源，最大限度地保护民众生命安全、减轻财产损失。

4.5.1 项目监管

自2017年起，根据《中央财政自然资源领域转移支付资金项目储备库入库指南》《四川省地质灾害防治项目管理办法》等要求，依托于四川省地质环境管理信息系统，四川省首次将地质灾害防治项目库建设作为项目资金管理的重要内容，实现了所有储备、在施、完工项目的动态填报及在线管理，有效规范和加强了地质灾害防治专项资金的过程监管。

4.5.1.1 储备库建设制度

地质灾害防治项目一般包括地质灾害调查评价、监测预警、工程治理、排危除险、避险搬迁等类型。为进一步规范地质灾害防治项目入库标准，四川要求申报中央、省级地质灾害防治专项补助资金支持的项目，除省级项目及专职监测队伍建设外，均需纳入省级项目储备库管理。未纳入项目储备库的项目，原则上不得安排中央和省级补助资金。纳入项目储备库的项目原则上应完成相应前期工作。其中：专业监测应编制建设方案，完成监测站点选址；工程治理项目应完成勘查和施工图设计；排危除险项目应完成项目设计编制；避险搬迁户应纳入县域地质灾害防灾避险搬迁安置规划，并完成建房选址；其他地质灾害防治项目应编制完成相应的设计方案。同时，市、县级自然资源主管部门对上述工作成果的审批（查）结论作为纳入项目库的依据。此外，对险情紧迫的突发地质灾害，或省委、省政府确定的其他项目一般经专家论证通过后可先行入库，完成相应前期工作后，及时补充资料。

4.5.1.2 入库审核制度

地质灾害防治项目审核入库工作包括省、市（州）“两级审核”。其中，市（州）级层面把关审核，省级层面“两审一核”，实现项目“三上三下”。具体分为前期工作、市（州）级审核、省级初审、专家审查、实地复核、项目入库等6个阶段（图4.6）。

1）前期工作。拟入库申报中央、省级补助的地质灾害防治项目由县（市、区）级完成专家踏勘、专业地勘队伍调查、勘查、施工图设计、实施方案等前期工作。其中，专业地勘队伍提交的拟治理项目现场调查报告中包含隐患点（灾害点）基本情况、威胁对象情况、概算资金、避险搬迁可行性、是否建议开展工程治理等内容。同时，县（市、区）按要求准备好申报资料报市（州）级初审。

2）市（州）级审核。市（州）收集汇总各县（市、区）申报资料后，对申报项目是否符合地质灾害防治项目支持范围以及资料是否完整进行审核。同时，在要求的时间节点前向省自然资源厅报送申请入库项目清单，并督导县（市、区）将审核通过的项目录

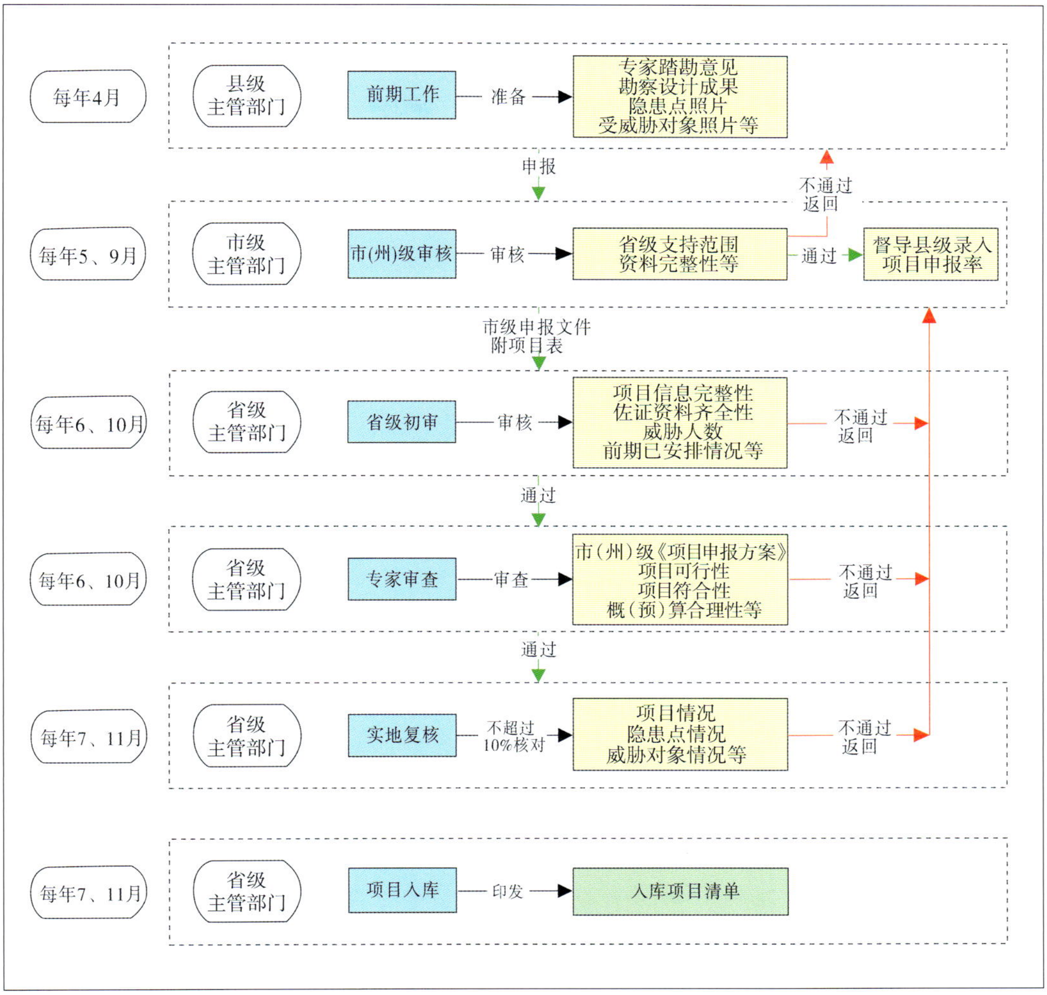

图 4.6　四川省地质灾害工程治理项目入库流程图

入省级项目储备库。

3）省级初审。四川省自然资源厅根据各市（州）提交的项目清单，组织项目储备库入库资料初审，重点检查各项目信息完整性、佐证资料齐全性，核查威胁人数等内容，并形成初审意见。同时将前期已安排补助资金的、项目信息不完整的、无佐证资料的，不符合补助范围的项目清理出项目清单，并反馈至相关市（州）。

4）专家审查。四川省自然资源厅组织申报市（州）、县（市、区）自然资源主管部门，邀请技术专家召开地质灾害工程治理项目储备库入库专家审查会。主要对项目申报方案、项目可行性、项目符合性、概（预）算合理性进行审查把关。会上专家组针对项目概（预）算费用以及项目是否入库等提出明确意见。四川省自然资源厅可就多元化投入比例与市（州）、县（市、区）自然资源主管部门进行会商，并作为后期安排补助的依据。

5）实地复核。针对经专家审查建议入库的申报项目，四川省自然资源厅按照一定比例抽取项目组织技术专家进行实地复核，核对项目情况、隐患点情况以及受威胁对象情况等，并提出复核意见。其余拟入库项目按照相同要求由市级主管部门复核，并向省自然资源厅报送复核结果。

6）项目入库。根据专家审查和实地复核意见，四川省自然资源厅对建议入库的申报项目进行入库操作，形成项目储备库，并以此作为申报中央储备库和中央、省级资金安排的基础依据。同时，省自然资源厅将已入库项目清单印发市（州），督促各地开展立项、财评等工作，按资金安排情况分批次纳入市（州）年度实施方案予以实施。

4.5.1.3 分级管理制度

按照最新的地质灾害防治项目管理办法及专项资金管理办法，全省地质灾害防治项目管理实行省、市、县三级分级负责制。

（1）省级自然资源主管部门

1）负责全省地质灾害防治项目管理的监管指导与项目库管理系统的建设与维护，组织编制全省地质灾害防治体系建设方案及年度实施方案。

2）负责组织对特大型地质灾害治理项目（含重点小流域和重点场镇地质灾害综合治理中的特大型地质灾害治理项目，下同）的勘查（含可行性研究、初步设计，下同）和施工图设计的成果进行审查。

3）组织实施省级地质灾害公益性、基础性工作；厅直属事业单位承担有关地质灾害公益性、基础性工作和项目管理的相关事务性工作。

（2）市级自然资源主管部门

1）负责本市（州）地质灾害防治体系建设方案及年度实施方案的编制，科学设置申报项目绩效目标。

2）负责监管本辖区地质灾害防治项目实施；负责地质灾害治理工程（含特大型）、小流域和重点场镇地质灾害综合治理、专业监测项目的立项和验收；负责市（州）级公益性、基础性项目和能力建设的立项、实施和验收工作；负责对立项项目按规定需要采取招投标方式确定项目承担单位的招投标方案的核准及招投标结果的备案。

3）负责组织县域地质灾害避险搬迁安置规划的审查。

（3）县级自然资源主管部门

负责地质灾害防治项目的实施。具体包括：承担所在地地质灾害防治项目建设单位管理职责，依法组织确定项目承担单位和组织施工；负责地质灾害治理工程（含特大型）、小流域和重点场镇地质灾害综合治理、专业监测项目的初步验收；负责本辖区地质灾害排危除险、能力建设的立项、实施和验收；组织实施项目验收中的整改工程及治理效果监测；负责项目档案资料的归档等工作。

同时，四川省自然资源厅直属事业单位负责完善项目库、进行资料初审、配合开展专家审查和实地复核、指导市县等工作；专业地勘队伍负责做好配合县级自然资源主管部门完成项目前期现场调查工作，编制拟治理工程现场调查报告等工作。

4.5.1.4 动态通报制度

四川省自然资源厅建立了全省统一的地质灾害防治项目在线监管系统和专项资金监测

监管平台，由四川省修复防治院负责平台的日常建设和维护，并对市（州）、县（市、区）两级自然资源主管部门地质灾害防治项目资金在线填报情况进行动态监管，及时跟踪项目实施进展、专项资金使用及在线监管落实情况，并将其作为安排市（州）下一年度专项补助资金的参考依据。此外，建立完善了地质灾害防治工作月通报制度，对数据填报不及时、项目进度滞后、资金执行缓慢等相关问题，及时在全省范围内给予通报，并跟踪限期整改落实，取得了较好的管理成效。

4.5.2　绩效评价

为全面了解、评估专项资金使用绩效，高效客观地开展绩效评价工作，加强绩效评价结果运用，四川省自然资源厅联合四川省财政厅建立了地质灾害防治专项资金绩效评价机制，对加强地质灾害防治专项资金使用管理、提高资金使用效益、推进地质灾害防治专项资金绩效评价起到了良好的推动作用。

4.5.2.1　分级分类评价制度

四川省地质灾害防治专项资金绩效评价实行分级分类评级，即按照项目实施主体自下而上分级开展绩效评价，按照地质灾害防治专项资金来源分类实施绩效评价。

省级组织实施的地质灾害防治项目由四川省自然资源厅组织绩效自评，自评结果报送四川省财政厅，四川省财政厅根据地质灾害防治专项资金安排和自评情况组织抽评。市（州）、县（市、区）级组织实施的地质灾害防治项目由各地自然资源主管部门组织绩效自评，同级财政部门组织抽评。市（州）自然资源主管部门会同同级财政部门向四川省自然资源厅、四川省财政厅书面报告上年度地质灾害防治专项资金绩效自评报告。四川省自然资源厅联合四川省财政厅根据各地自评及抽评情况组织重点绩效评价复核，绩效评价结果作为次年分配地质灾害防治绩效奖补资金的重要依据之一。

地质灾害防治专项资金来源包括中央专项资金和省级专项资金。中央专项资金绩效评价工作由财政部联合自然资源部组织实施，一般在每年3—4月进行，四川省自然资源厅组织中央专项资金项目绩效自评，自评结果报送四川省财政厅；四川省财政厅对自评结果审核后，向财政部、自然资源部书面报告上年度地质灾害防治专项资金绩效自评报告。财政部、自然资源部绩效评价组采取现场核查、查阅资料以及综合评价等相结合的方式，对提交的自评报告进行复核，形成绩效评价结果，绩效评价结果作为次年分配地质灾害防治中央专项资金的重要依据之一。中央专项资金自评工作及省级专项资金绩效评价工作由四川省自然资源厅联合财政厅统一组织分级实施。

4.5.2.2　评价指标体系

四川省自然资源厅联合四川省财政厅在省级专项资金预算项目绩效评价指标体系的基础上，结合四川地质灾害防治项目特点，建立了一套科学合理的地质灾害防治专项资金绩效评价指标体系，包括5个一级指标、14个二级指标，并设定了各项指标分值，明确了各项指标评分标准（表4.1）。

表 4.1 地质灾害防治专项资金预算执行绩效评价指标体系

一级指标（分值）	二级指标	分值	评分标准
方案编制（15 分）	目标制定	8	①目标是否明确、具有可操作性，符合本地工作实际（4 分）； ②目标是否突出重点，衔接省地质灾害全域综合整治三年行动等规划文件（4 分）
	方案备案	2	是否按时编制完成实施方案并提交备案。在规定时间内完成并提交备案的得 2 分，超过规定提交时间 1 月以内的得 1 分，其他不得分
	体制机制创新	5	反映地质灾害防治体制机制创新情况。已编制印发地质灾害防治项目、资金管理办法的每项得 1 分，否则不得分。有其他创新材料或形成年度工作创新亮点特色总结报告得 3 分，否则不得分
资金执行（30 分）	执行进度	30	①统计范围为本年度及上年度省级下达的地质灾害防治专项资金，执行进度以自然资源资金监测监管系统数据为准； ②下达时间在半年以上一年以内的资金，资金执行大于 50%得 30 分，50%到 45%（不含 50%）得 27 分，45%到 40%（不含 45%）得 24 分，40%到 35%（不含 40%）得 21 分，35%到 30%（不含 35%）得 18 分，30%到 25%（不含 30%）得 15 分，25%到 20%（不含 25%）得 12 分，20%到 15%（不含 20%）得 9 分，15%到 10%（不含 15%）得 6 分，10%到 5%（不含 10%）得 3 分，5%以下（不含 5%）不得分； ③下达时间在一年以上的资金，资金执行大于 80%得 30 分，80%到 75%（不含 80%）得 27 分，75%到 70%（不含 75%）得 24 分，70%到 65%（不含 70%）得 21 分，65%到 60%（不含 65%）得 18 分，60%到 55%（不含 60%）得 15 分，55%到 50%（不含 55%）得 12 分，50%到 45%（不含 50%）得 9 分，45%到 40%（不含 45%）得 6 分，40%到 35%（不含 40%）得 3 分，35%以下（不含 35%）不得分； ④各时间段下达资金分值按资金占比计算
项目进度（30 分）	调查评价	5	①调查评价工作任务完成量≥80%得 5 分，80%到 70%（不含 80%）得 4 分，70%到 60%（不含 70%）得 4 分，60%到 50%（不含 60%）得 3 分，50%到 40%（不含 50%）得 2 分，40%到 30%（不含 40%）得 1 分，30%（不含 30%）以下不得分； ②涉及多个项目按各项目完成野外工作得 60%，完成成果报告得 80%，完成审查得 100%的标准综合计算
	监测预警	5	①群测群防实现全覆盖得 2 分，否则不得分； ②监测点建设完成率 100%得 3 分，每减少 10%扣 0.5 分，扣完为止
	工程治理	10	①工程治理（含排危除险）工作任务完成量≥60%得 10 分，60%到 50%（不含 60%）得 8 分，50%到 40%（不含 50%）得 6 分，40%到 30%（不含 40%）得 4 分，30%到 20%（不含 30%）得 2 分，20%（不含 20%）以下不得分； ②涉及多个项目按各项目完成施工招标得 40%，完成施工得 90%，完成验收得 100%的标准综合计算
	避险搬迁	4	避险搬迁工作任务完成量≥60%得 4 分，60%到 50%（不含 60%）得 3 分，50%到 40%（不含 50%）得 2 分，40%到 30%（不含 40%）得 1 分，30%（不含 30%）以下不得分
	民生实事	6	是否按时完成当年民生实事目标任务，全部完成得 6 分，一项未完成扣 3 分，扣完为止

续表

一级指标（分值）	二级指标	分值	评分标准
防灾效益（25 分）	消减隐患点数量	10	①消减隐患点数量完成任务得 10 分，每减少 10%扣 1 分，扣完为止； ②省级未明确下达任务的，按照上一年底数量的 10%作为任务考核
	减少受威胁人数	10	①减少受威胁人数完成任务得 10 分，每减少 10%扣 1 分，扣完为止； ②省级未明确下达任务的，按照上一年底数量的 10%作为任务考核
	综合防范	5	本年度未发生地质灾害群死群伤事件（一次死亡失踪大于等于 3 人）得 5 分，否则不得分
加分项（10 分）	本级财政投入情况	5	本级财政筹措资金（含本级财政投入、一般债券额度、整合行业政策，不含盘活往年结余资金）与当年度省级下达补助资金比值大于等于 100%的加 5 分，大于等于 90%的加 4 分，以此类推，比值小于等于 50%的不加分
	表彰及试点情况	5	①地质灾害防治工作获得省级及以上（省级及以上领导批示肯定或地质灾害防治好的典型案例被全国转发）表彰加 2 分； ②地质灾害防治试点工作取得良好成绩加 1.5 分/项，总分不超过 3 分
合计		110	

4.5.2.3 年度方案备案制度

为强化地质灾害防治项目考核、专项资金绩效管理，2014 年，四川省自然资源厅（原四川省国土资源厅）联合四川省财政厅印发《四川省地质灾害综合防治体系建设项目和资金管理办法》，明确省级补助的地质灾害防治项目实行备案管理。2019 年，四川省自然资源厅联合四川省财政厅印发《四川省地质灾害防治项目管理办法》，进一步明确市（州）地质灾害综合防治体系建设年度实施方案备案制度，并将年度工作任务量、任务完成时限等作为各地绩效目标设定的重要依据，建立了地质灾害防治年度绩效目标体系，包括 4 个一级指标、6 个二级指标、20 个三级指标（表 4.2）。

表 4.2　四川省地质灾害防治年度绩效目标体系

一级指标	二级指标	三级指标	单位
投入指标	资金投入	中央财政补助（财政当年下达预算）	万元
		省级财政补助（财政当年下达预算）	万元
		市县政府自筹（财政当年下达预算）	万元
		其他资金（实际到位数）	万元

续表

<table>
<tr><th>一级指标</th><th>二级指标</th><th>三级指标</th><th>单位</th></tr>
<tr><td rowspan="9">产出指标</td><td rowspan="7">数量指标</td><td>实际完成投资</td><td>万元</td></tr>
<tr><td>开展隐患点群测群防</td><td>处</td></tr>
<tr><td>开展地质灾害隐患点工程治理</td><td>处</td></tr>
<tr><td>开展地质灾害隐患点排危除险</td><td>处</td></tr>
<tr><td>搬迁避让受地质灾害威胁的群众</td><td>人</td></tr>
<tr><td>开展地质灾害巡、排查（以县为单位）</td><td>个</td></tr>
<tr><td>应急演练与宣传培训人数</td><td>人次</td></tr>
<tr><td rowspan="2">质量指标</td><td>规划任务在四川省地质环境管理信息系统填报率</td><td>%</td></tr>
<tr><td>地质灾害隐患点培训/演练覆盖率</td><td>%</td></tr>
<tr><td rowspan="6">效益指标</td><td rowspan="2">经济效益指标</td><td>治理工程及搬迁避让保护财产</td><td>万元</td></tr>
<tr><td>监测预警成功避免财产损失</td><td>万元</td></tr>
<tr><td rowspan="4">社会效益指标</td><td>有效核减灾害点数量</td><td>处</td></tr>
<tr><td>治理工程及搬迁避让保护人数</td><td>人</td></tr>
<tr><td>因灾死亡人数较前5年平均值降低</td><td>人</td></tr>
<tr><td>监测预警避免可能的人员伤亡</td><td>人</td></tr>
<tr><td>满意度指标</td><td>服务对象指标</td><td>受益群众满意度</td><td>%</td></tr>
</table>

4.5.2.4 绩效奖补制度

为建立健全科学、合理的项目绩效评价管理体系，进一步强化绩效评价结果运用，落实各级人民政府的防灾主体责任，提高财政资源配置效率和专项资金使用效益，四川省自然资源厅联合四川省财政厅先后研究制定地质灾害防治项目绩效奖补制度。

2014年印发《四川省地质灾害综合防治体系建设项目和资金管理办法》，明确建立绩效考核制度，将年度地质灾害防治项目的资金管理使用、工作量执行、时间进度控制、项目实施成效、地质灾害防治自筹资金投入、治理工程后期管理维护等作为次年地质灾害防治专项资金安排的重要依据，对项目任务执行不力的地区，酌情扣减省级年度地质灾害防治补助经费额度，直至暂停其申报地质灾害防治项目的资格。

2019年印发《四川省地质灾害防治专项资金管理办法》，进一步提出上一年度绩效评价结果作为申请及分配地质灾害防治中央和省级预算资金的重要依据，赋予上一年度绩效评价结果在分配因素中占10%的权重。

2021年以来，四川省自然资源厅联合四川省财政厅积极推动《四川省地质灾害防治专项资金管理办法》修订工作，进一步完善绩效奖补制度。创新提出从地质灾害防治专项资金中单独安排预算资金对任务完成较好、资金使用绩效较好的市（州）进行绩效奖补，明确用于绩效奖补资金根据绩效评价结果按“分档定比例”对市（州）实施奖励补助，奖补基数为市（州）上年度因素分配补助资金总额（扣除因未完成年度实施方案任务收回财政资金部分），规定奖补资金来源和范围为省级地质灾害防治资金，奖补资金仅限用于地质灾害防治相关工作。绩效评价结果分为优（90 分及以上）、良（80~89 分）、一般（60~79 分）、不合格（60 分以下）四等，对绩效评价结果为优的市（州）奖补比例 15%、良的市（州）奖补比例 10%，一般及以下的市（州）不予奖补。

4.5.3 多元筹资

为缓解地质灾害综合防治资金筹集压力，破解“资金瓶颈”，四川逐步建立以中央支持、省级保障、市县投入为主，政府一般债券、其他资金补充为辅的地质灾害防治五级筹资机制。

4.5.3.1 中央财政重点支持

2014 年，财政部、自然资源部试点开展全国地质灾害综合防治体系建设，四川紧抓契机，成功申报成为第一批地质灾害综合防治体系建设试点省份，中央财政资金重点支持四川特大型地质灾害防治工作和地质灾害综合防治体系建设。

4.5.3.2 省级专项资金保障

四川将地质灾害防治专项资金纳入年度预算，每年投入 10 亿元开展地质灾害综合防治体系建设。主要用于支持地质灾害综合防治体系建设，包括地震灾区灾后重建、地质灾害调查评价、监测预警、综合治理、避险搬迁、能力建设等工作。

4.5.3.3 市县投入稳步增加

各级人民政府充分发挥防灾主体责任，将地质灾害防治资金纳入财政预算，在省级补助资金的基础上，加大地质灾害防治项目财政资金投入，进一步推动地质灾害综合防治体系建设，全力保障人民生命财产安全。

4.5.3.4 引入政府一般债券

四川在全国创新将地质灾害防治明确写入债券支持范围，统筹安排地质灾害防治政府一般债券用于符合条件的地质灾害整治项目实施，有效减轻四川地质灾害防治筹资压力。

4.5.3.5 其他资金补充

1）落实社会投入，根据《地质灾害防治条例》规定，按照“谁引发，谁治理，谁投资、谁受益”的原则，落实受益单位、企业地质灾害防治责任和义务。

2）整合行业资金，整合土地综合整治、高标准农田建设、工矿废弃地复垦等惠农惠民项目和资金，发挥聚合效应。积极统筹市政工程建设、交通运输、应急抢险生态修复、新农村建设等项目，消除地质灾害隐患，最大限度整合多渠道资金。

3）鼓励盘活资源，鼓励各地将泥石流治理工程清淤腾库后的砂石资源由政府统一处置，取得的收益可用于地质灾害防治。

4.5.4 征信管理

2017 年以来，四川省自然资源厅陆续出台了《关于进一步加强四川省地质灾害防治项目建设市场管理工作的通知》（川国土资规〔2017〕6 号）、《四川省政府投资地质灾害防治项目建设市场主体信用评价管理办法》（川自然资规〔2022〕4 号）（以下简称《管理办法》），在全国首创建立了地质灾害防治信用体系，对市场主体进行信用评价，实现地质灾害防治项目全程在线监管，形成守信激励以及失信惩戒机制。四川省自然资源厅直属事业单位承担信用平台日常的维护管理、不良行为的调查核实及数据库录入材料的审查管理等工作（图4.7）。

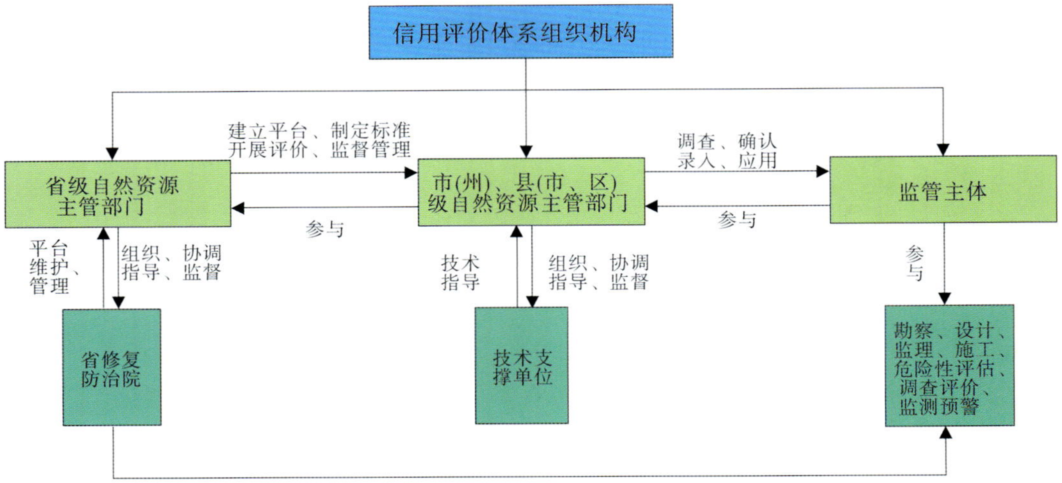

图4.7　信用体系评价工作组织机构图

4.5.4.1　信用评级机制

省级自然资源主管部门根据《管理办法》评价标准，结合市场主体录入的信息对其实行信用评级，评级过程见图4.8。市场主体符合信用平台信息录入要求并及时完成平台信息录入的，将获得信用评价基准分100分，根据市场主体信用等级划分标准（表4.3），其初始信用等级为A级，每两年为一个评价周期。评级通过的单位除营业执照、地质灾害相关资质等客观原因变更外，其他变更每年不超过3次。

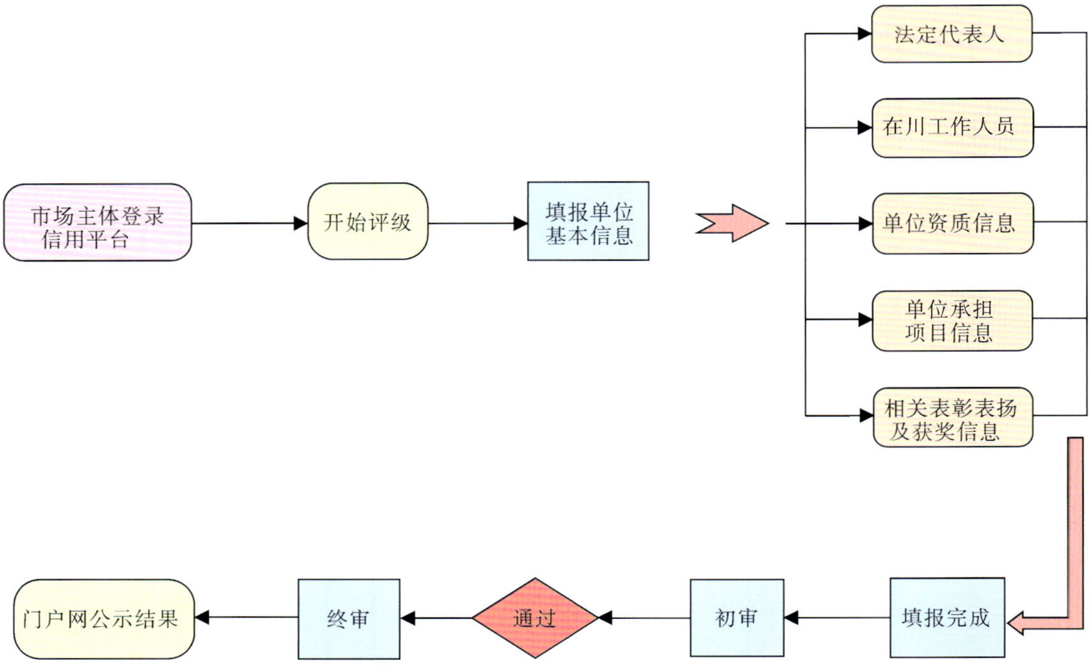

图4.8　信用评级流程图

表 4.3 市场主体信用等级划分表

等级	评分	信用程度
AAA 级	130 分<X≤150 分	信用很好
AA 级	100 分<X≤130 分	信用良好
A 级	90 分≤X≤100 分	信用较好
BBB 级	80 分≤X<90 分	信用一般
BB 级	70 分≤X<80 分	信用较差
B 级	60 分≤X<70 分	信用差
C 级	50 分≤X<60 分	失信
D 级	0 分<X<50 分	严重失信

4.5.4.2 关联锁定机制

1）项目填报后，项目相关人员（主要包括项目负责人和技术负责人）与项目即被关联锁定，锁定后的人员不得再以项目负责人和技术负责人身份参与其他项目。锁定后人员确需变更的，由市场主体向自然资源主管部门提出书面申请并附相关证明材料，审核同意后予以变更。

2）成果验收合格后，市场主体可提出解锁申请，自然资源主管部门在接到申请后 5 个工作日内将项目和人员予以解锁。市场主体应在项目与人员解锁后，继续完善项目相关信息，作为历史业绩进行管理。

3）各级自然资源主管部门将地质灾害防治项目与人员关联锁定信息及时向社会公开，接受监督，避免地质灾害防治项目转包和违法分包，保障地质灾害防治项目质量。

4.5.4.3 守信激励失信惩戒机制

建立守信激励失信惩戒机制，各级自然资源主管部门、项目主管部门、项目法人和有关单位在招投标、政府采购、市场准入、日常监管等工作中，应用信用评价结果，实行市场主体信用分类监管。

一是对信用等级为 BBB 级及以下的市场主体，在日常监督检查中实施重点监管，加大监管力度，增加检查频次。二是对守信市场主体在招投标活动中给予优待，将市场主体的信用信息和信用评价结果作为评标的重要标准之一（图 4.9）。三是对已在信用平台录入信息的企业，可适当简化资料审查流程，方便市场主体参与地质灾害防治工作。四是对于尚未在信用平台建立信用档案、到期未参加或虽参加但未通过本次信用评价的市场主体，其信用等级确定为 BBB 级，信用分值为 80 分。

4.5.4.4 监督管理机制

1）常态检查。市县级自然资源主管部门常态化开展辖区内地质灾害防治项目监督检查工作，并将市场主体不良行为记录报送省级自然资源主管部门，省级自然资源主管部门核实后扣减信用分值并公布。市场主体不良行为记录的公告期限一般为 1 年。

2）社会监督。市场主体信用评价工作接受社会监督。县级及以上自然资源主管部门负责对举报和投诉进行调查核实。

3）双月检查。各级自然资源主管部门强化对地质灾害防治项目和市场主体的监管，

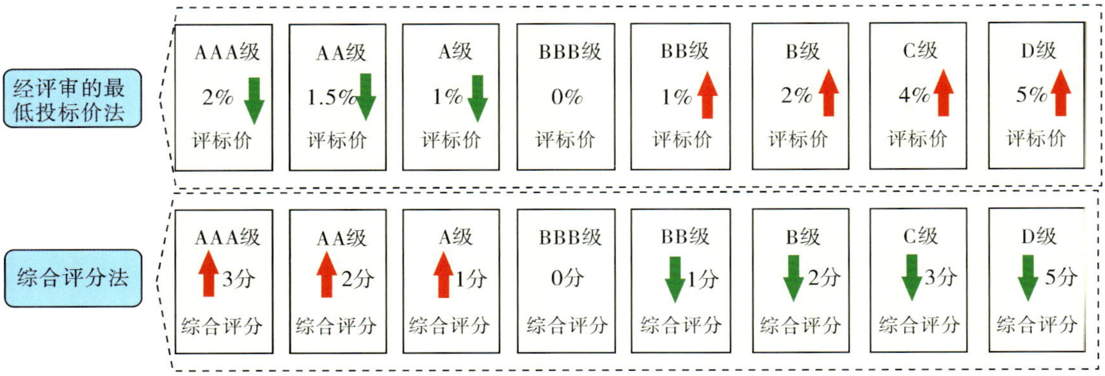

图 4.9　评标标准差异图

持续开展地质灾害防治项目每 2 个月全覆盖检查的“双月查”行动，严格落实地质灾害防治资质“双随机一公开”监管要求，有效防范市场主体通过弄虚作假、围标串标和借用资质非法获取地质灾害防治项目，切实维护全省地质灾害防治市场秩序。

截至 2023 年，四川已将 365 家地质灾害防治作业单位、12231 名从业人员等共计 80 万余条数据纳入信用管理平台，实现了 9924 处地质灾害治理工程项目的全流程在线监管。其中，对 138 家市场主体的 343 次不良行为进行了惩戒，对 48 家市场主体的良好行为进行了信用加分激励。通过信用监管，倒逼企业重视资源配置，提升员工素质、加强内部管理、注重工程质量，助推了四川地质灾害防治市场环境健康发展。

4.5.5　资质管理

为深入贯彻落实党中央、国务院和省委、省政府关于深化“放管服”和“一网通办”前提下“一次都不跑”改革精神，根据《地质灾害防治单位资质管理办法》和《自然资源部关于〈地质灾害防治单位资质管理办法〉有关事项的公告》(2022 年第 97 号)、《自然资源部办公厅关于贯彻落实〈地质灾害防治单位资质管理办法〉的通知》(自然资办函〔2022〕2512 号）要求，四川对地质灾害评估和治理工程勘查设计、地质灾害治理工程施工、地质灾害治理工程监理单位甲、乙级资质新立、延续、变更、补证、注销审批（以下简称地质灾害防治单位资质审批）工作进行了改革。

4.5.5.1　管理对象

在四川境内从事地质灾害危险性评估以及地质灾害治理工程勘查、设计、施工、监理等地质灾害防治活动的单位，应当依照本办法的规定取得地质灾害防治单位资质，并在资质等级许可的范围内从事地质灾害防治活动。

4.5.5.2　责任主体

四川省自然资源厅负责本行政区域内地质灾害防治单位甲级、乙级资质的审批和监督管理。

4.5.5.3　管理工程类别

（1）地质灾害危险性评估

在地质灾害易发区进行工程建设或者编制地质灾害易发区内的国土空间规划时，对建设工程或者规划区遭受山体崩塌、滑坡、泥石流、地面塌陷、地裂缝、地面沉降等地质灾害的可能性和建设工程引发地质灾害的可能性作出评估，提出具体预防治理措施的活动。

（2）地质灾害治理工程

开展勘查、设计、施工、监理等专项地质工程措施，控制或者减轻山体崩塌、滑坡、泥石流、地面塌陷、地裂缝、地面沉降等地质灾害或者地质灾害隐患的工程。

4.5.5.4　资质等级与类别

地质灾害防治单位资质分为甲、乙两个等级。

地质灾害防治单位资质分为地质灾害评估和治理工程勘查设计资质、地质灾害治理工程施工资质、地质灾害治理工程监理资质。

4.5.5.5　工程项目级别

（1）地质灾害危险性评估项目

分为一级、二级两个级别。从事“在地质环境条件复杂地区进行建设项目”、“在地质环境条件中等复杂地区进行较为重要建设项目”、“编制地质灾害易发区内的国土空间规划”活动之一的，其地质灾害危险性评估的项目级别属于一级。以外的其他建设项目地质灾害危险性评估的项目级别属于二级。建设项目重要性和地质环境条件复杂程度的分类，按照地质灾害危险性评估技术规范有关国家标准执行。

（2）地质灾害治理工程项目

分为一级、二级两个级别。符合“地质灾害治理工程施工经费在五百万元及以上”、“单独立项的地质灾害治理工程勘查项目经费在二十万元及以上”、“地质灾害治理工程勘查、设计项目总经费在四十万元及以上、对于治理特大型、大型地质灾害而开展的地质灾害治理工程”条件之一的，为一级地质灾害治理工程项目。以外的地质灾害治理工程项目级别属于二级。

4.5.5.6　项目承揽

具有甲级资质的地质灾害防治单位，可以承揽相应一级、二级地质灾害危险性评估项目及地质灾害治理工程项目。具有乙级资质的地质灾害防治单位，仅可以承揽相应二级地质灾害危险性评估项目及地质灾害治理工程项目。同一地质灾害治理工程的监理单位与施工单位不得具有隶属关系或者其他利害关系。

4.5.5.7　申请资料

申请地质灾害防治单位资质的单位，应当向单位登记注册地的省级人民政府自然资源主管部门提出申请，并提交以下材料：①资质申请书；②营业执照或者事业单位法人证书；③有关专业技术人员名单、身份证、职称证书、学历证书、申请前连续3个月由本单位缴纳社会保险记录文件，技术负责人的任命或者聘任文件；④本单位设备的所有权材料；⑤职业健康安全管理体系认证证书或者安全管理制度文件；⑥质量管理体系认证证书或者质量管理制度文件。

此外，申请地质灾害评估和治理工程勘查设计甲级资质的单位，还应当提供相关业绩的项目合同、验收报告或者专家评审意见；申请地质灾害治理工程施工甲级资质、地质灾害治理工程监理甲级资质的单位，还应当提供相关业绩的项目合同、验收报告。申请材料中涉及国家秘密的信息应当进行脱密处理后提交。

4.5.5.8 申请审批程序

（1）网上填报

申报单位在法定工作日可通过互联网在四川政务服务网（www. sczwfw. gov. cn）中直通部门“自然资源厅”在线填报申请办理地质灾害防治单位资质审批事项，不再使用自然资源部或自然资源厅相关软件制作报盘数据。要件审查时一次性告知补正意见，受理后不再补充资料。

（2）资质审批

地质灾害防治单位资质审批工作实行“一次都不跑”改革制度，四川省政务服务和资源交易服务中心自然资源厅窗口（以下简称省自然资源厅窗口）将提供地质灾害防治单位资质证书邮寄送达服务，除资质证书注销审批等需要现场提交纸质资质证书外，申请单位原则上无需前往自然资源厅窗口提交资料和领取资质证书原件。地质灾害防治单位名称、住所发生变更的，应当在有关事项变更后30个工作日内向自然资源厅提交有关部门的核准材料，申请换发新的资质证书。

（3）办理时限

地质灾害防治单位资质新立、延续的办理时限不包括专家评审、现场核查、公示等转外环节，审批结果在四川省自然资源厅官网按程序公示公告。地质灾害防治单位资质证书变更、补证随时受理，按时办结。地质灾害防治单位资质证书注销随时受理，当日办结。

4.5.6 避险搬迁

4.5.6.1 搬迁方式

搬迁方式分为整点（区）搬迁和局部搬迁两种。鼓励对处于地震断裂带附近、治理费效比差、治理工程受损且修复难度大的地质灾害隐患点和成灾风险高、生存环境较差、可持续发展难的地质灾害危险区（风险区）受威胁村（居）民实施整点（区）搬迁。对整点（区）搬迁以外其他符合搬迁条件的受威胁村（居）民实施局部搬迁。

4.5.6.2 安置方式

因地制宜采取集中安置、货币化安置、分散安置和其他安置相结合的方式实施搬迁安置，鼓励有条件的地区采用集中安置、货币化安置。

1）集中安置。结合县级国土空间总体规划及乡镇村级片区国土空间规划，以当地特色产业、乡村旅游业等为支撑，引导群众向县城、集镇、产业园、已有安置区、中心村集中安置。

2）货币化安置。由当地政府统筹相关资金和政策，充分利用商品房、棚改存量房和保障性住房等资源，鼓励进城落户，通过市场购买或租赁等多种方式进行安置。

3）分散安置。主要以自建住房等方式分散安置。鼓励各地通过依法回购、改建已建安置区空置房屋、闲置乡村办公用房等住房资源进行安置。

4）其他安置。主要以自主选择投亲靠友等方式安置。鼓励各地依托社会福利机构对符合供养条件的孤寡老人、残疾人等进行安置。

4.5.6.3 选址建设

（1）选址要求

安置点应科学选址，尽量避让永久基本农田、生态保护红线等敏感区域，不占或少占耕地。紧密衔接国土空间规划尤其是乡镇国土空间规划，与新型城镇化建设和乡村振兴规划等相衔接，以群众“搬得出、稳得住、能发展”为目标，推动搬迁“三靠”（靠园区、靠景区、靠社区）、“三进”（进县城、进集镇、进中心村和聚居点），坚决避免因规划调整、山洪地质灾害威胁造成“二次搬迁”。对于集中安置项目，应开展资源环境承载能力评价和国土空间开发适宜性评价、地质灾害危险性评估，有效规避地震断裂带、地质灾害隐患点和危险区（风险区）以及山洪灾害危险区等潜在威胁。

（2）建设要求

坚持规模适宜、功能合理、宜居宜业的要求，充分考虑搬迁群众经济条件，合理确定人均住房面积，严格控制建造成本。新建住房结构设计应执行相关建筑规范和技术标准，严控切坡建房，确保住房质量和安全。对于集中安置点应尊重地域文化、传承民族特色，采取统规自建为主的方式进行建设。采取扩建等方式建设集中安置区的，可结合安置区人口规模及分布、风俗习惯等因素，在原有配套设施上进行改造提升，满足搬迁群众公共服务需求。此外，根据集中安置点人口规模、地理位置等情况，指导属地合理分类设置基层医疗卫生机构。

4.5.6.4 复垦整治

避险搬迁群众迁出后，需按规定拆除迁出地住房及庭院等附属设施，并注销不动产权证等证书。当地政府应按照“宜耕则耕、宜林则林、宜草则草”的原则，组织对搬迁群众原有宅基地等建设用地，以及腾退、废弃土地进行复垦或还林还草，适宜耕作的优先用于补充耕地资源。

4.5.6.5 资金筹措

按照“省级补助、市县配套、金融支持、群众自筹”的原则，多元化筹措资金。其中，省财政统筹中央和省级资金，按照一般地区一般户 3.5 万元/户，民族地区（含民族地区待遇县）及一般地区低保户 4 万元/户的标准给予山洪地质灾害避险搬迁基础补助，并根据省级避险搬迁补助标准变化进行调整。

4.5.6.6 储备库与项目库建设

（1）储备库建设

省级自然资源主管部门负责组织建立地质灾害避险搬迁储备库（以下简称储备库）。市级自然资源主管部门负责指导县级自然资源主管部门做好地质灾害避险搬迁储备工作并组织填报储备库。

（2）项目库建设

省级自然资源主管部门负责组织建立地质灾害避险搬迁项目库（以下简称项目库）。市级自然资源主管部门负责指导县级自然资源主管部门做好地质灾害避险搬迁项目库填报工作。未纳入项目库的避险搬迁项目，原则上不得安排专项资金。此外，省级自然资源主管部门负责建立全省地质灾害避险搬迁在线监管平台。市级自然资源主管部门负责组织辖区开展地质灾害避险搬迁入库填报及监管工作，及时跟踪项目实施情况。

4.5.6.7 项目申报与立项

（1）地质灾害避险搬迁的申报和立项

逐级根据省级地质灾害防治体系建设方案或地质灾害避险搬迁相关规划，市级自然资源主管部门分年度编制本市（州）地质灾害防治体系建设方案或地质灾害避险搬迁专项规划，县级自然资源主管部门编制本县（市、区）地质灾害避险搬迁年度实施方案开展申报和立项工作。本市（州）级地质灾害防治体系建设方案或地质灾害避险搬迁专项规划，经组织专家审查通过并经市级人民政府正式批复后，报省级自然资源主管部门备案。

（2）项目动态调整机制

对已纳入市（州）地质灾害防治体系建设年度实施方案或市级地质灾害避险搬迁专项规划并经市级人民政府批复报自然资源厅备案的项目，因各种原因确需调整的，应由市级自然资源主管部门将调整理由和调整情况以正式文件报市级人民政府批准后报自然资源厅备案。

4.5.6.8 项目管理

避险搬迁项目管理实行分级负责制，省、市、县三级自然资源主管部门分别对项目落地流程进行监督管理。

（1）省级自然资源主管部门

1）负责全省地质灾害避险搬迁管理的监管指导与项目库管理系统的建设与维护，组织编制全省地质灾害防治体系建设方案、年度实施方案及避险搬迁总体规划。

2）负责对全省地质灾害避险搬迁项目管理进行指导、监督、考核。

（2）市级自然资源主管部门

1）负责本市（州）地质灾害防治体系建设年度方案、年度实施方案及避险搬迁专项规划的编制，科学设置申报项目绩效目标。

2）负责监管本辖区地质灾害避险搬迁项目实施和验收工作。

3）负责组织县域地质灾害避险搬迁安置规划或年度实施方案的审查。

（3）县级自然资源主管部门

负责地质灾害避险搬迁项目的实施。具体包括：承担县域地质灾害避险搬迁工作管理职责；组织开展地质灾害避险搬迁项目验收及整改工作；负责项目档案资料的归档等工作。其中，负责组织指导有关乡（镇、街道）人民政府对拟实施地质灾害避险搬迁情况主动公示不少于10个工作日。

4.5.6.9 项目实施与审查

（1）项目实施

地质灾害防灾避险搬迁安置项目，应组织专业单位开展地质灾害调查，明确受地质灾害威胁户及搬迁紧迫程度，对拟选址地进行适宜性评价，并依据调查成果编制或调整县域地质灾害防灾避险搬迁安置规划或年度实施方案，经市级自然资源主管部门组织专家审查通过并经县级人民政府正式批复后实施。

按照轻重缓急，在充分征求群众意愿的基础上，县级自然资源主管部门结合年度搬迁计划，在地质灾害避险搬迁项目库选取避险搬迁户组织实施搬迁工作。其中，对搬迁选址地发生变化的，应在项目实施前组织专业单位重新开展选址适宜性评估，并适时调整县域地质灾害防灾避险搬迁安置规划或年度实施方案。

（2）项目审查

项目实施过程中的实施方案调整程序及审查事项，由市、县级自然资源主管部门按项目管理权限确定；涉及资金调整的，报同级财政部门审核确定。

4.5.6.10 项目验收

地质灾害避险搬迁的验收分级负责制。市、县级自然资源主管部门按照职责负责组织各类项目的验收。地质灾害避险搬迁安置项目验收工作应经县级人民政府批准同意后，由县级自然资源主管部门会同相关部门开展验收工作，市级自然资源主管部门会同相关部门对其进行不低于30%的抽查，并督促县级自然资源主管部门对抽查发现问题进行限期整改，整改不到位的，可暂停该县（市、区）地质灾害避险搬迁申报的资格。

4.5.6.11 项目监管

1）核查搬迁人数。市、县级自然资源主管部门在地质灾害避险搬迁申报和立项中，必须坚持实事求是的原则，并严格依法依规确定地质灾害避险搬迁户数、人数。

2）全过程信用监管。按照《四川省政府投资地质灾害建设市场主体信用评价管理办法》规定，各级自然资源主管部门应及时督促地质灾害避险搬迁工作在信用平台录入项目相关信息，并加强对项目巡查监管。信用平台录入信息作为相关项目验收的组成部分。

3）违法行为查处。各级自然资源主管部门要强化监督管理，对自然资源主管部门及有关人员违反《政府投资条例》《地质灾害防治条例》等规定的行为依法追究法律责任。

4）建立通报制度。对项目实施过程中未按要求开展工作、工程实施进度滞后、信用监管不到位的，在全省范围内予以通报。

5）责任追究。明确相关负责人，对搬迁问题承担相应责任。

4.5.7 规划管控

为加强对地质灾害风险隐患威胁的源头管控，优化四川国土空间布局，四川省自然资源厅于2022年1月印发了《关于将地质灾害风险调查评价成果纳入国土空间规划的通知》，按照“自上而下、逐级精细”的要求，将地质灾害风险调查评价成果纳入省、市、县、镇级片区国土空间规划和村级片区规划，加强地质灾害风险隐患源头管控。

4.5.7.1 总体要求

1）省、市级规划纳入要求。结合省、市级地质灾害风险调查评价成果比例尺较小，直接用于同级国土空间规划管控较为困难的实际，将地质灾害危险区划成果用虚线在国土空间规划中表达，明确在具体规划建设时应避让地质灾害中高（含极高）危险区。

2）县级规划纳入要求。把握县级地质灾害风险调查评价与同级国土空间规划精度匹配较好的特点，将县级地质灾害风险调查评价成果直接纳入同级国土空间规划管控，用于判定建设用地适宜性及划定城镇开发边界，确保最大限度避免将地质灾害高和极高危险区作为城镇发展方向。

3）镇、村级规划纳入要求。结合县域斜坡地质灾害风险隐患详细调查（含乡镇1∶1万地质灾害精细化调查）工作，同步聚焦城镇开发边界内、开发边界外产业发展设施建设用地、农村聚居点等重点区域和点位开展地质灾害风险隐患调查，将调查成果直接用于镇级片区国土空间规划和村级片区规划编制，切实加强地质灾害风险隐患源头管控。

4.5.7.2 地质灾害风险管控要求

按照“风险总体可控、分类分级管控”的原则，除城镇建成区将地质灾害风险区纳入国土空间规划管控外，其他区域总体将地质灾害危险区纳入国土空间规划进行管控。

1）城镇开发边界内已建成区。充分考虑城镇建设的可拓展空间，分类明确风险管控措施，建成区内地质灾害风险调查评价中划定为高和极高风险区的，一般不作为城市更新建设区，并要采取地质灾害避险搬迁、排危除险等整治措施严控风险；确因城镇建设可拓展空间不足，仅允许开展以安全防控为目的的更新活动。对中风险区，要落实风险管控措施，采取地质灾害综合整治措施开展治理，全力确保安全；对低风险区，要按规定落实地质灾害防范措施，开展城镇更新建设。

2）城镇开发边界内规划建设区。充分结合建设用地适应性评价，原则上尽量避让地质灾害中、高和极高危险区，确需纳入城镇开发边界内的中、高和极高危险区，对高和极高危险区，不得作为城镇建设规划发展方向；对中危险区，要按照地质灾害危险性评估结论落实相关防治措施后，方可开展城镇开发建设；对低危险区，要按规定落实地质灾害防范措施后，方可开展城镇开发建设。

3）城镇开发边界外区域。对于单独选址项目，按照国务院《地质灾害防治条例》相关要求，开展地质灾害危险性评估并配套实施相关防护工程；对于农村居民点等用地，开展地质灾害风险调查评价，避让地质灾害高、极高危险区。

4.6 应急处置机制

4.6.1 应急响应机制

四川充分发挥各级地质灾害指挥部的统筹协调作用，突出多层级联动响应，整合各类应急力量资源，形成了一套统一领导、分级负责，多级联动、广泛参与的地质灾害应急处置工作体系（图 4.10）。

4.6.1.1 信息报送

地质灾害发生后，事发地乡镇党委政府及企事业单位在发现或接报地质灾害事件时立即向当地基层自治组织和群众示警，同时向县级人民政府及自然资源、应急管理等部门报告灾害发生时间及地点、类型及规模、可能引发因素及发展趋势等情况。信息报告坚持“边处置边报告、边核实边报告”，做到“首报快、续报准、终报全”，原则上采取逐级上报模式，每级上报时限不得超过 1 小时，必要时可先越级上报再逐级上报。

4.6.1.2 先期处置

地质灾害发生后，由事发地乡镇党委政府组织开展地质灾害先期处置工作。

1）事发地村组干部及地质灾害隐患点监测员通过敲锣打鼓、拉响警报、逐点逐户叫应等方式，通知所有受威胁人员立即按预案避险转移。

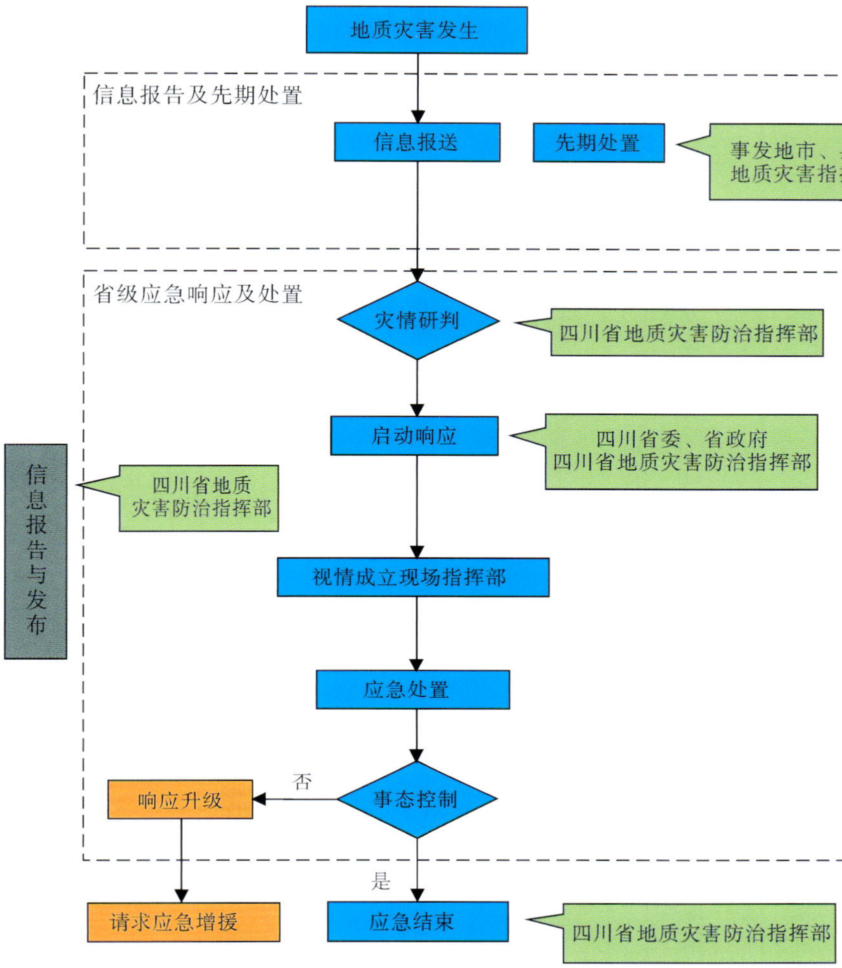

图 4.10　四川省突发地质灾害应急处置流程图

2）乡镇、街道政府干部带领工作队，分赴受灾地指导村组对避险安置点安全情况进行观察，发现异常情况及时报告，并对撤离人员进行清点管控，严防擅自返回，筹备生活物资，做好转移群众生活保障。

3）事发地县级地质灾害指挥部负责同志带领驻守支撑队伍迅速赶赴现场调查处置，划定地质灾害危险区，设置警戒标识，协调指挥地质灾害指挥部成员单位按预案分工开展工作，组织开展自救互救工作，安排专业技术人员对灾害点进行调查监测，视情加强交通管制和风险管控，实时向省、市上报受灾及抢险救援工作进展。

4）省级地质灾害指挥部办公室迅速了解灾情形势，提出启动应急响应等级建议，组织支援力量进入预备状态，各成员单位按照本单位预案启动应急响应。

4.6.1.3　响应启动

发生特大型、大型地质灾害灾情和险情，由四川省人民政府负责应对，发生中型和小型地质灾害灾情和险情，分别由事发地市（州）和县（市、区）人民政府负责应对。当地质灾害超出所在县（市、区）、市（州）人民政府应对能力时，由上一级人民政府提供支援或者负责应对。

1）一级响应。发生特大型地质灾害灾险情或巨灾大难诱发的社会关注度特别高、危害特别大的次生地质灾害灾险情时，由四川省地质灾害防治指挥部办公室提出启动建议并报四川省委、省政府主要领导同意，启动一级响应。

2）二级响应。发生大型地质灾害灾险情或巨灾大难诱发的社会关注度高、危害大的次生地质灾害灾险情时，由四川省地质灾害防治指挥部办公室提出启动建议报指挥长同意，并向四川省委、省政府报告，启动二级响应。

3）三级响应。发生跨市（州）、超出事发地市（州）应对能力的中型突发地质灾害灾险情；发生地质灾害本身比较敏感，或发生在重点地区，重大活动举办、重要会议召开等敏感时期的中型突发地质灾害灾险情时，由四川省地质灾害防治指挥部办公室提出启动建议报指挥长同意，启动三级响应。

4.6.1.4 指挥部运行

（1）一级响应组织指挥与应急行动

四川省省长任总指挥，四川省人民政府和驻川解放军、武警部队有关领导等任副总指挥并兼任有关工作组组长，省直有关部门和市（州）、县（市、区）党委、政府主要负责同志任副组长或成员。

应急行动主要有：①四川省抢险救灾指挥部或总指挥指定其他省领导及时向上级报告灾情和应急处置工作进展情况，按照上级领导指示批示要求，统一部署开展应急处置工作。②总指挥或总指挥指定其他省领导组织指挥应急处置工作，迅速召开省抢险救灾指挥部会议，会议宣布启动一级响应决定。③总指挥或总指挥指定其他省领导靠前指挥，实时组织抢险救灾工作，并视情派出多个工作组分赴重点区域现场督导。④四川省抢险救灾指挥部组建后方协调中心，由 1 名副总指挥牵头负责，有关成员单位派联络员集中办公。⑤四川省抢险救灾指挥部相关工作组迅速到位，牵头单位组织相关成员单位按职责开展应急处置工作。⑥四川省抢险救灾指挥部对外发布启动一级响应决定，组织编写应急处置工作简报，及时发布有关信息。

（2）二级响应组织指挥与应急行动

四川省人民政府分管副省长任指挥长，相关成员单位及受灾市（州）党委、政府的主要负责同志、分管负责同志分别担任副指挥长和相关工作组组长。

应急行动主要有：①四川省抢险救灾指挥部及时向上级报告灾情和应急处置工作进展情况。按照上级领导指示批示要求，统一部署开展应急处置工作。②指挥长组织指挥应急处置工作，迅速召开省抢险救灾指挥部会议，会议宣布启动二级响应决定。③指挥长或指挥长安排常务副指挥长靠前指挥，实时组织抢险救灾工作，并视情派出多个工作组分赴重点区域现场督导。④四川省抢险救灾指挥部相关工作组迅速到位，牵头单位组织相关成员按职责开展应急处置工作。⑤四川省抢险救灾指挥部对外发布启动二级响应决定，组织编写应急处置工作简报，及时发布有关信息。

（3）三级响应组织指挥与应急行动

四川省地质灾害防治指挥部视情从常态组织体系中组织相关成员单位和受灾市县成立四川省抢险救灾指挥部或工作组开展应对处置工作。事发地市（州）人民政府或其指挥机构负责具体组织指挥、应对处置工作。

应急行动主要有：①四川省抢险救灾指挥部常务副指挥长指导、协调应急处置工作，灾害发生后及时召开会议，会议宣布启动三级响应决定。②及时向上级报告灾情和应急处置工作进展情况，按照上级领导指示批示要求，统一部署开展应急处置工作。③四川省抢险救灾指挥部派出工作组、专家组赶赴灾区现场指导应急处置工作。④四川省抢险救灾指挥部对外发布启动三级响应决定，组织编写应急处置工作简报，及时发布有关信息。

（4）其他情况组织指挥与应急行动

省级层面未启动响应时，由事发地市（州）、县（市、区）人民政府或其指挥机构负责组织应对处置工作。四川省地质灾害防治指挥部办公室指导、协调相关应急处置工作。

应急行动主要有：①四川省自然资源厅第一时间调度了解灾情信息、发展趋势，及时向四川省委、省政府报告。②四川省地质灾害防治指挥部相关成员单位各司其职，迅速指导当地力量开展应急处置工作。③四川省地质灾害防治指挥部办公室视情派出工作组、专家组赶赴灾区现场指导应急处置工作。

4.6.1.5　抢险救灾现场处置

各级地质灾害指挥部接到灾情信息后，按照应急预案规定，组织相关指挥部成员单位赶赴现场，各有关部门各司其职、密切配合、快速反应，形成突发地质灾害应对处置整体合力，开展应急处置相关措施，包括人员搜救、抢修基础设施、人员避险转移、伤员医疗救治、气象风险预警预报、灾险情监测与研判、灾险情调查评估与报送、灾害紧急处置、受灾群众安置等。其中四川省自然资源厅作为技术支撑组的牵头单位，主要负责地质灾害灾情会商研判、地质灾害应急排查巡查、地质灾害应急监测预警等应急技术支撑工作。

（1）地质灾害险情会商研判

针对地震、重大地质灾害等突发事件，组织协调专家队伍会商研判地质灾害灾险情及发展趋势，包括初步研判受灾区域范围、等级，地质灾害类型、分布及初步评估地质灾害造成的人员伤亡、研判地质灾害灾险情等级等。为抢险救援工作提供技术支撑。

（2）地质灾害应急排查

组织专业队伍及专家指导开展灾害现场应急调查及周边地质灾害隐患排查。包括排查地质灾害隐患点（在册隐患点、已销号隐患点、新增隐患点）的变化情况，核查室内遥感解译隐患点、地质灾害高风险区，复核已有治理工程、已有监测设备运行情况等。

1）地质灾害隐患点排查。排查地质灾害隐患点位置、类型规模及发育特征，分析地质灾害隐患点的稳定性、活动性等级，查明地质灾害灾险情及威胁对象情况。同时，强化排查成果运用，及时划定危险区，建立“红橙黄绿”等级警示标识（图 4.11），督促指导乡镇政府及相关部门落实防灾措施。

2）室内遥感解译隐患点与地质灾害高风险区核查。结合室内遥感解译成果及已有地质灾害风险调查成果，核查室内解译点存在的变形情况，针对地震区地质灾害高风险区，核查有人居住斜坡变形情况，调查可能受地质灾害威胁的人员、财产等基本信息，复核地质灾害风险等级。

3）已有治理工程与已有监测设备运行情况复核。收集治理工程与监测设备基础信息，调查其变形破坏情况，评估其防治功能及受损情况，判断其安全状况及发展趋势与存在问题，提出后期处置建议。

图 4.11　地质灾害黄码警示标识图

现场排查工作结束后，技术单位及时编写提交地质灾害应急排查成果，对灾区地质灾害排查情况进行统计汇总，按照规定程序和要求及时报送灾险情信息和应急处置工作情况。排查成果主要为“一图一表一报告”，“一图”为震后地质灾害分布图，“一表”为地震灾区地质灾害隐患排查信息汇总表，“一报告”为应急排查总结报告。

（3）地质灾害应急监测预警

开展应急值班值守工作，加强开展灾区气象条件和天气趋势监测预报，动态发布突发地质灾害气象风险预警信息。

4.6.1.6　响应结束

突发地质灾害应急处置工作结束，或相关威胁和危害得到有效控制，灾区社会秩序基本恢复正常，四川省地质灾害防治指挥部办公室提出终止响应的建议，按程序报请批准后宣布终止响应，应急救援阶段转入恢复重建阶段。

4.6.2　灾后调查评估

在突发地质灾害应急响应终止后，省、市（州）、县（市、区）有关部门依据灾害规模组织开展灾情评估，对受灾情况进行调查和核实，调查评估因灾损失。

4.6.2.1　分级负责制度

省级管理部门负责统筹、指导、监督全市地质灾害调查评估工作，具体组织实施因地质灾害死亡 3~30 人（不含 30 人）的调查评估工作。市级管理部门负责本行政区域内地质灾害的调查评估工作，具体组织实施因地质灾害死亡 3 人以下（不含 3 人）的调查评估工作。有关部门和单位应当全力配合开展地质灾害调查评估工作。

此外，在特殊情况下，省级可以提级调查市级负责的地质灾害调查评估工作，也可授权县（市、区）组织实施市级负责的地质灾害调查评估工作。市级开展调查评估确有困难的，可向省级申请力量支持。跨市级行政区域，且造成人员死亡 3 人以下（不含 3 人）

或未造成人员死亡但影响较大的地质灾害，市级管理部门可指定其中 1 个市级管理部门牵头开展调查评估。

4.6.2.2 成立调查评估组

调查评估工作由应急管理部门或自然资源部门牵头，通过组织有关部门及单位人员成立调查评估工作组，组长由具有相应调查权限的人民政府分管负责人担任，成员由属地人民政府及其应急管理、自然资源等部门以及技术支撑单位有关负责人和专家组成，必要时可邀请纪检监察机关、公安机关、检察机关参加。

4.6.2.3 调查评估程序

在地质灾害应急处置结束后，按照分级调查的原则启动调查评估程序，调查评估组通过听取情况汇报、现场踏勘查看、查阅和调取相关资料数据、询问走访座谈、复盘推演与技术分析、组织论证与技术鉴定等方法，客观分析地质灾害的发生机理、致灾原因以及防灾减灾救灾情况。除调查评估工作组开展调查评估工作以外，可委托相关具备资质的技术机构开展调查评估技术鉴定等服务工作，技术鉴定所需时间不计入调查期限。

4.6.2.4 调查评估实施

（1）总结报告提交

调查评估工作组督促属地人民政府、有关单位和现场救援指挥部分别总结地质灾害发生和应急处置工作，向调查评估组提交总结报告。总结报告内容包括：①地质灾害基本情况；②灾前预防治理情况；③灾前监测预警和避险转移撤离情况；④先期处置情况及信息报告情况；⑤应急预案实施情况；⑥现场组织指挥情况；⑦现场救援情况；⑧现场管控情况；⑨信息发布情况；⑩应急资源保障情况；⑪经验教训及工作建议。

（2）编制调查评估报告

调查评估工作组在全面开展调查的基础上编写调查评估报告。报告内容应当包括但不限于下列内容：①地质灾害基本情况。包括灾害发生的时间、灾害范围、人员伤亡、灾害损失及影响等。②地质灾害发生原因。全面分析灾害成灾机理、自然因素、人为因素等。③地质灾害发生过程。详述灾害发生过程。④灾情应对及救援情况。对地质灾害应急响应和救援、舆情管控、灾后救助等进行全面分析。⑤评估结论。对灾害发生和处置过程以及各责任单位的工作规范性、科学性、合理性作出结论。⑥存在的问题。总结分析灾害防治与救援中存在的问题和经验教训。⑦责任认定及处理建议。对在灾害防治救援工作中存在问题的单位和个人进行责任分析认定，并提出处理建议。⑧整改建议。提出针对性整改措施和工作建议。

4.6.3 灾后恢复重建

4.6.3.1 恢复重建规划编制

根据灾害损失和恢复重建实际需要，合理确定重建规模，并在资源环境承载能力和国土空间开发适宜性评价基础上，编制灾后恢复重建规划。

对国家救灾Ⅰ级响应的特别重大自然灾害，积极配合国家有关部门编制或在国家有关部门指导下编制灾后恢复重建规划，四川省重建委组织编制各领域恢复重建专项规划，指导灾区市（州）人民政府编制具体实施方案。

对省救灾Ⅰ级响应（未启动国家救灾Ⅰ级响应）的特别重大自然灾害，由四川省重建委组织编制灾后恢复重建总体规划，省直有关部门负责编制各领域恢复重建专项实施方案。

对省救灾Ⅱ级响应的重大自然灾害，由灾区市（州）人民政府组织编制灾后恢复重建实施规划或实施方案，报省灾后恢复重建工作联席会议审核确定后，由灾区市（州）人民政府印发实施。

对省救灾Ⅰ级、Ⅱ级响应以下的自然灾害，由灾区市（州）人民政府组织编制灾后恢复重建实施方案或项目实施方案。

4.6.3.2　灾区地质灾害防治

（1）调查评价

综合运用“空—天—地”技术，开展震后地质灾害隐患风险巡排查、斜坡地质灾害隐患风险详查，加强灾区城镇、聚居点、景区及主要交通沿线等区域地质灾害精细化调查，科学划定危险区、风险区和重点防治区，为有效防治地质灾害提供科学依据。

（2）避险搬迁

根据“双评价”结果，对受地质灾害威胁严重的城乡居民和人口聚集场镇，按照“能搬则搬、应搬尽搬，避让优先、适度疏解”的原则，在科学论证选址的基础上，有序实施避险搬迁。

（3）综合整治

根据险情紧迫程度，采取排危除险、工程治理、监测预警等措施，有效管控地质灾害隐患风险。对受损地质灾害治理工程进行加固维护，恢复提升原有工程防灾功效。对威胁县城、集镇、学校、医院、聚居点等人口相对密集区，且难以实施搬迁避让的重大地质灾害隐患点进行工程治理。对规划期内可能新增的地质灾害隐患点，落实防灾责任，分类采取防治措施，及时消除隐患。

4.6.3.3　防灾减灾救灾能力提升

（1）健全监测预警体系

坚持人防物防技防相结合，健全群测群防专职监测预警网络，加强监测预警预报能力建设，完善地震预警台站、数据处理中心、紧急地震信息服务中心等设施，恢复完善气象、地质、防汛等监测站点和测绘基准站点，全面提高抵御自然灾害的综合防范能力。

（2）提升应急保障能力

加强基层防灾减灾基础设施、应急基地及应急装备建设，完善疏散救援通道、应急水源、备用电源和应急移动通信系统，统筹建设救灾物资储备库（点），提高应急处置、受灾群众救助及生活保障水平。完善防灾减灾宣传教育体系，推进安全风险网格化管理，加强防灾应急演练，切实增强公众防灾减灾意识和自救互救技能。

4.6.4　应急治理工程

为进一步完善抢险救灾机制，规范抢险救灾工程项目管理，四川省人民政府制定印发了《四川省抢险救灾工程项目管理办法》。四川省自然资源厅根据《四川省抢险救灾工程项目管理办法》，在《四川省国土资源厅关于进一步规范地质灾害抢险救灾工程项目管理工作的通知》（川国土资发〔2018〕24号）实践基础上，结合2018年机构改革工作情况，研究起草了《四川省地质灾害防治抢险救灾工程项目管理办法》，结合深化地质灾害防治项目系统治理，进一步厘清地质灾害防治抢险救灾工程管理的职责分工，细化明确适用范围、项目定义、项目确定、储备库管理、实施程序、监督管理等内容，固化地质灾害防治抢险救灾工程管理相关工作要求。

4.6.4.1 适用范围

在四川省行政区域内，因自然因素造成的威胁群众生命财产安全，并由自然资源部门组织开展的使用中央、省级地质灾害防治专项补助资金的地质灾害防治抢险救灾工程项目的确定、建设及其监督管理等活动，适用本办法。

威胁道路、景区、工矿企业、市政公共设施、水利设施的地质灾害，确需进行抢险救灾的，由对应行业主管部门组织实施。因工程建设等人为活动引发的地质灾害，确需进行抢险救灾的，按照“谁引发、谁治理”的原则由责任单位组织实施。

4.6.4.2 项目类型

因突发地质灾害引发的，可能给社会公共利益或者人民生命财产安全造成严重损失，必须立即采取措施的治理工程、排危除险、监测预警、调查评价等工程项目。

4.6.4.3 项目确定

地质灾害防治抢险救灾工程项目由抢险救灾现场指挥部或县级及以上人民政府确定。作出地质灾害防治抢险救灾工程项目的决定前，应组织不少于2名四川省地质灾害防治专家库和1名相关经济类专家库中的专家进行现场踏勘论证，必要时可委托专业单位开展评估论证，相关专家或专业单位要明确提出抢险救灾工程项目实施范围、主要工作量及匡算投资，专家论证意见或专业单位评估结论和匡算投资作为启动开展地质灾害防治抢险救灾工程项目的重要依据。

有下列情形之一的，不得确定为地质灾害防治抢险救灾工程项目：①突发事件的威胁或危害已经得到控制或消除的；②因前期工作不主动、计划不周密等人为因素造成地质灾害防治项目开工延误的。

4.6.4.4 储备库建立和管理

省、市（州）应建立各自的地质灾害防治抢险救灾工程项目承担单位储备库（以下简称储备库），本辖区内地质灾害防治抢险救灾工程项目承担单位应从中抽取。储备库应通过公开招投标方式产生，参与投标的单位不受地区或者所有制的限制，但应具有国家或省级自然资源主管部门颁发的地质灾害治理工程勘查、设计、施工、监理或危险性评估甲级资质。进入储备库的各类资质单位应分别不少于5家。进入储备库的单位应及时在信用平台录入相应信息，进行信用评价，接受监管检查。储备库应向社会公开。鼓励有条件县（市、区）参照省、市（州）储备库标准建立本级储备库。未建立储备库的县（市、区）应在市（州）级储备库随机抽取项目承担单位，抽取过程由市（州）全程监督。各级储备库的使用、更新、管理工作由本级自然资源主管部门负责。

4.6.4.5 实施程序

经确定为地质灾害防治抢险救灾工程项目的，按照国家有关规定可以不招标，但应通过储备库确定承担单位。由各级自然资源主管部门从本级储备库中随机抽取不少于3家单位，被抽取单位在规定时间内报送项目结算金额下浮比例，下浮比例最高的作为抢险救灾工程项目承担单位，中选结果应及时向社会公开。随机抽取储备库单位的过程应不少于3人现场监督，并全程录制音视频。其中，若出现项目结算下浮比例相同的，应在下浮比例相同的单位中抽签确定抢险救灾工程项目承担单位。

4.6.4.6　项目管理

地质灾害防治抢险救灾工程项目，可按照“边设计、边施工”的方式组织实施。各地应及时安排财政投资评审中心在施工图设计方案或项目设计方案确定后开展预算评审，明确财评金额，并由审计部门或按照政府采购相关规定委托具有法定资质的社会中介机构（工程造价机构、会计师事务所），对项目资金管理情况进行跟踪监督，开展工程造价结算审核或财务决算审计。对纳入国家审计年度审计项目计划的地质灾害防治抢险救灾工程项目，按国家审计程序和要求办理。自然资源主管部门及审计（或中介机构）等部门代表应按规定参与工程项目实施过程，监督工程项目实施进度和质量。

组织实施地质灾害防治抢险救灾工程项目的自然资源主管部门应在四川省地质灾害防治项目在线监管平台填报项目信息，动态更新项目实施进度。

4.6.4.7　信用管理

地质灾害防治抢险救灾工程项目启动实施后，项目承担单位应按照《四川省政府投资地质灾害防治项目建设市场主体信用评价管理办法》相关要求在信用平台录入项目信息。市（州）、县（市、区）自然资源主管部门在逐一核对信用平台录入的项目承担单位人员社保信息后，及时将项目管理技术人员与项目信息在线锁定并向社会公开接受监督，避免项目转包和违法分包。

4.6.4.8　项目验收

各市（州）、县（市、区）自然资源主管部门应按照《四川省地质灾害防治项目管理办法》等规定组织开展地质灾害防治抢险救灾工程项目验收工作。验收通过后，应将工程项目成果移交当地政府或其确定的单位进行管护。其中，地质灾害治理工程、监测预警等项目应设立项目管护责任公示牌，明确管护责任人和管护措施，定期开展项目维护。

4.7　汛期专业队伍驻守

2014年四川创新建立了地质灾害汛期专业队伍驻守机制，省级自然资源部门统筹，市、县级自然资源部门组织专业技术队伍入驻地质灾害防治重点区域，发挥专业队伍的技术、人才、设备优势，协助当地政府部门开展地质灾害隐患巡排查、监测预警、宣传培训及应急演练、处置等防灾工作。

4.7.1　开展方式

按照“省级指导、市级监管、县级负责”的原则，市（州）、县（市、区）自然资源主管部门通过政府采购等方式，落实具有地质灾害勘查、设计、危险性评估等相关资质的专业单位开展驻守技术支撑工作。

4.7.2 人员配置

由至少4名相关专业技术人员组成相对固定的驻守技术支撑工作组。专业技术人员要求满足具有水文地质、工程地质、环境地质等专业中级（含）以上技术职称资格或硕士研究生毕业具有一年以上的工作经验，具备责任心强、素质过硬、身体健康且能长期适应野外工作等条件，且不能同时参与两个（含）以上县（市、区）技术支撑工作。鼓励同一地勘单位相对固定长期服务同一地区开展驻守技术支撑工作。

4.7.3 工作任务

（1）全覆盖开展动态巡查

以县（市、区）为主要单元，由驻在地自然资源主管部门组织，驻守单位具体实施，开展地质灾害隐患动态巡查、排查、核查。重点任务主要包括：汛前、汛中、汛后地质灾害隐患全覆盖巡（排）查；协助指导乡镇（街道）、相关部门和单位统筹县城、集镇、学校、医院、农家乐、聚居点、安置点、旅游景区、密集管网、人口聚集区、农村切坡建房户、在建工程及工棚营地等重点区域（点位）、重要设施落实防灾措施；协助驻守地设立地质灾害隐患标识标牌、规划避险路线、评估安置场所等工作；对巡（排）查发现的新增隐患点第一时间告知当地人民政府和有关部门，提出防范应对措施建议，及时协助当地人民政府填制发放“一表两卡”。

（2）全链条保障监测预警

驻守单位协助当地开展地质灾害群专结合监测预警体系建设工作技术指导。在驻地自然资源主管部门组织领导下，指导乡镇（街道）、在建工程责任单位逐点健全完善监测预警方案，开展监测员技术业务培训和监测数据分析、预警阈值调整优化、预警响应处置等技术支撑服务；参与强降雨天气过程会商调度、预警产品制作及预警响应跟踪反馈技术指导。

（3）全方位开展培训演练

驻守单位协助驻在地自然资源主管部门编制完善年度地质灾害防治宣传培训方案。协助开展驻在地各层级地质灾害防治知识宣传培训工作，重点突出对防灾责任人、监测责任人、监测员、受威胁群众、相关行业主管部门、在建工程等重点领域开展针对性培训。结合防灾预案和“一表两卡”，积极指导当地乡镇（街道）、村组（社区）和有关单位针对性开展避险演练，提升基层干部群众防灾避险意识和自救互救能力。

（4）全时段支撑应急处置

驻守单位协助驻在地自然资源主管部门指导有关部门和单位健全完善地质灾害应急预案。服务期24小时待命，接到突发灾险情信息，立即赶赴现场开展应急抢险调查、危险区划定、协助避险转移、安置点排查评估、监测预警，并配合做好信息报送、避险案例编报等工作。遇突发重大地质灾害时，将及时增派专业技术力量及抢险调查装备，全力支持配合当地政府开展抢险救援及应急排查处置等工作。

4.7.4 日常管理

建立健全完善考勤、考核、抽查、通报和责任追究制度，对驻守人员上岗履职情况的动态抽查及服务质量进行考核评估，并通报抽查考评情况，确保驻守支撑工作取得实效，驻守工作服务质量考核结果也将作为解（续）约的重要依据。

强化驻守支撑工作纪律教育及安全风险意识，对驻守支撑人员进行日常考核，确保驻守服务工作安全、高效开展。要求派驻单位选派责任心强、有实践经验的同志参加驻守工作，并尽可能保持驻守工作的连续性。原则上，驻守组成员在驻守期间不得擅自离开驻在地，确需离开的，提前告知并经驻在地自然资源主管部门同意，由派驻单位另派相关人员驻守，确保驻守支撑工作正常开展。对日常考核不合格的，市（州）、县（市、区）自然资源主管部门将通知驻守单位调换合格人员补缺；对因工作不认真、敷衍塞责等造成不良影响或严重后果的，将依法依规严肃追究相关单位及人员责任。

5 科技化防灾实践与探索

近年来，面对地质灾害防治的新形势、新任务、新要求，四川紧扣隐患在哪里、灾害何时发生、风险如何管控等关键问题，创新地质灾害风险管控体系，探索实施了“天—空—地”遥感识别、“隐患点+风险区”风险双控、“人防+技防”综合监测预警、“以搬为主+生态治理”综合治理等创新工作，推动了地质灾害防治工作向科技化、信息化转变，持续在全国引领地质灾害科技防灾快速发展。

5.1 隐患遥感识别

5.1.1 “天—空—地”一体化“三查”技术

四川地形地貌复杂多样，地势起伏大，山区众多，植被茂密。受强震与强降雨双重影响，四川地质灾害多发频发，且具有强隐蔽性、高突发性、强破坏性等特点。加之四川西部山区多为高山峡谷区域且范围辽阔，人不易至甚至人不能至，传统的人工排查早期识别方法较难实施。随着遥感技术的飞速发展，卫星可见光遥感、星载 SAR、无人机遥感等技术在防灾减灾领域的应用日益广泛，多种观测技术手段的进步正改变着地质灾害传统调查方法。

自 2017 年起，四川开展了多方法、分层次、多尺度地质灾害遥感技术试点工作，并探索建立了“天—空—地”一体化的“三查”技术体系（图 5.1），即基于卫星平台的 InSAR 和高分辨率光学遥感、基于航空平台的无人机摄影测量和机载 LiDAR 技术、基于地面人工调查的核查技术体系，实现了对地质灾害隐患多层次、多角度、多手段地识别调查，进一步突破了高位、强隐蔽、难进入区地质灾害隐患识别技术难点，全面服务支撑四川地质灾害群测群防、监测预警、风险管控等工作。

5.1.1.1 基于 InSAR 和光学影像的地质灾害隐患普查

（1）InSAR 地质灾害隐患识别

SAR（Synthetic Aperture Radar），即合成孔径雷达，是一种主动式的对地观测系统，可全天时、全天候对地实施观测，并具有一定的地表穿透能力。合成孔径雷达差分干涉测量技术（InSAR）是对 SAR 技术的一种扩展，是一种新兴的对地观测技术，使用两幅或多幅合成孔径雷达影像图，根据回波相位差来生成地表形变图，以探取地表的微小形变信息，具有全天时、全天候、穿透云雾、以厘米量级甚至更小尺度精确获取地表形变、探测成本低等优点，适宜于开展大范围地质灾害普查与长期持续观测，特别是对大面积缓慢变形区以及失稳前的加速变形信号具有独特的识别能力，是提前识别和发现处于正在缓慢蠕滑变形的滑坡隐患的有效手段（图 5.2）。

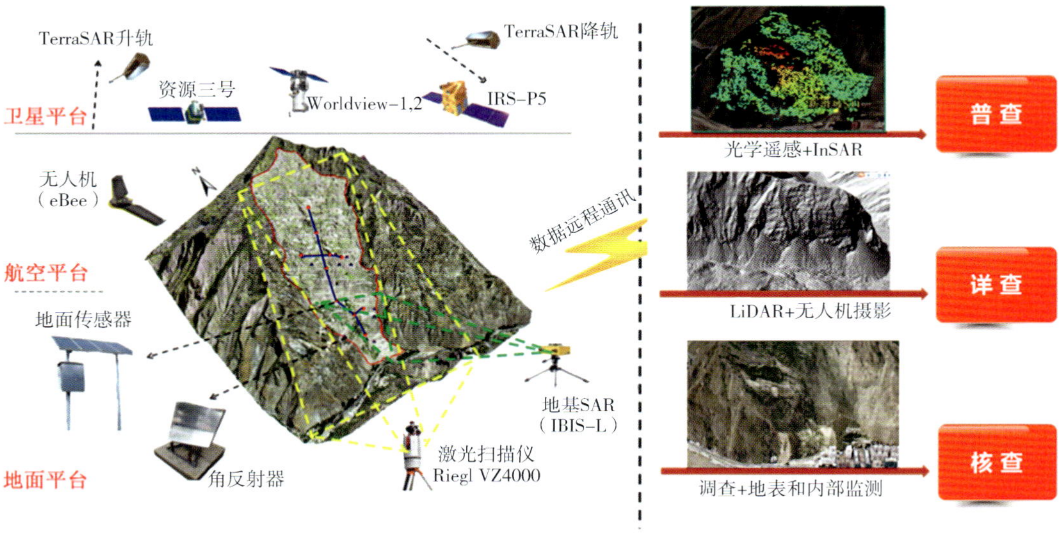

图 5.1 “天—空—地”一体化“三查”技术体系图
（引自许强等，2019）

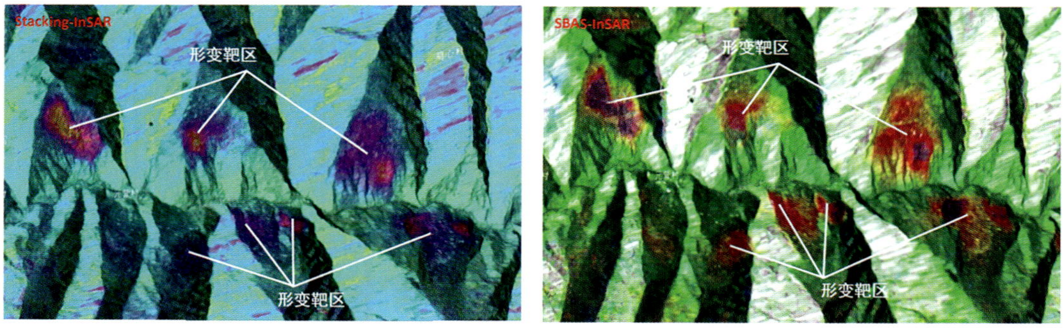

图 5.2 InSAR 识别隐患形变靶区图

（2）光学遥感地质灾害隐患识别

光学遥感技术具有时效性好、宏观性强、信息丰富等特点，是重大自然灾害调查分析和灾情评估的一种重要技术手段。地质灾害隐患光学遥感识别的主要内容包括地质灾害隐患类型、范围、性质、变形特征等。不同类型的地质灾害隐患的光学遥感影像特征各不相同，因此需针对不同类型的地质灾害隐患点分别建立对应的光学影响解译标志（图 5.3），再据此开展地质灾害隐患的光学遥感识别。

（3）综合遥感识别

综合 InSAR 监测技术和光学遥感技术进行地质灾害隐患遥感识别，可有效避免漏识错识。2021 年四川构建了地质灾害隐患遥感三维立体识别系统（图 5.4），系统集成 InSAR 监测结果、光学遥感影像、基础地理、地形地貌、地层岩性、已有地质灾害隐患等数据，在三维形态下进行综合遥感解译。综合遥感识别是指根据 InSAR 形变图斑颜色、形变分布特征、斜坡位置、光学影像形变迹象、地貌形态、威胁对象等进行综合判别，圈定地质灾害隐患靶区。

（a）滑坡

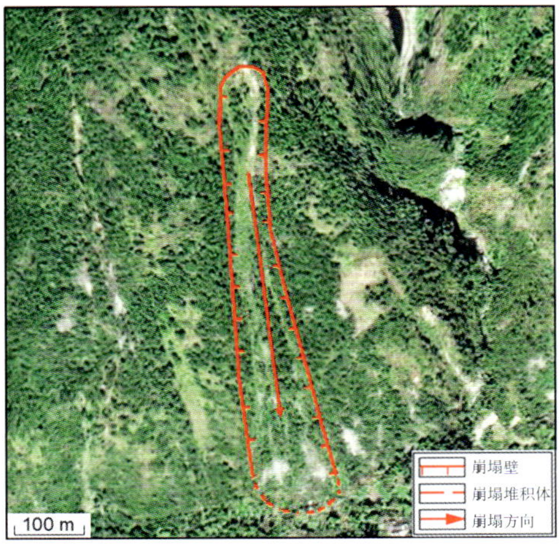

（b）崩塌

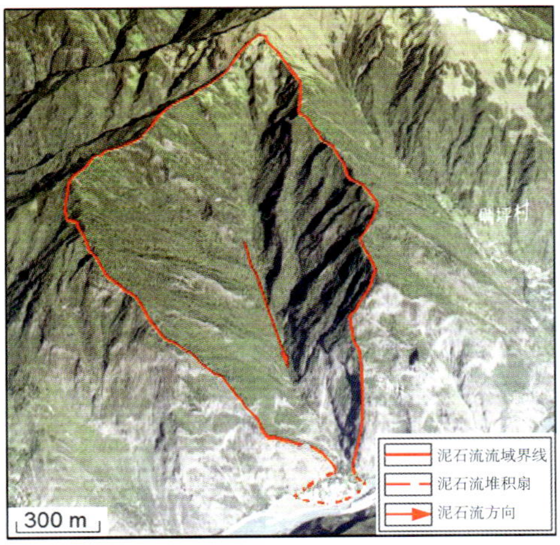

（c）泥石流

（d）地面塌陷

图 5.3　光学遥感识别标志图

图 5.4　地质灾害隐患遥感立体识别系统图

其中在进行 InSAR 监测结果识别时，变形的空间分布和变形量为隐患识别的主要依据，辅助以高分辨率光学遥感影像进行解译识别（图 5.5—图 5.7）。InSAR 形变区识别标志为：InSAR 形变图的图斑颜色、形变分布特征和斜坡位置，并结合地形坡度、地貌形态等进行综合形变判别。

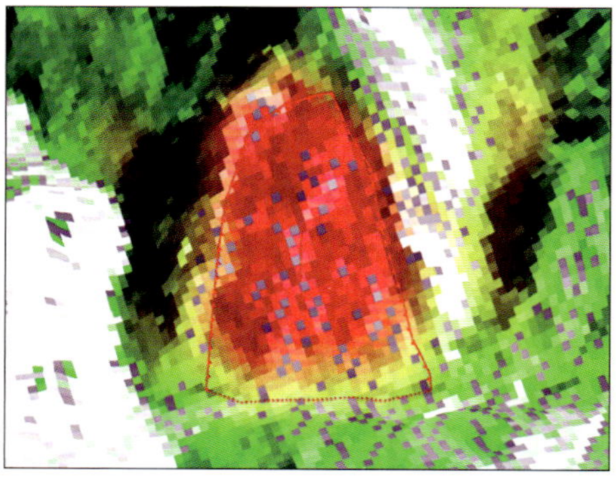
（a）InSAR形变特征

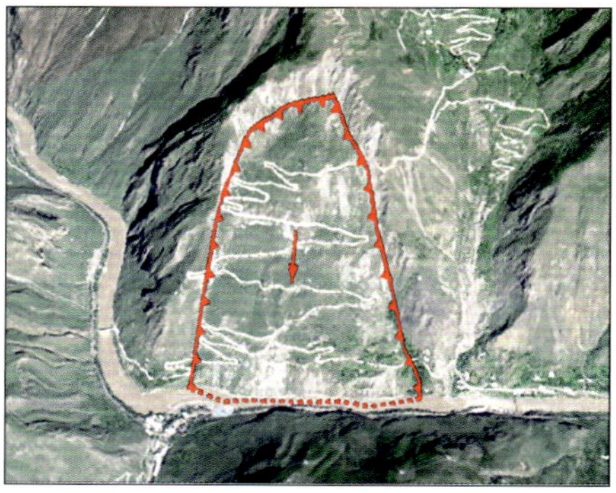
（b）地形特征

图 5.5　强形变区识别标志图

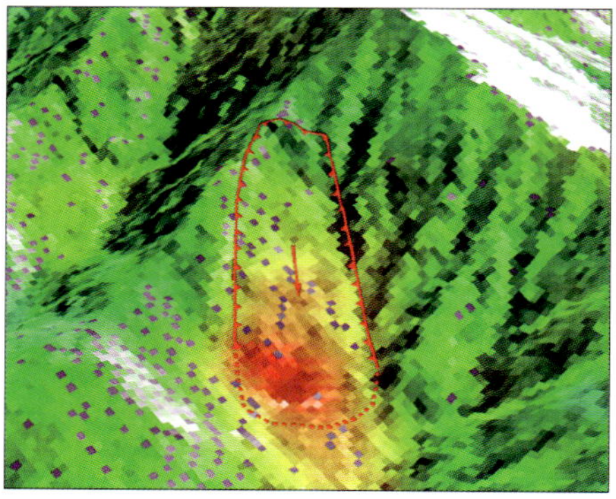
（a）InSAR形变特征

（b）地形特征

图 5.6　中等形变区识别标志图

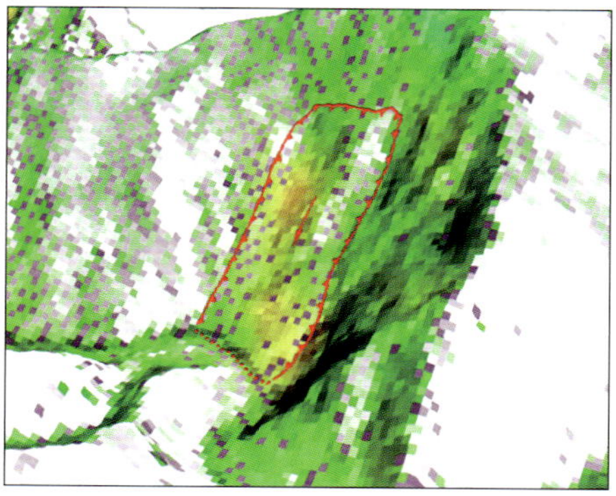
（a）InSAR形变特征

（b）地形特征

图 5.7　弱形变区识别标志图

5.1.1.2 基于无人机和机载 LiDAR 的地质灾害隐患详查

现有亚米级光学影像难以识别部分地质灾害隐患的细小变形或裂缝，因此针对重大地质灾害隐患点或重大工程治理点，可利用高分辨率无人机航空影像进行精细化解译和监测。无人机具有灵活机动、操作简单、成本低、风险小等独特优势，可以快速获取现势性强、分辨率高的遥感影像数据，且低空无人机遥感既能弥补卫星因天气、时间等原因无法实时获取目标区遥感影像的空缺，又能克服航空及航天遥感空间分辨率低、受制于长航时、大机动、恶劣气象条件、危险环境等影响，可为地质灾害隐患详查提供丰富的数据源。

随着无人机遥感影像获取多样化发展，从单一的正射影像图，到正射影像及倾斜摄影一体化，有效解决了二维影像判断不准等问题，建立的灾害体全景真三维场景，突破了DOM 二维解译局限性，进一步提高了单体灾害解译的精度及准确度，为研究单体灾害动态演变规律提供数据支持，极大地降低了区域性多期数据获取的难度和成本。另外，通过无人机搭载 LiDAR 探测器可实现对植被的有效滤除，获取地面真实地形特征，从而清晰地看到植被覆盖下的滑坡边界、裂缝分布等变形破坏迹象，通过二维影像、三维空间数据综合分析，可以实现隐蔽性灾害的识别与信息提取。

无人机航摄影像是天然彩色像片（真彩色像片），影像分辨率高，能够真实反映地表可见特征，有助于灾害特征直接判识，如滑坡壁、滑坡台阶、滑坡舌、滑坡鼓丘、拉张裂缝、剪切裂缝、扇形裂缝、后缘洼地、公路错断、危岩体、崩塌堆积物、泥石流物源、沟口堆积扇、地面塌陷等变形特征的识别（图 5.8—图 5.10）。

（a）滑坡后部拉张裂缝

（b）滑坡中前部拉张裂缝

图 5.8　滑坡变形特征无人机航空遥感影像特征图

（a）危岩壁

（b）新近崩塌堆积

图 5.9　崩塌要素无人机航空遥感影像特征图

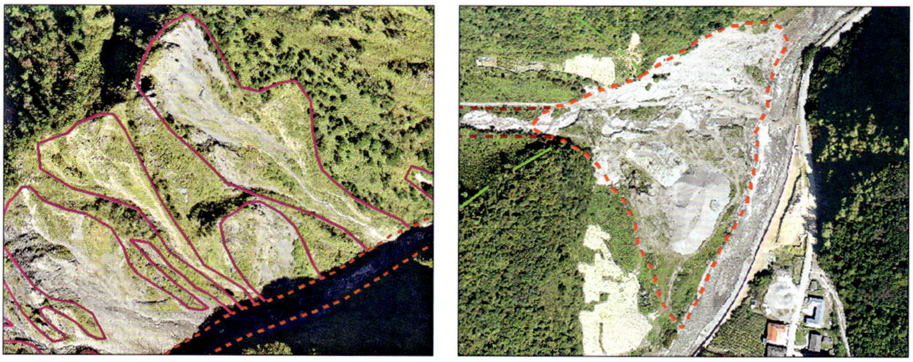

（a）强风化松散物源　　（b）沟口堆积扇

图 5.10　泥石流要素无人机航空遥感影像特征图

无人机航空遥感影像受地表植被覆盖影响，在植被茂密区识别灾害变形特征较为困难，往往只能识别到其中一部分特征。机载 LiDAR 能够有效去除地表植被（图 5.11—图 5.13），很好地克服了无人机航空遥感影像解译中诸多不确定性和模糊性，特别是对森林覆盖下光学影像不可见的真实地面而言，机载 LiDAR 能够获取真实地面高程数据，为高位、高隐蔽性的地质灾害隐患识别提供重要手段。

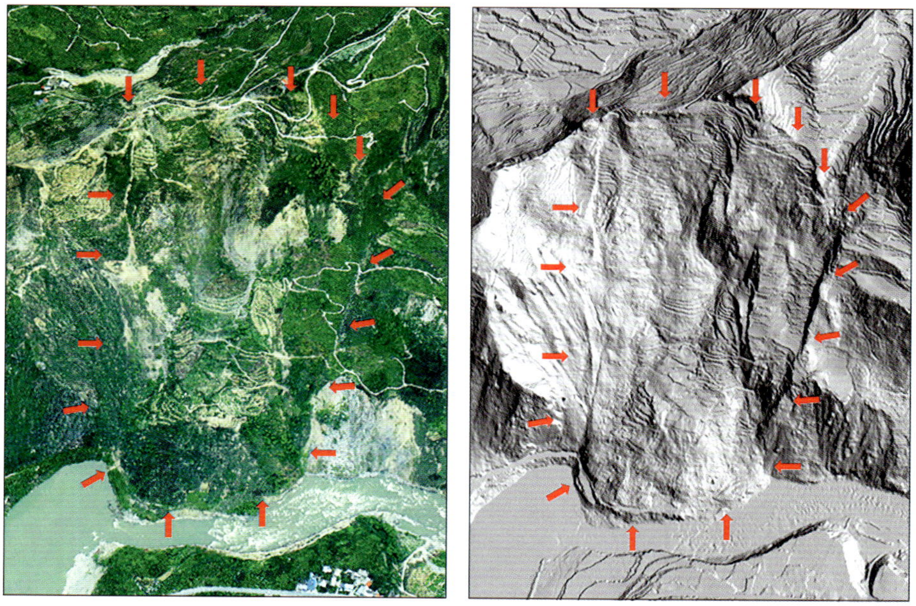

（a）三维实景模型　　（b）数字高程模型

图 5.11　基于机载 LiDAR 的滑坡高精度地形图

5.1.1.3　基于地面调查的地质灾害隐患核查

针对卫星遥感普查、航空遥感详查圈定的隐患“靶区”仅是从外貌形态进行地质灾害隐患的识别，因受多种因素影响，识别结果不一定完全准确，需通过地面调查复核，甄别确认或排除隐患“靶区”（许强等，2019）。因此，为掌握识别隐患“靶区”的准确信

（a）三维实景模型

（b）数字高程模型

图 5.12　基于机载 LiDAR 的崩塌高精度地形图

（a）三维实景模型

（b）数字高程模型

图 5.13　基于机载 LiDAR 的泥石流高精度地形图

息，验证和改进综合遥感识别技术，为防灾减灾工作提供科学依据，须对识别的“靶区”进行地面调查复核。

地面核查主要对地质灾害隐患类型、规模、边界、活动状态、变形部位、威胁对象、孕灾地质条件、稳定性、风险性等进行调查评估（图 5.14）；并对变形时间、持续时间等进行调查，并结合综合遥感识别监测结果，对比分析变形时段的准确性和变形原因。核查过程中，应注意剔除植被覆盖影响、人类工程活动影响、数据处理误差等 InSAR 监测影响因素。

图 5.14　地面核查实图

5.1.2 地质灾害隐患遥感识别成果应用

5.1.2.1 地质灾害隐患综合遥感识别

四川基于“天—空—地”一体化的“三查”技术体系，综合利用InSAR形变监测和光学遥感技术，采用哨兵等雷达数据和中、高分辨率光学卫星数据，系统开展全省地质灾害隐患多尺度综合遥感识别监测工作。2021—2023年，每年开展一次全省1：10万地质灾害隐患InSAR监测和光学遥感筛查，发现和圈定地质灾害隐患点或疑似靶区；在重要城镇及交通沿线、地质灾害高易发区等重点地段，结合亚米级高分辨率光学卫星数据，开展重点地段1：2.5万地质灾害遥感综合识别监测，查明区内地质灾害类型、规模及其分布发育特征，范围共计$8.4\times10^4km^2$；在室内综合遥感解译和野外核查的基础上，选取重点地段、重大地质灾害隐患点或处于持续变形的重大工程治理点，利用无人机、机载LiDAR等技术手段开展1：5000遥感追踪监测评价，共计开展171处地质灾害遥感追踪监测评价，监测面积约$1034.6km^2$。

连续3年，四川共识别地质灾害隐患靶区12689处（表5.1），其中，2021年识别5719处（包括预案外隐患靶区3753处），2022年识别4797处（包括预案外隐患靶区3374处），2023年识别2173处（包括预案外隐患靶区1200处）。在识别的12689处疑似地质灾害隐患靶区中，滑坡最多共10796处，占总数的85.08%；崩塌698处，占总数的5.50%；泥石流642处，占总数的5.06%；地面塌陷486处，占总数的3.83%；地面沉降最少共67处，占总数的0.53%。识别靶区主要分布在阿坝州、甘孜州、凉山州和巴中市等市、州，3年累积识别量均超过1000处（图5.15）。

表5.1 2021—2023年识别疑似隐患靶区表

类型	识别疑似隐患靶区/处				占比/%
	2021年	2022年	2023年	合计	
滑坡	4525	4416	1855	10796	85.08
崩塌	404	167	127	698	5.50
泥石流	355	148	139	642	5.06
地面塌陷	435	30	21	486	3.83
地面沉降	0	36	31	67	0.53
总计	5719	4797	2173	12689	100

选取部分遥感识别隐患靶区开展野外核查工作。其中，2021年野外核查3272处，核查确认为隐患点2431处；2022年核查3115处，核查确认为隐患点2083处；2023年核查2173处，核查确认为隐患1147处。

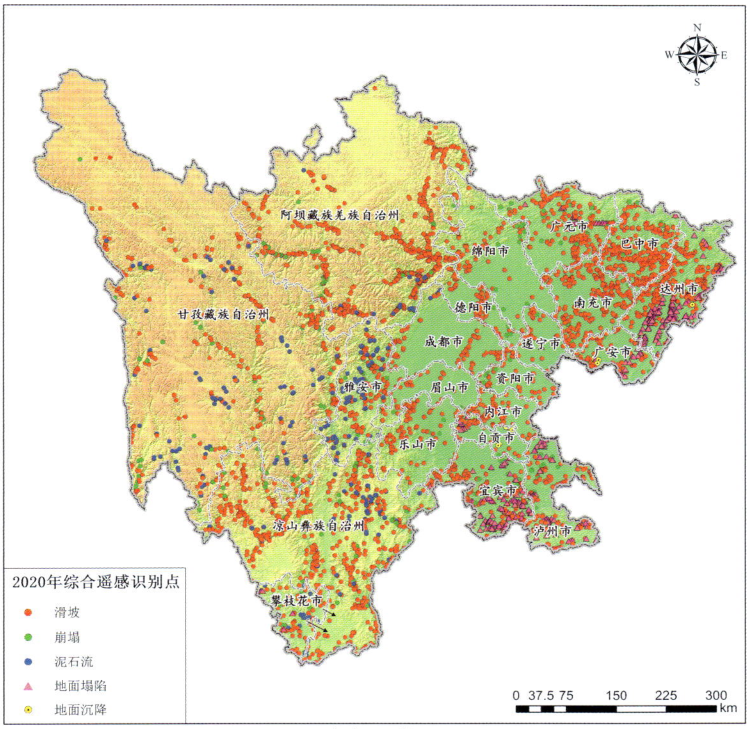

（a）2020年

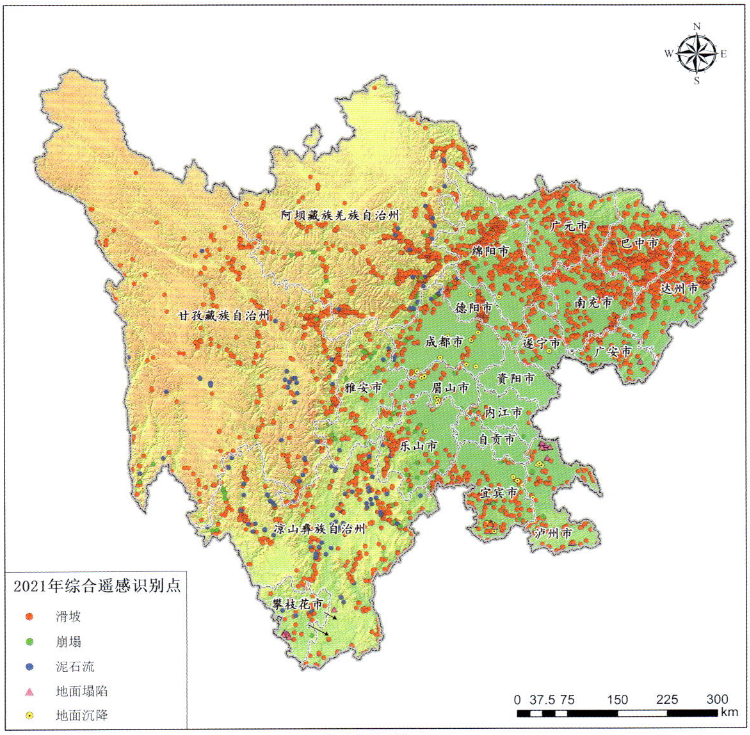

（b）2021年

图 5.15　遥感识别疑似隐患靶区分布图

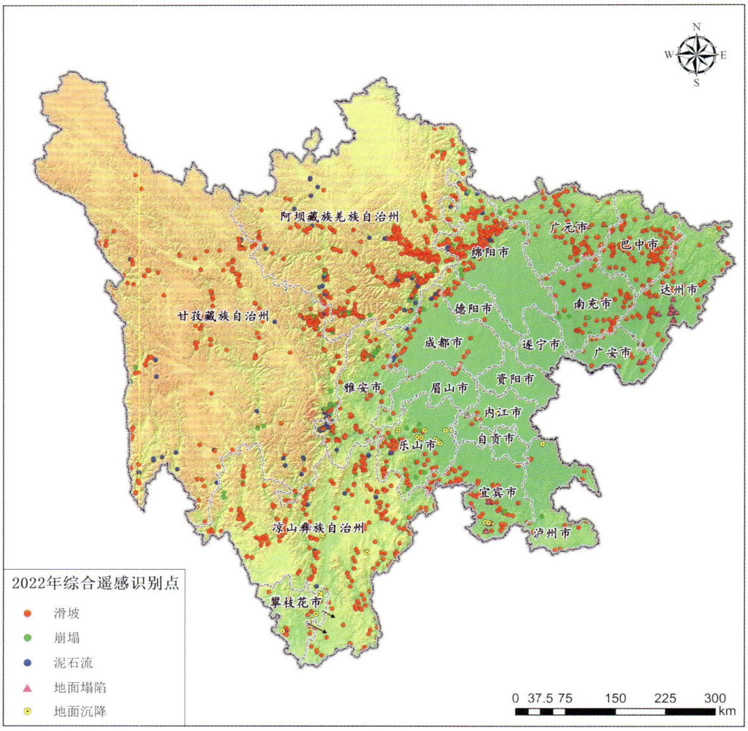

（c）2022年

图 5.15　遥感识别疑似隐患靶区分布图（续）

5.1.2.2　地质灾害隐患综合遥感识别应用

（1）服务汛前排查工作

在汛前，四川将综合遥感技术识别的隐患靶区逐级下发至市（州）、县（市、区）自然资源主管部门，各地组织驻守技术支撑队伍开展汛前全覆盖复核，逐一核实隐患靶区情况，并对确认为隐患点的分类落实防灾措施，为汛前排查工作做好科学支撑（表 5.2）。3 年共识别地质灾害隐患靶区 12689 处，核查 8560 处，经核查确认为隐患点数为 5661 处，其中预案外隐患点 3365 处，涉及受威胁群众 7.6 万余人。

表 5.2　隐患点分类防灾措施表

预案内隐患点		新增隐患点	
变形情况	防灾措施	威胁对象	防灾措施
无明显变形	继续常态化管理	威胁居民家庭财产安全	纳入预案内管理，做好立警示牌、群测群防、排危除险、专业监测等工作
已采取工程治理、威胁对象已搬迁	销号处理	威胁公路、铁路及交通设施	移交交通运输部门
有变形加剧迹象	重点关注	威胁水利设施及河道	移交水利部门

续表

预案内隐患点		新增隐患点	
变形情况	防灾措施	威胁对象	防灾措施
销号后又复活	重新纳入预案内管理	威胁工业设施和矿山	移交工厂、企业、矿山等责任主体
		当前危险性较小，不威胁居民家庭财产和其他行业	重点关注

（2）支撑汛期防灾减灾

全省广域地质灾害隐患综合遥感识别监测一定程度上提高了四川地质灾害防治体系科技防灾水平，提前发现和识别地质灾害隐患，避免了多起因灾伤亡事件。在近两年上报地质灾害中，有606起灾险情在发生前已通过综合遥感技术手段识别，有效避免了人员伤亡和财产损失。灾险情整体上以小型滑坡为主，包括灾情26处（预案外12处），涉及受灾人口659人，造成直接经济损失3200.85万元；险情580处（预案外483处），共威胁人口16339人，威胁财产230151万元。成功避险6起，避免人员伤亡158人，避免经济损失730万元（表5.3）。

表5.3　近两年遥感识别地质灾害隐患发生灾险情情况统计表（截至2023年10月底）

年份		灾情			险情		
		灾害点/处	受灾人口/人	经济损失/万元	隐患点/处	威胁人口/人	潜在经济损失/万元
2021年	预案内	5	92	817.5	7	454	3490
	预案外	7	259	1814	33	1267	10120
2022年	预案内	4	127	92.35	85	6219	76105
	预案外	3	51	340	33	819	8990
2023年	预案内	5	44	105	5	360	2070
	预案外	2	86	32	417	7220	129376
合计		26	659	3200.85	580	16339	230151

（3）突发地质灾害应急支撑响应

如遇突发地质灾害，立即组织开展遥感应急响应，多方收集灾前灾后遥感影像和无人机数据，进行综合遥感识别监测，第一时间为灾区地质灾害隐患点巡排查、抢险救灾提供遥感数据支撑。

2021—2023年期间，四川发生多次强震，如“6·1”芦山地震、“6·10”马尔康地震和“9·5”泸定地震。地震发生后，四川省自然资源厅第一时间组织开展遥感应急响应，申请调度卫星过境拍摄震后卫星数据，组织获取无人机影像，开展强震区遥感应急响应解译。应急响应期间，共申请调度卫星观测灾区72次，获取灾区震后可用卫星影像2571km^2；利用无人机、有人直升机分别获取“9·5”泸定地震8度区重点乡镇无人机影像350km^2、激光雷达遥感数据680km^2（表5.4）。基于震后遥感数据共解译地质灾害隐患860处，为震后次生地质灾害应急排查和灾后恢复重建总体规划提供科学依据。

表 5.4　强震应急解译情况表

地震	震后可解译影像/km^2	解译地质灾害/处
“6·1”芦山地震	135	10
“6·10”马尔康地震	60	18
“9·5”泸定地震	2376	832

（4）服务重大民生工程

主动服务支撑国家及省级重大战略部署，利用综合遥感识别技术对重大民生工程开展识别监测。白鹤滩水电站是我国实施“西电东输”的国家重大民生工程，库区两岸山高坡陡，地质环境复杂，构造活动强烈，是地质灾害高发区域。白鹤滩水电站于 2021 年 4 月下闸蓄水后，2022 年 10 月库区水位逐步上涨至正常蓄水位附近（高度约 825m），蓄水导致水库岸坡地质环境条件（孕灾地质条件）发生改变，岸坡变形失稳时有发生，新增多处地质灾害及隐患，给两岸居民、水库本身带来了极大的安全风险和经济损失隐患。

根据白鹤滩 2019 年 8 月至 2022 年 10 月 InSAR 监测结果和多期次光学遥感影像，结合孕灾地质背景分析，持续对白鹤滩水电站库区沿岸 2.5km 范围进行地质灾害隐患遥感识别监测，识别监测区域面积约 1631km^2。通过遥感监测发现，库区共识别蠕动变形隐患 90 处（四川省境内识别 51 处，云南省境内识别 39 处）。其中，蓄水期间新诱发 18 处、变形加剧 25 处、威胁性高且规模较大的重大隐患共 20 处（图 5.16；表 5.5），如遇暴雨、水位变化或地震触发，发生失稳崩滑风险较高，其中，库区左岸会东县满银沟镇中村滑坡（SCH04）变形加剧，威胁后缘聚居区；库区右岸 1 处泥石流（YNN02）持续变形且堆积体已有堵江趋势，对库区威胁性较大。

表 5.5　白鹤滩库区新诱发与变形加剧“靶区”统计表

省	市（州）	县（市、区）	遥感识别隐患靶区数量/处		
			总数	新诱发数	变形加剧数
四川省	凉山彝族自治州	会东县	25	2	11
		宁南县	26	7	4
	小计		51	9	15
云南省	昭通市	巧家县	19	8	3
	昆明市	东川区	5	0	2
		禄劝县	8	0	3
	曲靖市	会泽县	7	1	2
	小计		39	9	10
合 计			90	18	25

2023 年 5 月下旬至 6 月初，凉山彝族自治州地质灾害指挥部对辖区内白鹤滩库区周边存在 51 处地质灾害隐患靶区开展了现场复核并进行了反馈。经复核，51 处隐患靶区均存在隐患，其中威胁群众生命财产安全的 15 处，仅威胁公路或库区的 36 处，核查确认后由当地主管部门及时落实相应防灾措施。

图 5.16　白鹤滩水电站库区遥感识别隐患“靶区”分布图

同时，中国长江三峡集团有限公司移民工作办公室也对遥感识别重大关注的 20 处隐患靶区进行了现场复核。其中有 12 处距离库岸线较远（约 2.6~11.9km），其他 8 处受蓄水引起变形的隐患点已纳入水库影响区，并采取了避让搬迁、工程治理或安装专业监测设备实时监测预警等防范措施。

（5）协助四川省地质灾害斜坡风险详查

2022 年 3 月，四川省自然资源厅下达了关于 2022 年斜坡地质灾害隐患风险详查和重点乡镇地质灾害精细化调查试点工作任务的通知。2023 年在第一批试点工作基础上新增 24 个试点县，进一步推动斜坡地质灾害隐患风险详查。

根据斜坡地质灾害隐患风险详查和重点乡镇地质灾害精细化调查工作的实际需要，及时向有关承担单位提供了 8 个市（州）22 个县（市、区）地质灾害隐患综合遥感识别成果、光学遥感影像以及 InSAR 监测成果等资料，为斜坡地质灾害风险调查提供全面而详尽的地质灾害信息，辅助斜坡地质灾害风险评估与等级划分，以便有针对性地采取防灾措施，提高了调查工作效率，降低了调查成本。

5.2 综合监测预警

四川积极推进开展气象风险等级预报、短临预警和专业监测预警体系建设，建设并迭代升级了适用于四川特殊地质条件的预警预报模型和省级预警平台，实现了省、市（州）、县（市、区）、乡（镇）、村（组）（社区）逐级精细化气象风险预警和覆盖全省地质灾害隐患点、在建工程的短临预警服务，基本形成了点面结合的多层次监测预警体系。

5.2.1 总体架构

通过整合现有资源和创新联动预警模式，四川探索构建了由“24 小时气象风险预警预报+小时级短临预警+实时专业监测”共同组成的面—区—点一体化综合监测预警体系（图 5.17）。

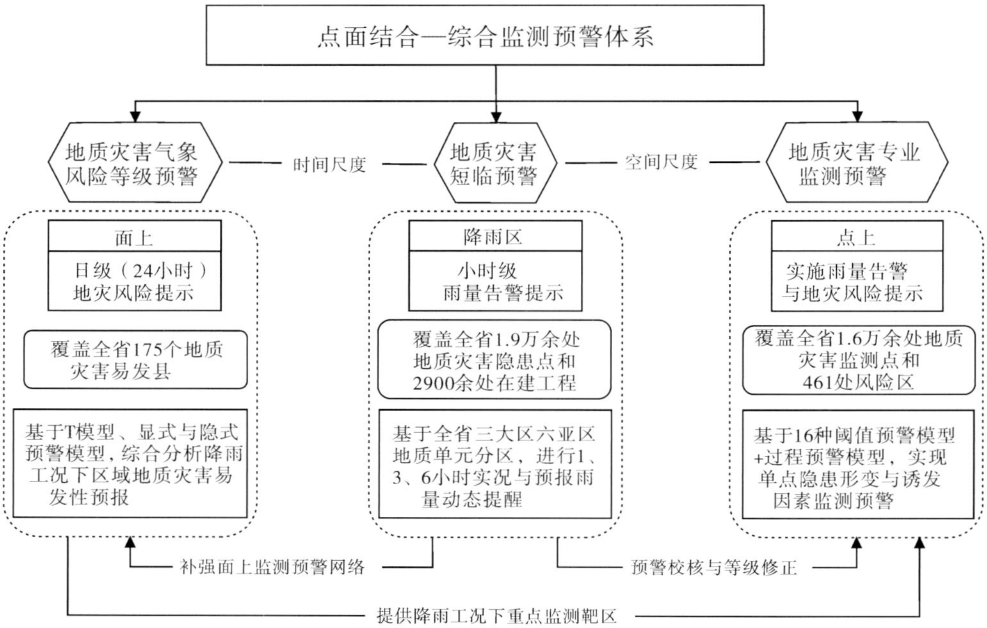

图 5.17 综合监测预警体系架构示意图

5.2.1.1 全时段地质灾害风险提示

1）气象风险等级预警。基于四川省第三代地质灾害气象风险预警系统（T模型、隐式和显式统计预报模型），结合前期实况降水量、未来24小时降水量及地质环境空间进行耦合分析，省、市（州）、县（市、区）三级逐级发布地质灾害气象风险预警到县乡村，该预警侧重于面上降雨型地质灾害风险提示。

2）短临预警。基于四川省短临预警平台对全省三大区六亚区地质单元降水数据（实时降雨与预报雨量）叠加分析，对较大比例尺下小范围的降雨集中区（地震高烈度区、隐患点、在建工地）发布小时级的降雨告警提示，尤其针对小流域气候与强对流天气的短时强降雨情况，短临预警发挥着重要作用，进一步补强了气象风险等级预警的精度。

3）实时专业监测预警。基于四川省地质灾害专业监测预警平台对全省1.6万余处专业监测点位进行实时监测和过程分析，利用已构建的单点阈值预警和过程预警模型，对小时雨强、前期有效降水量及隐患变形（临灾）征兆发布实时雨量告警和地质灾害风险提示，在气象风险等级预警和小时级短临预警的基础上，进一步强化了地质灾害隐患点的风险防控。

5.2.1.2 点面结合联动预警

综合监测预警体系依托不同时空尺度下的预警结果，动态调整体系内预警机制和修正预警结果，实现了精细化的联动预警。

1）由面及点，加密监测网络。在汛期地质灾害气象风险预警结果生成后，气象风险预警系统向专业监测预警平台共享面上矢量预警结果，提供强降雨过程重点监测靶区。经平台叠加分析预警区图层与监测点位置，主动下发预警区内的地质灾害气象预警预报数据指令，根据气象预警等级（红、橙、黄）和预警有效时长，适时启动设备低功耗唤醒、状态校验以及采样与上传频率加密等工作机制，提升降雨过程监测预警时效性。

2）以点带面，完善预警服务。基于全省地质灾害监测雨量监测站点补强短临预警体系实况雨量采集网点，提升插值计算后降雨落区的数据精准度。同时，针对专业监测预警体系中降雨型滑坡、泥石流灾害的预警结果生成后，辅以短临预警结果进行点面结合的联动预警分析，综合判定预警点位合理性，对潜在数据异常点进行预警等级修正，提升降雨过程单点预警精准度。

5.2.2 模型研发与优化

5.2.2.1 区域气象风险预警模型

依据四川省气象局提供的预报及实时气象数据（全省5km×5km定量降水估计和5km×5km短期定量降水预报逐小时雨量数据），构建了24小时等级预警和1、3、6小时短临预警两种气象预警模式，形成多尺度气象风险预警模型，预警的网格尺寸精度达到1km×1km。

（1）短临预警模型

结合全省重点地质灾害易发区域历年气象数据与地质灾害发生规律，将全省分为川东地区、川西高原、川西南山地等3个大区及6个亚区，初步确定了1小时（过去1小时或未来1小时）、3小时（过去2小时+未来1小时）、6小时（过去4小时+未来2小时）对应的黄、橙、红地质灾害气象风险短临预警阈值，并针对芦山、马尔康、泸定等地震灾区，优化了地震烈度6度及以上区域的短临预警阈值。

（2）等级预警模型

目前四川省共有3个等级预警模型，包括联合四川省气象台与成都信息工程大学构建的T模型，联合中国地质环境监测院研发的显示模型与隐式模型。等级预报的预警时段为当日20时至次日20时（24小时预警）。

T模型：以单元危险性概率值（H）为基础，与降雨诱发地质灾害的发生概率进行耦合，得出某一降雨范围内地质灾害发生的概率。单元地质灾害危险性概率值（H）"综合反映了单元内地形地貌、地层岩性、地质构造等基本因素对形成地质灾害的作用大小，其值越大，表示危险程度越高；降雨因素的发生概率值（Y）是指灾害发生前累计降水量对地质灾害的形成所造成的影响大小，Y值越大表示前期累计降水量越大，对引起地质灾害的影响力越大。

计算公式为：

$$T=\alpha \cdot H+\beta \cdot Y \tag{5.1}$$

式中：T——地质灾害易发性预报概率；

H——单元地质灾害危险性概率；

Y——降雨因素的发生概率；

α——单元危险性概率占地质灾害发生概率权重；

β——降雨诱发地质灾害的权重系数。

显示预警模型：即动态危险性预警模型，将区域地质灾害潜势度（Q）与前期有效雨量指数归一化后的值（T）进行相乘，得出某一区域地质灾害气象风险预警指数。

计算公式为：

$$R=Q\times T \tag{5.2}$$

式中：R——区域地质灾害气象风险预警指数，介于0~1之间；

Q——区域地质灾害潜势度，介于0~1之间；

T——前期有效雨量指数（有效雨量归一化后的值），介于0~1之间。

隐式预警模型：即临界降雨判据模型，首先依据地貌类型和易发区划等，将四川省划分为18个预警区，然后进行样本统计，正样本主要来源于四川省2013—2020年崩塌、滑坡、泥石流灾情数据。负样本根据正样本空间缓冲及有约束时间随机获取，正负比例约1∶4。雨量数据采用国家级预警业务中雨量进行匹配（5km×5km定量降水估计24小时实况雨量数据）。最后采用激发雨量与前期有效雨量临界降水判据模型，拟合出红橙黄预警临界线。

5.2.2.2 单体地质灾害预警模型

汶川地震后，四川省单体地质灾害监测预警体系迅速发展建设，形成了多类型多维度的阈值判据标准，构建了“阈值+加速度”双预警模型，初步开展了多参数联动预警模型的研发与试用。

（1）阈值预警模型

阈值预警法基本在所有类型的地质灾害监测预警中都有应用，即某类地质灾害通过确定某种变形发灾迹象、外部诱发因素的监测阈值，超过既设阈值即发布预警信息。如滑坡监测中设定地表位移、裂缝变化量的阈值，泥石流监测中对物源区降水量和沟道泥水位高度设定预警阈值（表5.6）。

表 5.6　专业监测预警模型统计表

序号	预警模型	预警判据	适用对象
1	EI 雨量告警模型（累计雨量/雨强）	一个降雨过程中累计降水量 E 或小时降雨强度 I	适用于雨量监测
2	EI 雨量告警模型（24h 雨量/雨强）	24h 内累计降水量 E 或 1 小时降雨强度 I	适用于雨量监测
3	KI 雨量告警模型	一个降雨过程中小时降雨强度 I 和前期有效降水量 P，判据公式为 $R=K\times I+P$。 R 为降雨临界预警值（mm）；K 为常数； I 为 1 小时降雨强度或 1 小时激发降雨强度，即判断时往前推算 1 小时的累积雨量； P=前期有效降水量（mm），激发时（包括 1 小时激发降水量）的 1 次降雨总量，即判断时这一次降雨过程的累积雨量	适用于雨量监测，多应用与山区泥石流监测预警
4	监测值模型	设备当前监测值与既设预警阈值进行比较分析	多适用于状态类设备
5	水平位移量/垂直位移量	设备（传感器）在水平方向/垂直方向上位移预警	适用于地表位移 GNSS
6	$X/Y/Z$ 监测值模型	设备（传感器）南北方向/东西方向/竖直方向上监测值及变化量	多适用于倾角、加速度类设备

（2）过程预警模型

过程预警多应用于滑坡从出现变形迹象到逐渐发展和最终失稳破坏的过程，自日本学者斋藤揭示斜坡三阶段变形规律并提出斋藤预报模型以来，国内外学者基于数学统计方法进行拟合和外推预测，建立了黄金分割预报法模型、灰色预报模型及非线性动力学模型等。2020 年 5 月，四川省自然资源厅与成都理工大学联合构建四川省地质专业监测预警平台，应用滑坡过程预警改进切线角模型分析滑坡变形-时间曲线的斜率和加速度变化特征（图 5.18，图 5.19），取得了较好成果。

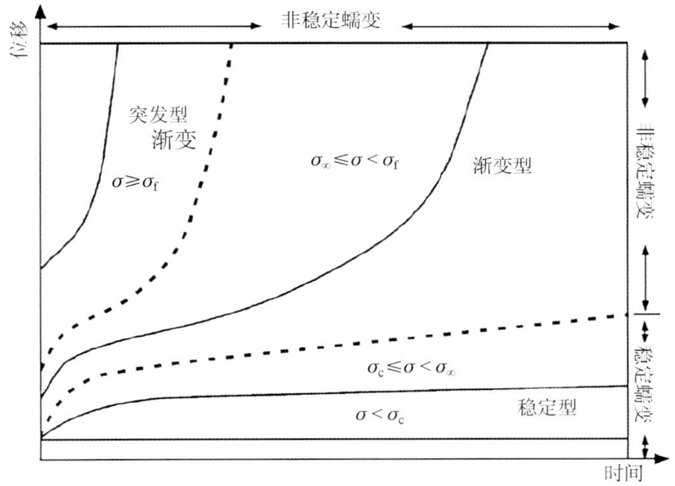

图 5.18　滑坡变形-时间曲线特征及类型图
（引自许强等，2019）

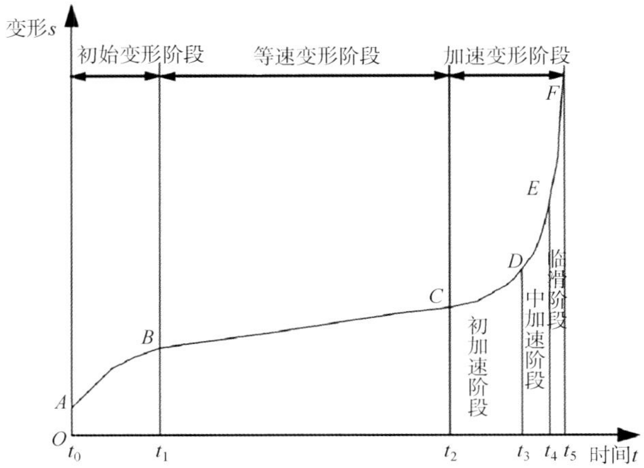

图 5.19　滑坡变形演化过程的 3 个阶段图

（引自许强等，2019）

（3）多设备联动预警模型

四川省从滑坡变形破坏模式、预警空间位置以及监测设备特性等多维度的特征，基于四川省专业监测预警样本案例，梳理总结滑坡蠕滑变形与临灾预警阶段的预警指标，从滑坡变形破坏机理、设备空间分布位置以及设备特性三方面构建联动预警指标体系（图 5.20），初步构建了典型区域地质灾害专业监测多参数联合预警模型。

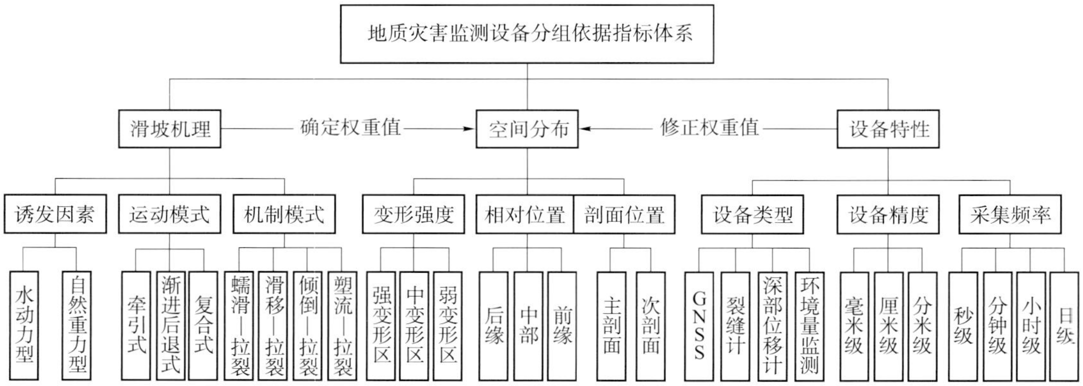

图 5.20　多设备联动预警指标图

单个设备权重计算公式：

$$Value = \frac{A_i \times B_i \times C_i \times D_i}{\sum_i^n A_i \times B_i \times C_i \times D_i} \tag{5.3}$$

根据滑坡运动模式和变形破坏模式确定设备权重值（A_i），重点围绕滑坡失稳过程中滑坡纵向分区运动的先后顺序差异（表 5.7），以及监测设备所安装的分区对预警结论的贡献度进行初步设定，并根据设备类型（B_i）、设备精度（C_i）和数据采集频率（D_i）等，修正设备权重指标，构建单点多参数联动预警模型。

表 5.7 不同类型滑坡变形破坏机制模式权重值设定建议表

模式类型	典型演进图式及阶段划分			权值设置建议
	a. 初期	b. 中期	c. 晚期（加速蠕变至破坏）	
蠕滑—拉裂	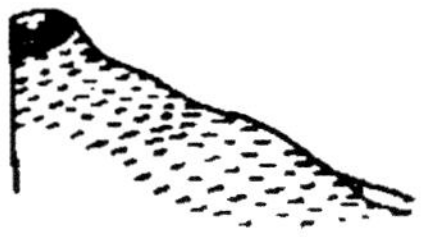			前缘>中部>后缘
滑移—拉裂			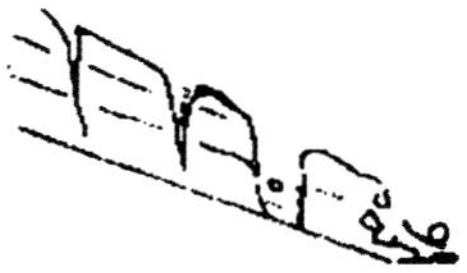	后缘>中部>前缘
倾倒—拉裂				后缘>中部>前缘
塑流—拉裂	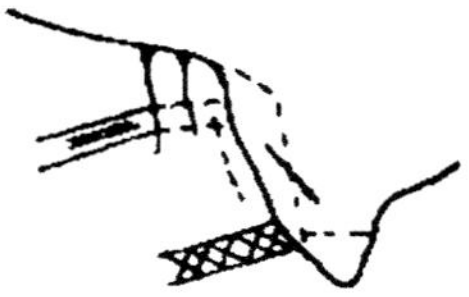		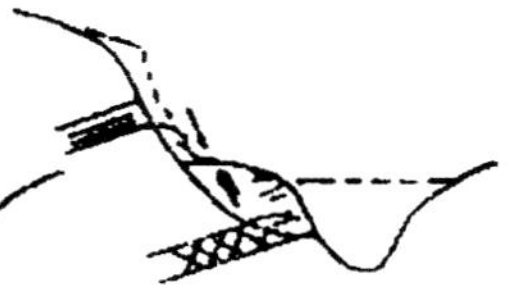	后缘>中部>前缘

注：典型演进图及阶段划分引自张倬元等，1994；权值设置建议引自王豪等，2024。

（4）小流域水土动力预警模型

四川省西南山区因地形和大气环流的复杂性，立体气候特征明显，山区小流域短时强降雨诱发滑坡、泥石流灾害频发，具有突发性、隐蔽性和破坏性的特点。综合监测预警体系中，短临预警依托强降雨型雷达回波信号的短时预报技术，增强对降水云团信号的显著性和连续性探测，以小时级短时降水预报产品动态发布预警，侧重对降雨区实时雨量和预报雨量提示；专业监测预警重点对承灾风险较高的泥石流物源区实时降水量和沟道泥水位监测，但监测覆盖范围相对有限。因此，省级地质灾害监测预警技术服务中心在现有泥石流监测预警方法的基础上，联合科研团队开展基于水动力模型的小流域监测预警方法应用，将预警结果动态融入短临预警体系并修正预警等级，进一步提升小流域灾害的预警覆盖面和精准度。

基于水动力模型的小流域预警方法首先利用形态影像学的图形处理和模式识别进行斜坡单元提前，并利用区域数字高程模型进行小流域划分，计算各小流域的流域面积、相对高度信息，完成泥石流流域、滑坡区域的判识（图 5.21）。在此基础上，处理地形数据（DEM）、土地利用类型、土壤类型、植被指数、潜势泥石流流域和斜坡单元等静态数据，叠加实况降水和预报降水开展水文过程模拟和坡面土体稳定性计算，估算入渗和地表径流等数据，基于水土耦合机制预报小流域尺度的泥石流发生概率。目前，气象风险短临预警与小流域监测预警联动预警服务正针对甘孜藏族自治州、阿坝藏族羌族自治州等地调整部署，通过科研成果转化和实践优化的改良预警模型，进一步完善了综合监测预警体系服务支撑能力，推动山区泥石流灾害预警预报向精细化方向发展。

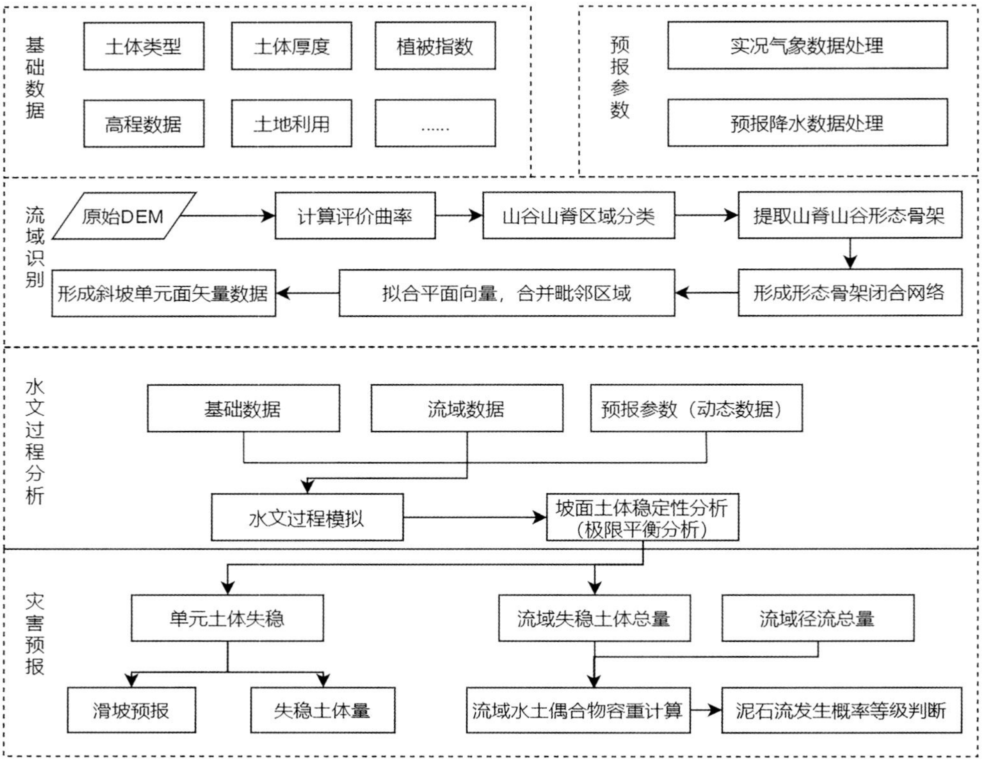

图 5.21　小流域泥石流灾害监测预警示意图

5.2.3　数据处理方法升级

1）高时效图层运算。综合监测预警体系中，地质灾害短临预警需要具备识别精准、快速示警的特性。由于现阶段气象部门提供的降雨数据（实况+预报）不同程度地存在着时间延迟，其中雨量站点数据 1 小时更新 1 次，整点后 15 分钟左右更新，需经数据入库、插值计算、等级判断等环节后生成短临预警结果。为了提升预警模型计算效率，短临预警平台建立了从数据获取、存储和处理、数据管理、运算分析和综合展示的高时效运算体系，将多源数据存储于 MongoDB 数据库，通过 Python 处理和分布式运算，结合多线程计算和多集群部署，模型运算效率提升 70%，计算耗时从 30 多分钟缩减到 7 分钟左右，保障短临预警结果发布的时效性（图 5.22）。

2）智能化数据处理。专业监测预警平台每日汇集全省 200 万余条实时监测数据，同一时段数据入库与处理要求高，专业监测预警体系创新应用“时间驱动（雨量数据）+数据驱动（位移、状态数据）”的计算调度方法，并构建多线程预警计算框架和智能预警策略（图 5.23），实现分布式计算，高效支撑了全省 4 万余台（套）监测设备实时预警工作。

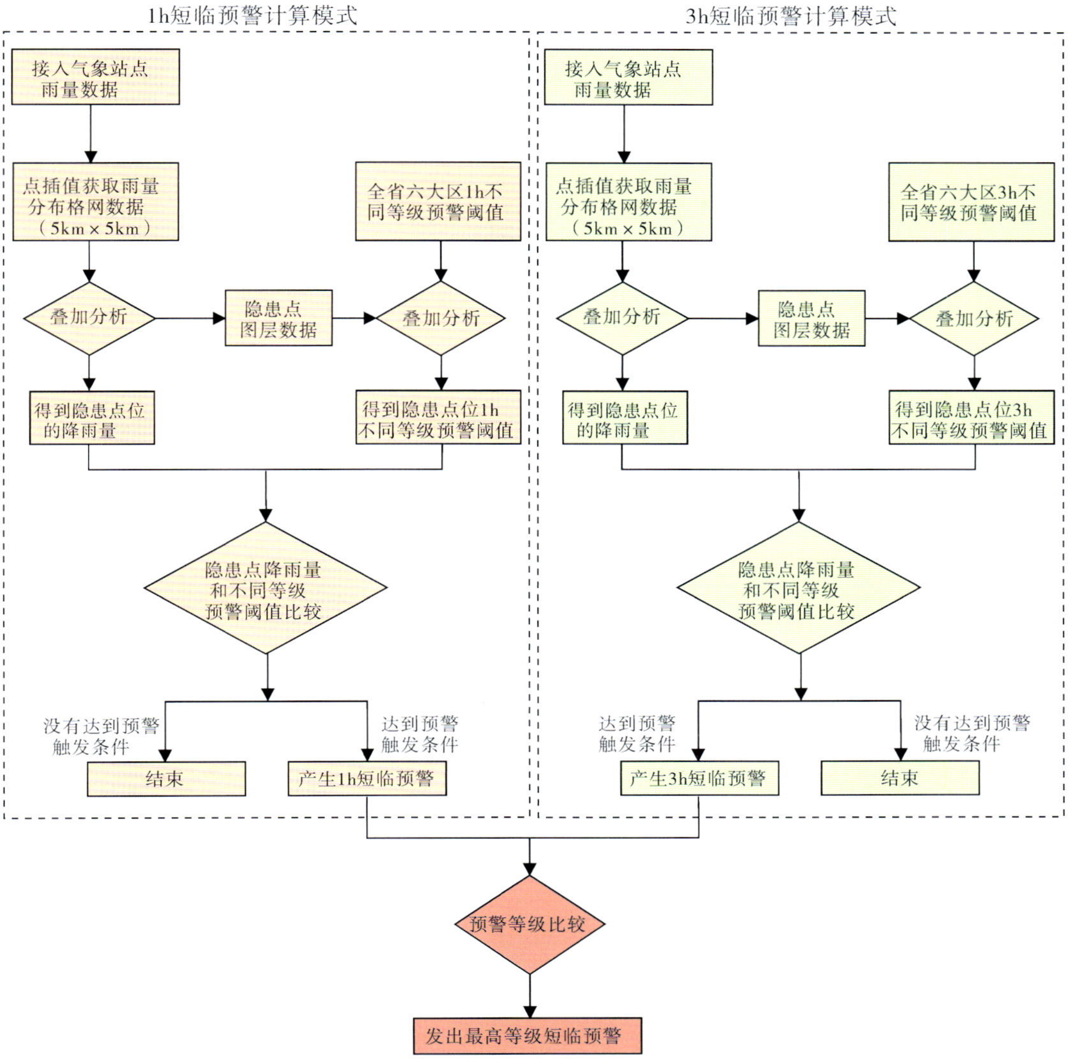

图 5.22　短临预警模型计算流程示意图

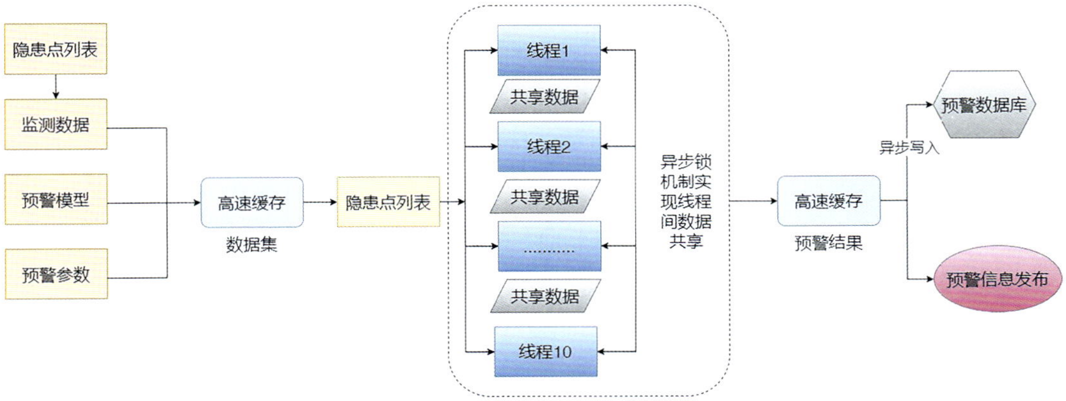

图 5.23　多线程预警计算框架示意图

5.3 风险源头管控

地质灾害风险源头管控是科学运用基础调查评价成果，加强地质灾害易发区、风险区国土空间规划和用途管制的创新实践。自2021年起，四川省在自然资源部中国地质环境监测院的倾心支持和帮助下，积极探索 开展了地质灾害“隐患点+风险区”点面双控试点，在什邡市等地研究地质灾害风险调查评价与国土空间规划融合工作方法，实现了省内地质灾害调查评价成果运用的历史性突破。

5.3.1 地质灾害隐患点和风险区双控

紧密围绕基层地质灾害风险防控需求，推动防控重点由“隐患点”向“隐患点+风险区”转变，四川省作为全国第二批试点省份，选择重点地区开展“隐患点+风险区双控”试点，积极探索地质灾害风险双控新模式，为地质灾害风险防控提供经验示范。2021年选取彭州市、合江县、北川县、青川县、南江县、丹巴县6县（市）作为首批试点县（市），2022年选取邛崃市、绵竹市、洪雅县、峨眉山市、营山县、喜德县6县（市）作为第二批试点县（市）。

5.3.1.1 建立地质灾害风险双控清单

县级以上地方人民政府及自然资源主管部门要根据县（市、区）地质灾害风险调查评价成果和斜坡地质灾害隐患详查成果，按照风险等级由高到低的排序原则，分别建立本地区地质灾害隐患点和地质灾害风险区（斜坡）清单台账，逐一建立隐患点、风险区（斜坡）地质灾害风险管控图册、台账档案，并于每年汛前向社会公示。

5.3.1.2 构建地质灾害风险双控网络体系

四川省充分利用现有基层治理网格管理体系和地质灾害群测群网络体系，按照“属地负责、边界清晰、方便管理、运行高效”的原则，建立以乡（镇）为单元、行政村为网格、隐患点和中风险以上斜坡为网点的地质灾害风险网络体系，建成县、乡、村、组、点（隐患点和风险区）等五级网格员+技术指导员的网格管理体系（图5.24），明确各类人员工作职责。

（1）县级网格员（监管责任人）

由县（市、区）自然资源部门负责人或分管领导、业务股室负责人担任。主要负责全县地质灾害风险防治工作的组织、协调和监督，制定全县地质灾害风险管控制度和预案，组织开展全县地质灾害宣传培训、应急演练及预警预报，组织开展指导应急调查和应急处置，负责全县地质灾害风险数据管理，落实专业技术队伍指导乡（镇、街道）开展地质灾害风险防控，负责网格员检查、指导与考核，专职监测员监测补助发放等工作。

（2）乡级网格员（防灾责任人）

由乡（镇、街道）的乡（镇）长、街道办主任或分管副乡（镇）长、副主任担任。主要负责本级地质灾害风险防控工作，制定本级地质灾害风险管控制度和预案，安装标识标牌，发放“两卡”，推广“地灾智防”APP使用，负责本级地质灾害风险数据管理，组织开展本级“三查”、宣传培训与应急演练，接到突发灾险情，第一时间现场核实、上报

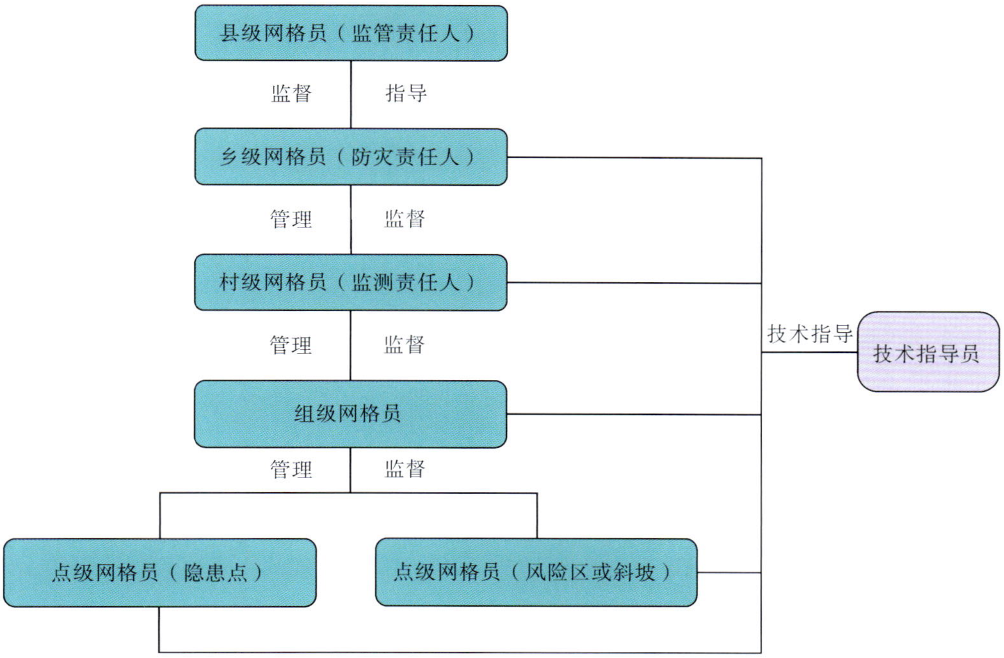

图 5.24　地质灾害风险“点面”双控网格图

及组织群众撤离，接受上级对本级地质灾害风险管理工作的考核等工作。

（3）村级网格员（监测责任人）

由行政村（社区）党支部书记或村委会主任担任。主要负责发放本网格“两卡”，协助安装标识标牌、开展应急演练，保护监测预警设施，负责落实组、点（风险区）网格员，督促做好“三查”及信息报送，接到突发灾险情，第一时间现场核实并上报，组织群众避险自救互救，参与24小时值班值守和监测工作，参加地质灾害防治技术业务培训等工作。

（4）组级网格员

由行政村的组长或社长担任，主要负责协助发放“两卡”、安装标识标牌和开展应急演练，督促本组（社）网格员做好日常监测、“三查”和信息报送，及时开展预警响应，做好闭环管理，接到突发灾险情，第一时间现场核实并上报，组织群众避险撤离，参与24小时值班值守和监测工作，接受地质灾害防治技术业务培训等工作。

（5）点级网格员（监测员）

1）隐患点专职网格员。原则上由村委会推荐年龄在60周岁以下、熟悉隐患点当地情况、责任心强、有一定文化水平和组织应变能力的人员担任。主要负责学习和掌握地质灾害监测、预警基本知识，熟知负责隐患点基本情况；做好监测、巡查排查工作，定期报告监测情况；当出现险情征兆时及时发出预警，协助群众避险；妥善保管配发的器具物品，协助维护标识牌和监测设施，协助发放避险明白卡，接受地质灾害防治技术业务培训，及时劝阻和上报可能引发地质灾害的不当人为活动等工作。

2）风险区（斜坡）网格员。由行政村（社区）干部或组（社）长兼任。主要负责学习和掌握地质灾害监测、预警基本知识，熟知负责隐患点基本情况；开展监测和巡排查工作，定期向村级网格员报告情况；当出现险情征兆时及时发出预警，协助群众避险；协助维护标识牌和监测设施；接受地质灾害防治技术业务培训，及时劝阻和上报可能引发地质灾害的不当人为活动等工作。

（6）技术指导员

由承担县级地质灾害防治技术支撑的专业技术人员担任。主要负责协助开展网格内地质灾害风险防治工作；指导做好地质灾害基础、监测数据的整理分析汇总、上报及防灾预案编制工作；负责监测员和群众的防灾避险宣传培训；指导并主要参与“三查”工作，做好突发地质灾害应急调查，提出处置意见和建议，指导地质灾害应急抢险救灾工作；指导村民建房安全选址；提出对地质灾害隐患点的增加、核销调整意见等工作。

5.3.1.3 建立地质灾害风险双控标识

（1）一点一区一码

四川省地质环境管理信息系统分别对地质灾害风险调查评价和斜坡地质灾害隐患风险详查确定的隐患点和划定的中风险以上斜坡区，逐一生成二维码，并显示在标识牌上。各类网格员、社会公众可利用微信、支付宝等，扫码查询隐患点和风险区基本情况和实时预警信息，实现“一码管灾”。

（2）标识标牌

地质灾害隐患点信息公示牌由隐患点平面影像和信息表组成（图5.25）。平面影像明确隐患点位置及威胁对象、危险区边界、避险转移路线等关键内容。信息表包括隐患点名称、行政区位置、隐患类型及规模、主要诱发因素、威胁对象情况、预警信号、防范提示信息、防灾责任人及电话、监测责任人及其电话、监测员及电话、防灾责任单位以及隐患点二维码等关键信息。

图5.25　地质灾害隐患点信息公示牌图

地质灾害风险区（斜坡）信息公示牌由正射无人机影像和信息表组成（图5.26）。正射无人机影像标注风险区（斜坡）边界、危险源范围、承灾体、避险转移路线等关键内容。信息表应包括风险区（斜坡）名称、行政区位置、面积、风险区等级、防灾责任人、监测责任人及电话、专职监测员及电话、防灾责任单位以及风险区（斜坡）二维码等关键信息。

图 5.26　地质灾害风险区信息公示牌图

5.3.1.4　建设地质灾害防灾减灾示范社区

四川省按照“资源整合、集约高效、布局合理”原则，充分依托村委会、敬老院、学校、派出所、幼儿园和农舍等建设避险场所，开展地质灾害风险调查评估，避开地质灾害高危险和高风险区域，试点打造防灾减灾示范社区，储备应急物资、制作标识标牌，设立宣传场地。建设防灾减灾图书室、防灾科技体验馆、应急医疗馆等公共设施、完成志愿者队伍组建、医疗物资储备、宣传展板张贴。制定防灾预案和管理制度，组建应急救援队伍，开展宣传培训和避险演练，切实增强社区干部、群众地质灾害风险防范应对能力。

5.3.1.5　探索构建地质灾害“安全岛”

四川省丹巴县、南江县和北川羌族自治县充分依托学校、村委会等现有场所，规划设置“安全岛”37 处，面积约 $2\times10^4m^2$，可容纳 4130 余人。峨眉山市、喜德县和绵竹市按照“资源整合、集约高效、布局合理”原则，充分依托学校、村委会等现有场所，规划设置永久性（一级）、半永久性（二级）、临时避险性（三级）等各类“安全岛”120 处，可用面积约 $1.7\times10^4m^2$，可安置容纳 8000 余人，实现“安全岛”功能分级和初步运行。

5.3.1.6　探索建立守护生命智慧围栏

建立智慧围栏，通过采用“红外探测声光文字预警系统”设备（图 5.27），安装于流动人员和车辆集中的路段，当人员车辆通过时，通过触发语音播报、红蓝闪灯警示、显示屏提醒、摄像头实时监控、侦测视频保存、图片抓拍本地保存、即时弹屏警示等方式，提醒人员和车辆在通过危险路段前，提前查看斜坡上有无发生地质灾害的可能，提高群众的防灾避险意识，规避因突发地质灾害造成人员伤亡和财产损失的风险。

四川省彭州市完成 15 台三网信令数据库服务器的搭建，风险区边界和外围“智慧围栏”圈选及二维码张贴、风险区流动人员分析管控平台建设，推动地质灾害风险区精细化管控。峨眉山市在峨眉山景区内、绵竹市在走马岭高风险区及文家沟中风险区采用“红外探测声光文字预警系统+高清远程视频监控”进行流动人员风险管控，为避险转移提供强有力支撑。

图 5.27 红外探测声光文字预警系统+高清远程视频监控图

5.3.1.7 形成地质灾害风险防控智防

目前，四川省已初步构建专业监测预警 3.0 平台、“地灾智防” APP（图 5.28）、微信小程序为主的地质灾害智慧防灾体系，完成试点县（区）中风险区、高风险区、极高风险区的入库管理，推动省、市（州）、县（市、区）、乡（镇、街道）、村（组）（社区）群测群防员（网格员）七级防灾力量及驻守技术支撑队伍注册使用“地灾智防” APP，打造“指尖上”的防灾减灾服务平台。开发面向公众的微信小程序，解决接收和反馈地质灾害风险预警“最后一公里”难题。

5.3.1.8 构建全民参与的地质灾害风险双控体系

1）建立县—乡—村三级地质灾害防治知识培训体系。四川省自然资源厅联合教育厅、团省委全国首创推出《四川省小学生地质灾害防范与自救》系列读本及挂图，向各地发放近 30 万套，在试点县开展地质灾害防治知识进校园秋季开学第一课赠书活动。试点地区通过坝坝会、集中课堂、小手牵大手等多种宣传形式，开展防灾避险知识、二维码和“地灾智防” APP 使用培训，增强社区群众地质灾害风险防范意识，以点带面普及地质灾害防治知识。

2）建立完善地质灾害风险防控奖励制度。对在地质灾害发生前进行科学预判和合理避让的个人或组织予以物质和精神层面的奖励和表彰，鼓励全民参与地质灾害风险防控，充分发挥群众的智慧和力量开展地质灾害风险早期识别。

3）构建稳定技术支撑体系。地方人民政府与专业技术队伍构建长期的合作模式，形成稳定的技术支撑保障，对地质灾害风险及时进行动态更新，使人民政府开展地质灾害风险管控措施的科学性得到保障，形成技术与管理融合的风险管控机制。

5.3.2 地质灾害风险评价与国土空间规划

2022 年四川省自然资源厅率先印发实施《关于将地质灾害风险调查评价成果纳入国

土空间规划的通知》（川自然资发〔2022〕5号），要求按照“自上而下，逐级精细”的原则，将各级地质灾害风险普查成果纳入省、市（州）、县（市、区）、镇（乡、街道）级片区国土空间规划，加强地质灾害风险隐患源头管控，守牢安全发展底线。

5.3.2.1 地质灾害风险评价与国土空间规划管控

按照“风险总体可控、分类分级管控”的原则，明确除城镇建成区将地质灾害风险区纳入国土空间规划管控外，其他区域总体将地质灾害危险区纳入国土空间规划进行管控。省、市（州）级地质灾害危险区划成果、县（区）级地质灾害高和极高危险区成果以及县（区）级风险调查评价重点区（斜坡风险隐患详查）成果分别在规划建设布局、建设用地适宜性及规划城镇开发边界划定、镇村级片区国土空间规划编制中予以明确（图5.28）。

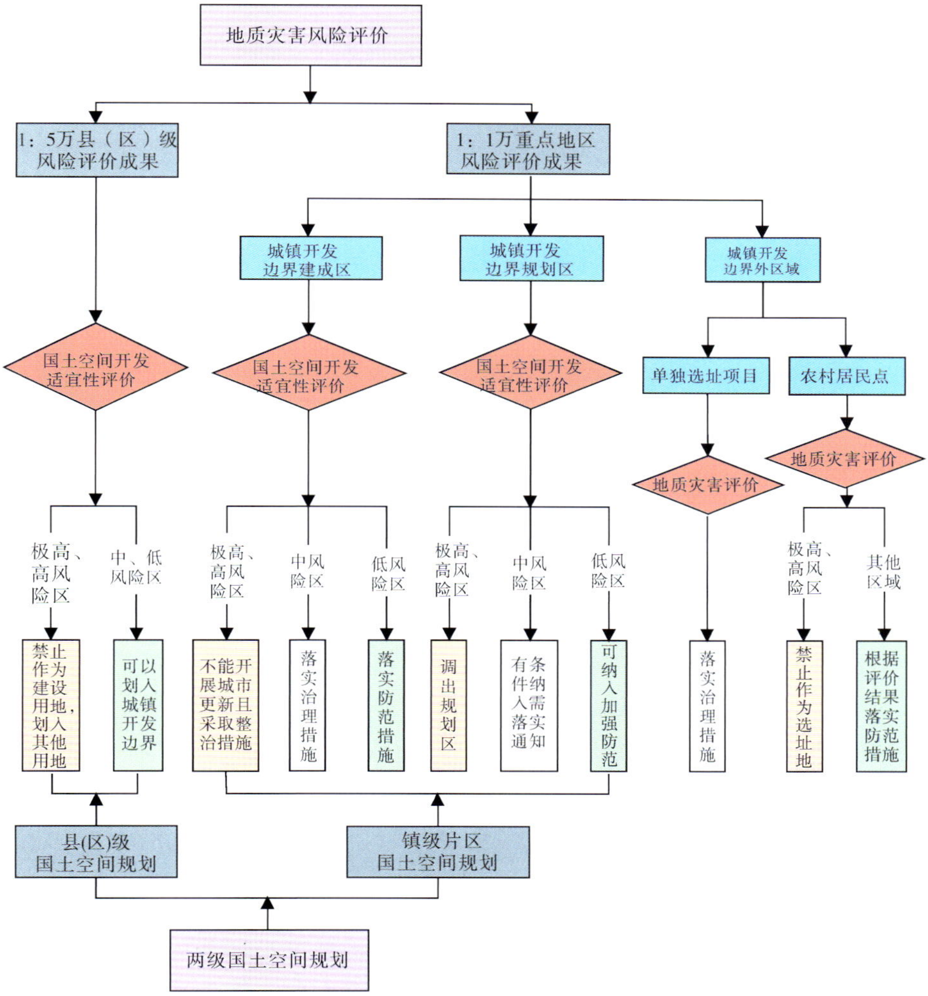

图5.28 地质灾害风险调查评价成果纳入国土空间规划管控路线图

（1）省级、市（州）级规划

依托省、市（州）级1：25万、1：10万地质灾害风险调查评价结论，提取地质灾害危险性成果，将评价为危险性中、低的集中连片区域划为规划安全区，将评价为危险性高、极高的集中连片区域划为危险区。同时充分考虑全省各地自然地理格局、生态环境、经济布局、人口分布、空间利用等因素差异，对规划安全区及危险区范围进行优化调整。

（2）县（区）级、乡镇级（片区）规划

依托县（区）级1∶5万地质灾害风险调查评价、斜坡地质灾害隐患详查等成果，衔接县（区）级国土空间规划“三区三线”成果，开展城镇开发边界内和边界外区域的用地管控，判定城镇开发边界内及周边建设用地适宜性。充分考虑城市本底条件、资源禀赋、产业发展等因素，利用安全性高的区域开展建设，避免将地质灾害极高和高危险区作为城镇发展方向，涉及地质灾害隐患点覆盖的区域应按照安全半径要求进行退让。调整优化后的城镇开发边界不应突破原有规模，不占用永久基本农田。

A. 城镇开发边界内已建成区管控

地质灾害风险调查评价成果确定的高和极高风险区，不再进行城市更新、城市设计等规划相关活动，对已有地质灾害点应采用避险搬迁、排危除险等整治措施，严控地质灾害风险；若受地理环境、地形地貌等因素影响，导致城镇建设可拓展空间不足，只允许开展以安全防控为目标的更新活动。

对调查评价成果确定的中风险区内的已建成区，应充分落实风险管控措施，采取地质灾害综合整治措施，全力确保安全；对低风险区，应按规定落实地质灾害防范措施，开展城镇更新建设。

B. 规划建设规划区管控

原则上尽量避让地质灾害高、极高危险区及地质灾害隐患点，确需纳入城镇开发边界内的高、极高危险区，不得作为城镇建设规划发展方向；对于避让不开的隐患点和危险（斜坡），应提前采取合理的防治措施，降低危险。

对调查评价成果确定的中危险区，在按照地质灾害危险性评估结论落实相关防治措施后，可开展城镇开发建设；对低危险区，应按规定落实地质灾害防范措施，开展城镇开发建设。详细规划建设使用区域应根据地质灾害详细调查结果确定。

C. 城镇开发边界外区域用地管控

充分利用地质灾害斜坡详查成果，避让高、极高危险区和地质灾害隐患点，对乡村规划选址的农村集中居民点空间位置进行优化调整。在优化调整后的农村居民点内，地质灾害危险性较低区域应优先作为村委会、托儿所、文化活动室等农村社区服务设施用地。

D. 农村建房用地管控

农村聚居点选址要符合国土空间规划和用途管制要求，坚决避开地质灾害隐患点及极高、高危险区（风险区）。对于处于地质灾害易发区的农村集中安置点，属地乡（镇、街道）要按照有关要求开展地质灾害危险性评估，按评估结论督促指导建设方落实相应防范处置措施；对分散建房的，属地乡（镇、街道）要对场地进行安全风险评价（或评估），根据评价结果提供配套防护工程的图件（或者说明性的相关要求），督促农户落实配套防护工程要求，从源头防范因切坡建房引发的隐患风险。

截至2022年底，在166个县（区）级国土空间规划中调整中心城区、场镇、工业园区及农村集中安置点等建成区用地面积35.2km^2，在264个镇级片区国土空间规划中调整中心城区、场镇、工业园区及农村集中安置点等建成区用地面积28.2km^2。

5.3.2.2 风险评估与国土空间规划“伴随作业”方式试点

目前四川省用以支撑镇、村级国土空间规划的斜坡地质灾害风险隐患详细调查（含乡镇1∶1万地质灾害精细化调查）工作尚未覆盖全省，针对未部署开展此项工作的县（区、市），四川省自然资源厅选取绵竹、旺苍、合江、德昌4个典型县（市）以“伴随作业”方式开展城镇地质灾害防治风险评估与国土空间管控试点，将评估成果同步纳入规划编制内容。包括：①规划部门以1∶5万地质灾害风险评价成果作为依据，开展镇、村级国土空间初步规划；②斜坡地质灾害详查单位根据初步规划成果，有针对性开展斜坡详查并提交成果给规划部门；③规划部门结合斜坡详查成果进行规划调整。

5.3.2.3 地质灾害风险评价与国土空间管控指南编制

基于“分级细化、分类要求、分区管控”的思路，四川省组织编制了《四川省地质灾害风险评估与国土空间管控技术指南（试行）》，对不同精度的地质灾害风险评价成果在不同层级的国土空间规划中的应用方法进行了技术规范，构建了较为统一的全省地质灾害风险评价成果与国土空间规划相融合的技术应用体系，为指导四川省国土空间总体布局和中心城区用地布局提供参考建议。

5.4 生态化防治

2017年，四川省成功实现了“8·8”九寨沟地震灾后恢复重建地质灾害治理“典范”建设，在省内首次以“生态化地质灾害防治”理念贯穿灾后重建始终，突出“绿水青山就是金山银山”的核心理念，探索了治理工程糯米灰浆筑坝等地质灾害防治先进技术，初步构建了工程结构—生态材料—生物措施联合修复技术体系，基本实现了地质灾害生态化防治。

5.4.1 基于新型高聚物的山体崩塌坡表生态化防治

5.4.1.1 高分子聚合物生态化修复材料

高聚物修复材料的特点以渗析、胶结为主，具有竞争吸附能力强、吸附速度快、良好的持水性、固化反应的不可逆性以及适宜植被生长等优点。修复材料在砂土颗粒中通过“包被”效应和“织状”效应，在砂土颗粒内部形成微观致密的立体网状结构、将各骨架组织包裹连接，增强固结体抗拉、抗压能力，减小透水性。修复材料掺入到砂土体后，由于高聚物分子在砂土体渗析过程中的吸附能力强于水的极性分子，从而可以更好地胶结固化砂土颗粒，同时高分子在颗粒间及孔隙中形成致密的网膜，起到减弱水流入渗的作用从而保持结构的稳定性。一方面材料加固砂土体后使得黏聚力显著增加，结构稳定性增强，膨胀力不足以破坏膜结构强度，而团聚体仍然保持稳定，从而提高砂土体的抗崩解性能。另一方面，形成的胶结凝聚体可以减少雨水的下渗，使覆盖于斜坡坡表的处理面层具有足够厚度，可以阻止土体内水分的大量蒸发（图5.29）。

高聚物材料能与斜坡原地砂土体形成修复材料，再配合草种形成的固化保护层具有稳定的结构体，能够储存水分，促进植物的生长。固化保护层组分均匀、厚度可控，具有极

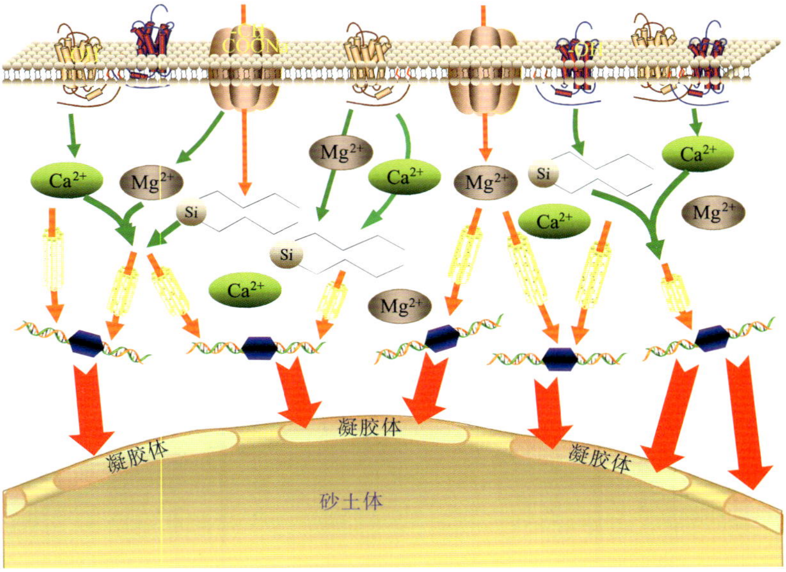

图 5.29　高聚物材料加固砂土体的概念模型图

好的抗冲刷性、抗崩解性、强稳定性，能够防止土壤水土流失，保水、透气，利于植被生长。加固层与原始地层衔接性好，适用于黏土、粉土、砂土各类开挖坡表防护、生态恢复，将修复材料与草种形成的固化保护层外铺于坡表，形成抗冲刷性能优良且适合植被生长的坡面保护层。这种化学加固和柔性支护相结合的方式具有更宽泛的适用性，能够有效解决砂土斜坡长期日晒雨淋，融雪侵蚀出现的水土流失、生态环境恶化、坡体滑塌等问题。

5.4.1.2　老虎海崩塌堆积体坡表生态防治

（1）基本概况

老虎海斜坡属于地震崩塌堆积体（图 5.30），位于九寨沟景区老虎海靠近公路一侧，为崩坡积碎石土，斜坡坡度为 35°。

图 5.30　老虎海斜坡坡面修复前照片

（2）生态美化绿化方法及步骤

采用泥砂和块石就地取材，形成统一的实验边框，在同一松散堆积物坡面上，从左到右依次排开，分别为高聚物拌和坡面以及天然坡面铺设边框。高聚物拌和区域边框内部长宽为 10m×10m，天然坡面对比区域长宽为 10m×5m。施工步骤如图 5.31 所示。

（a）防护栏搭建　（b）坡面整平　（c）边框砌筑　（d）浆液搅拌

（e）挂网筛土　（f）椰丝泡发　（g）加椰丝　（h）加浆液

（i）土浆拌和　（j）材料铺设　（k）点种盖膜　（l）脱膜自然养护

图 5.31　施工步骤图解

1）修整坡面：采用机械或人工清理坡面上的不稳定块石、杂物，对边坡表面的不平整区域或冲沟处进行填整修补；改造起伏面，使坡表面平直，增大加固层与原始层的接触面积；坡脚处设置排水渠道，使坡面径流由排水渠道排出。

2）固化剂各组分配制：各组材料充分溶解均匀，各组分材料搅拌都需要边加边搅，即可配置好双聚溶液。

3）纤维加筋土配制：将椰丝纤维进行简单梳理，切断至 5～10cm，再将纤维浸泡在水中，待纤维吸水饱满（1h）后，将纤维外的悬离水分进行脱水处理。然后按质量百分比 0.7%～1%与边坡原地堆砌土壤（指边坡表层松散土或边坡坡脚处堆积的弃土）拌合。

4）加固土配置：将步骤 3）得到的固化剂按质量比：1∶3.8～1∶5 与步骤 4）得到的纤维加筋土拌合形成固化泥浆。

5）加固土平铺：在修整后的坡面上用自来水喷洒润湿，然后将步骤 4）配制的固化泥浆均匀平铺在坡面上，固化泥浆的摊铺厚度为 15～20cm。按种植密度在固化层表面播撒草籽，播撒前草籽与干土按 1∶10 混合均匀，形成最终的生态加固防护层。

6）加固土养护：使用地膜（或无纺布）覆盖住步骤 5）中的加固层，直到草种发芽后揭掉地膜，得到养护成型的加固层。

（3）应用效果

通过实际现场应用，“高聚物+播种植物”的工程措施与生物措施相结合的方式，成功实现了边坡加固与生态恢复的双重效果，实施效果如图 5. 32 所示，即使固体被破坏，植物仍得到了繁衍和有效的生长。

（a）正视图

（b）侧视图

图 5. 32　崩塌堆积体“高聚物+播种植物”生态化效果图

5. 4. 2　基于改性糯米灰浆的挡墙生态化防治

5. 4. 2. 1　改性糯米灰浆生态化修复材料

改性糯米灰浆生态修复材料经过大量的实践检验，是一种环保无污染的新型固土固沙材料，材料采用有机物质为基础，与土体等拌合后能够形成包络，使土的自稳性得到有效加强，并且对植物生长不产生任何不良影响。结合植物的种植以及植物的快速演替最终形成根—土复合体使松散土体潜在的灾害得到有效的治理。

改性糯米灰浆生态修复材料加固土渗透性降低、持水性增强的特性表明了改性钠羧甲基纤维素的吸水膨胀性使得水的入渗受阻，虽然随着材料浓度的增加，加固土吸水性增强，团聚体内浸水膨胀作用增强，但当材料浓度较高（不低于 0. 9%）时，加固土黏聚力显著增加，结构稳定性增强，膨胀力不足以破坏膜结构强度，而团聚体仍然保持稳定，从而提高粉砂土抗崩解性能。另一方面，减少雨水的下渗，使覆盖于路基斜坡或边坡的处理面层有足够厚度，阻止了土体内水分的大量蒸发（图 5. 33）。

5. 4. 2. 2　扎如寺桩板拦石墙墙体生态美化应用示范

（1）基本概况

桩板拦石墙作为一种垂直混凝土功能性建筑，绿化的前提是不能破坏墙体的自身稳定性，其次才是如何稳定有效的消减和美化墙体。

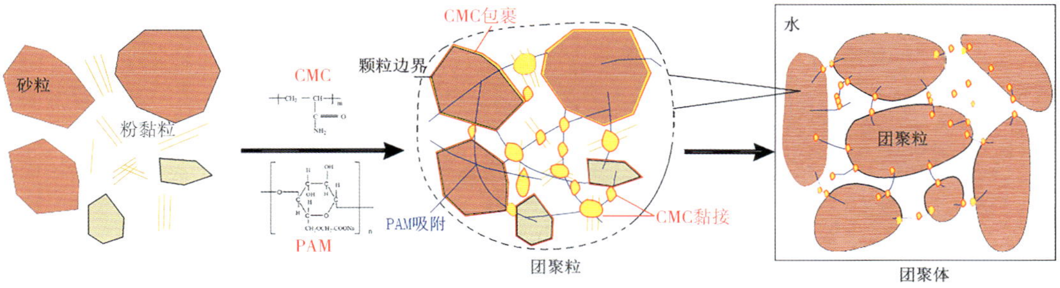

图 5.33　加固土团聚胶结模型图

采用改性糯米灰浆生态加固材料美化垂直绿化桩板拦石墙，主要是依靠改性糯米灰浆材料的固土性能以及后期根-土复合体的有效繁衍和演替，能够持续保持挡墙外观的绿化性质。改性糯米灰浆材料能够有效提高土壤性能，主要体现在减小土壤本身的孔隙率以及渗透性，从而使土体在受到水流以及一定形式剪切力等外界干扰下的抵抗能力提升。根-土复合体亦能够有效提高土壤抗剪切以及水流冲击的能力，其主要机理是通过植物根系的包裹、加筋作用以及植物分泌物来提高和改善土壤性能。

扎如寺桩板拦石墙位于扎如寺路口上行 500m 处，所作绿化桩板拦石墙为一长 27m，高 4.5m 墙体，前部有约 1m 宽平台，前部平坦为稳定的腐质土堆积体，临近公路。该桩板拦石墙生态修复主要利用墙根脚处地面作为主要承载点。桩板拦石墙所受弯矩较小，对墙体稳定性不构成影响（图 5.34）。

图 5.34　扎如寺桩板拦石墙墙体外侧生态化施工图

（2）扎如寺桩板拦石墙生态修复过程及工艺

扎如寺桩板拦石墙脚部有良好的稳定性，采用 2m 以下石头堆砌，其余上部使用改性糯米灰浆生态固化土进行堆坡，表层使用改性糯米灰浆生态固化材料植生层进行挡墙的绿化美化（图 5.35）。

1）场地清理及围挡搭建。

2）墙前坡体堆积：扎如寺桩板拦石墙墙前坡体堆积主要采用 2m 以下石头垒砌，2m 以上采用改性糯米灰浆生态加固材料进行堆积，堆积体坡度近似为 85°。

3）植生层铺设：2m 以下植生层直接铺设于垒砌的岩石粗糙面之上，上层植生层下附一层三维网。

（a）坡体垒砌　　（b）植生层铺设　　（c）养护

图 5.35　扎如寺桩板拦石墙施工过程及实施效果图

4）植物种植与播种：需要种植的植物主要是藤蔓植物，藤蔓植物种植坑的左右间距为60cm，上下间距为90cm，采用梅花布置。需要播种的植物主要是草本植物，主要种类为九寨沟当地原生植物，经过优选改良后的生长能力较强的禾本科植物，采用一年生与多年生植物混合播种的方式进行播种。

5）后期养护：因播种后正值九寨沟景区降水量较少的季节，在种子发芽之前进行适当的浇灌，以利于植物种子发芽。

（3）监测

监测植物生长情况及改性糯米灰浆生态修复坡体的稳定性。

1）植物生长情况。主要监测植物茎叶生长情况及根系生长情况。经过监测植物于9月初茎叶的长度达到最长，其后不再继续生长。在这一过程中植物未出现发黄、枯萎等现象，代表水、肥供给充足。根系的发展速度快于茎叶的发展，根系在未露出土表前已经长约10cm，在这一过程中植物根系抑制发展，但其发展具有一定的方向性，其生长方向近似于地心方向，但各个植物根系间相互交叉，穿越了三维网，在三维网内侧形成植物根系结节，认为已初步达到利用植物根系固土的目的。

2）生态修复坡体稳定性情况。改性糯米灰浆材料在失去部分水分后即发挥作用，但是也会在表面出现裂纹，并有可能影响使用效果。一定时间间隔下，按压植生层表面查看是否松动来确定坡体的稳定性。

（4）应用效果

改性糯米灰浆生态修复材料，成功实现了白色立面挡墙的生态化防治（图 5.36），有效提升了地质灾害治理工程的生态化恢复与修复技术水平。

图 5.36　扎如寺桩板拦石墙外侧绿化实施效果图

5.4.3 挂植式生态美化绿化示范

5.4.3.1 适用范围

一般适用于靠近公路和居民区、拦挡工程高度较大、工程部位前缘无堆放、回填填土的空间或条件的拦挡工程。

5.4.3.2 生态美化绿化方法

一般方法：挂植草皮、挂植灌木

（1）挂植草皮

在拦挡工程外侧先布设厚度为0.5~2m的种植土，种植土层可采用格构锚固、主动网锚固进行固定。而后表面喷射或种植草种。

种植土可采用根植土、生态土、有机土等。

草种的选择根据当地林业部门的保护规定来确定选择。尽量选择抗旱、抗冻、易活的草种。

（2）挂植灌木

在拦挡工程外侧先布设稳定性好、可存放种植土的框架、钢架构筑物，之后放置种植土，再进行植树。

种植土可采用根植土、生态土、有机土等。

灌木的选择根据当地林业部门的保护规定来确定选择。尽量选择抗旱、抗冻、易活、四季常青的灌木。

5.4.3.3 应用效果

挂植式生态美化绿化工程实施后见效快、效果较好，外形美观，但实施起来具有施工复杂、工期长、费用高、后期维护麻烦的特点。绿化工程完毕后，短时间效果较好。该种方法人工痕迹明显（图5.37）。

图5.37 芦苇海公路边坡上部崩塌桩板墙美化绿化施工图

5.4.3.4 后期维护

挂植式生态美化绿化工程后期服务主要包括浇灌、树木的补植，后期维护一般3~5年即可自然生长（图5.38）。

图 5.38 芦苇海公路边坡上部崩塌桩板墙美化绿化初步效果图

5.5 信息化支撑

四川省作为全国第一批地质环境信息化推广应用试点省份，多年来紧紧依托国家级节点建设成果，先后开展了 3 期地质灾害防治信息化建设，累计建成 24 个应用软件系统（其中新建软件系统 9 个，直接使用国家级建设成果 7 个，在国家级或省级已建成果基础上扩展开发软件系统 8 个），形成了以地质环境大数据中心建设、地质灾害防治大平台建设和地质灾害防治全业务应用为核心的四川省地质灾害防治信息化平台，率先实现了与国家级节点的对接和集成，有力支撑国家、省、市、县四级节点上下联通、资源共享。

5.5.1 信息化建设总体设计

5.5.1.1 信息化建设思路

四川省地质灾害防治信息化建设以集约建设、互联互通、云上应用为原则，基于物联网、云计算、大数据、人工智能、空间信息等新一代信息技术，以地质环境云为基础，优化升级地质环境业务应用，建成数据更全面、应用更广泛、共享更顺畅的四川省地质灾害综合管理信息系统，全面提升四川省地质灾害防治信息化支撑水平与服务能力。

1）核心服务云上运行，破除业务衔接壁垒。基于地质环境云建立地质环境基础信息平台，提供统一的数据和应用服务，实现地质灾害防治调查评价、监测预警、工程治理、行政审批、政务管理、综合事务等核心业务云上运行，保障不同业务无缝衔接，破除不同系统业务数据对接壁垒。

2）加强资源整合集成，畅通数据共享渠道。全面梳理现有地质灾害防治数据资源，采集并整合相关委办局、市、州、区、县和互联网的有关数据资源，加强数据之间的互联互通，按照统一数据治理体系，消除数据孤岛，构建数据更全面、鲜活的地质环境大数据体系。

3）深化数据监管服务，增强决策智能辅助。基于“大数据+AI”技术，全面深化和拓展地质环境大数据在防灾减灾、绿色矿山等方面的应用，加大综合监管的广度和深度，进一步推动“用数据说话、用数据决策、用数据管理、用数据创新”的管理机制，促进综合化地质灾害防治精准化、决策科学化。

4）健全安全保障机制，提升风险防范能力。强化地质环境信息安全保障体系建设，实现全系统信息安全。建立健全地质环境信息安全管理制度，全面开展信息安全等级保护工作。加强地质环境关键信息基础设施和重要信息系统安全防护，建立容灾备份机制，确保各级各类数据安全备份。网络和软硬件设施逐步全面实现全面国产化，提高地质环境基础信息平台自主可控程度。

5.5.1.2 总体架构

（1）总体框架

地质灾害综合管理信息系统建设采用Docker、微服务等云原生架构，形成基于云计算的“五横两纵”架构模式（图5.39）。“五横”包括基础设施层、数据层、平台支撑层、业务应用层和用户层，该体系提供可扩展的计算、存储、网络和虚拟化资源，并整合地质环境基础数据、地质灾害监测数据、地理影像数据、水利气象等多元数据，构建了全省地质环境大数据中心，在此基础上构建统一的业务应用支撑框架，面向地质灾害防治行业部门、社会组织与公众等不同对象提供不同密级与敏感程度的地质灾害防治云应用与服务。“两纵”包括从资源环境、权限边界、管理制度等多维度构建的网络安全工程体系，以及通过加强组织领导、完善制度建设、落实资金保障、强化队伍建设等完善运维保障机制，保障地质灾害综合管理信息系统建设稳步推进。

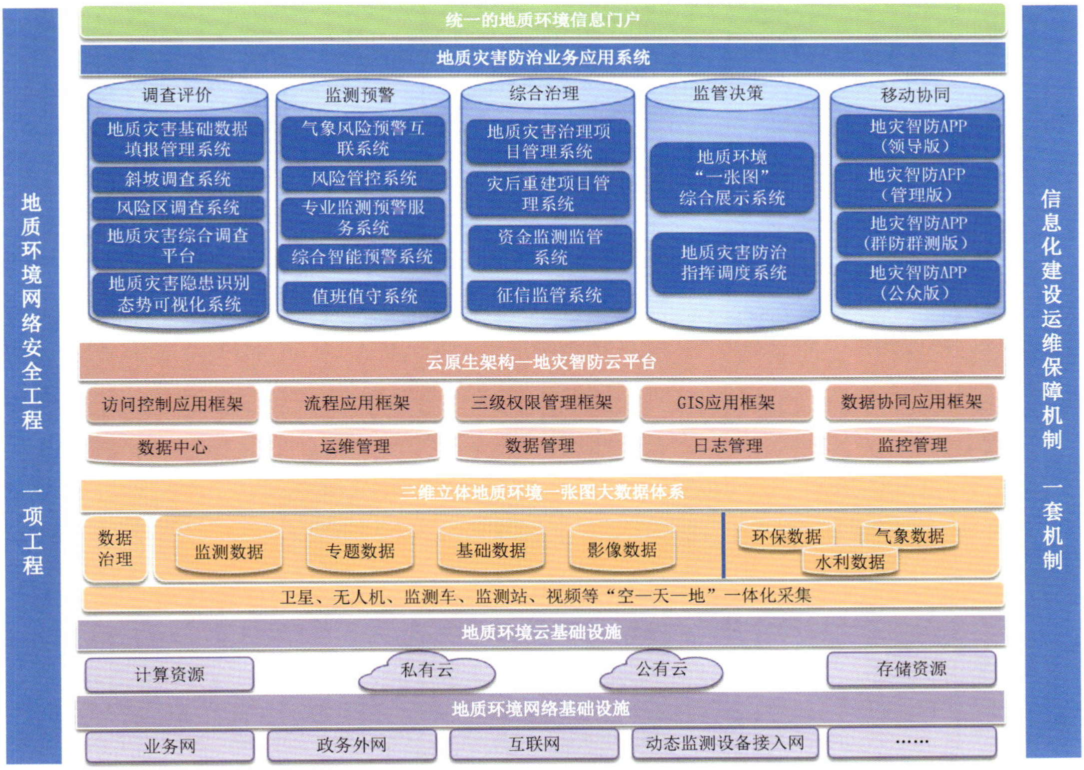

图5.39 地质灾害综合管理系统总体架构示意图

（2）数据架构

在统一的数据治理体系指导下，对多源异构数据进行采集汇总，经过数据清洗、处理、质检，按照物理分布、逻辑统一的技术路线，依据统一的地质环境数据目录和元数据规范进行存储，构建地质环境业务基础库（图 5.40）。面向自然资源专题业务应用，构建各类指标库；通过 BI 工具、分布式计算和分析框架以及全文检索服务引擎，实现地质灾害相关的大数据的分析和服务，为数据应用展示提供服务基础。

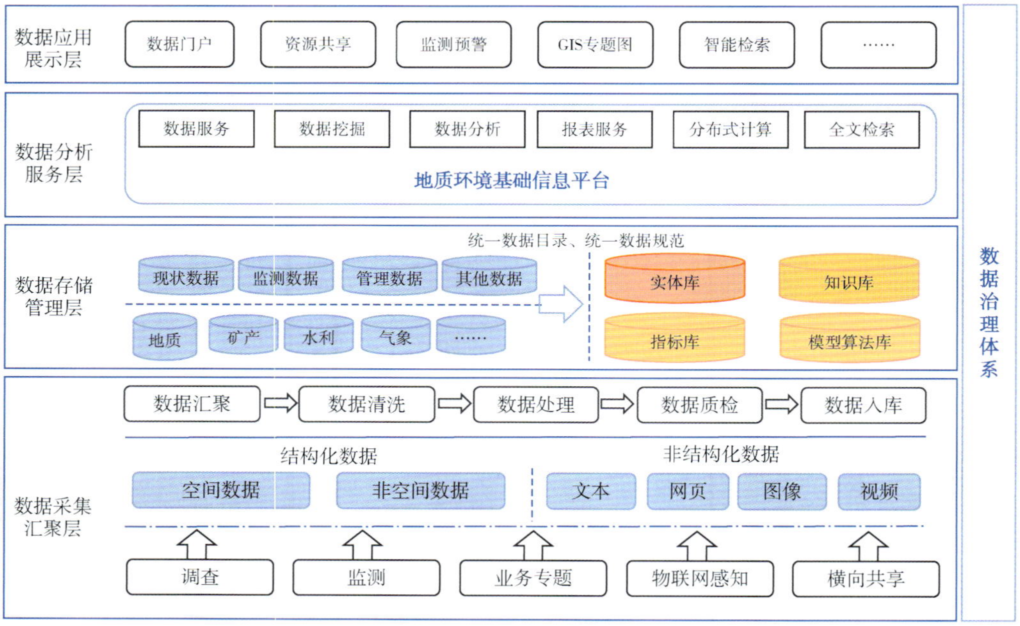

图 5.40　数据架构示意图

（3）安全架构

按照网络安全法和网络安全等级保护 2.0 相关标准，结合四川省地质环境基础信息平台安全需求的实际，从安全管理体系、安全技术体系、合规体系、安全运营体系 4 个方面搭建安全总体架构，形成四位一体的四川省地质环境基础信息平台网络安全保障总格局（图 5.41）。

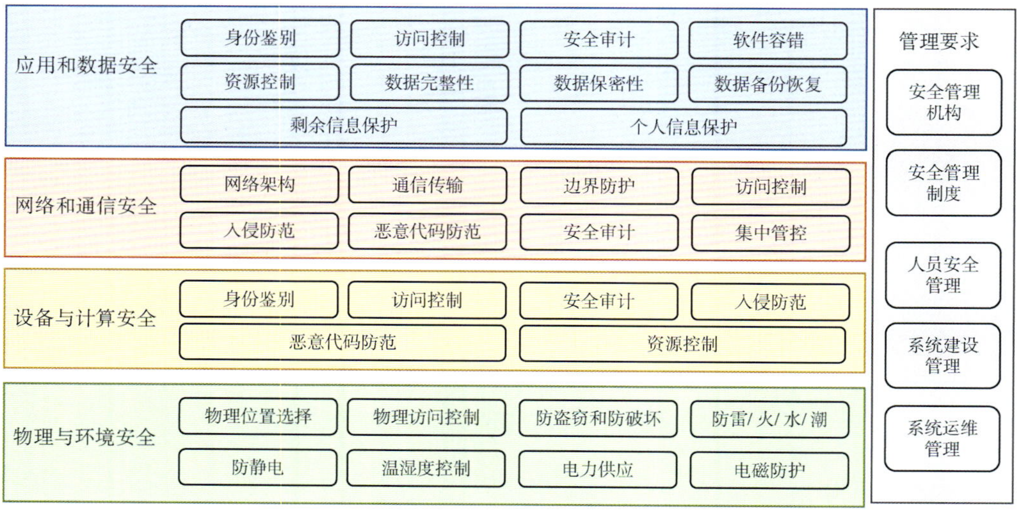

图 5.41　安全架构示意图

5.5.2 地质环境大数据中心构建

开展“空间全覆盖、业务全包含”的地质灾害环境大数据中心建设，实现了数据标准统一规范、更新及时完整、管理科学合理、治理卓有成效的地质环境大数据中心。

5.5.2.1 实施“四步走”数据治理体系

地质环境数据治理体系建设采用自上而下指导，自下而上推进的方式，持续提升地质环境数据综合治理能力。在科学的理论和规范的标准下，基于统一的坐标系统、标准规范、数据基准，收集各类地质灾害环境数据，通过标准化整合、对接、处理、质检等工作，实现多源地质灾害环境数据的入库与管理。四川省地质环境数据治理技术体系采用“四步走”（图 5.42），第一步确认治理目标，通过数据现状分析和数据目标分析，评估数据治理需求与目标；第二步形成指导规范，遵循通信、网络、数据交换、空间地理信息、电子政务等方面的相关国家或行业标准规范，结合平台建设和运行需求，建立贯穿数据汇集、清洗、治理、融合、应用等过程的标准规范；第三步借助管理工具，融入 ETL 技术开发数据管理工具，辅助完成多源异构数据汇聚、治理、融合、管理等任务；第四步推进治理任务，根据数据治理的任务、标准，利用工具逐步开展数据治理工作，建立一套四川省地质环境数据库体系，为地质环境大数据中心构建提供质量监管和制度指导。

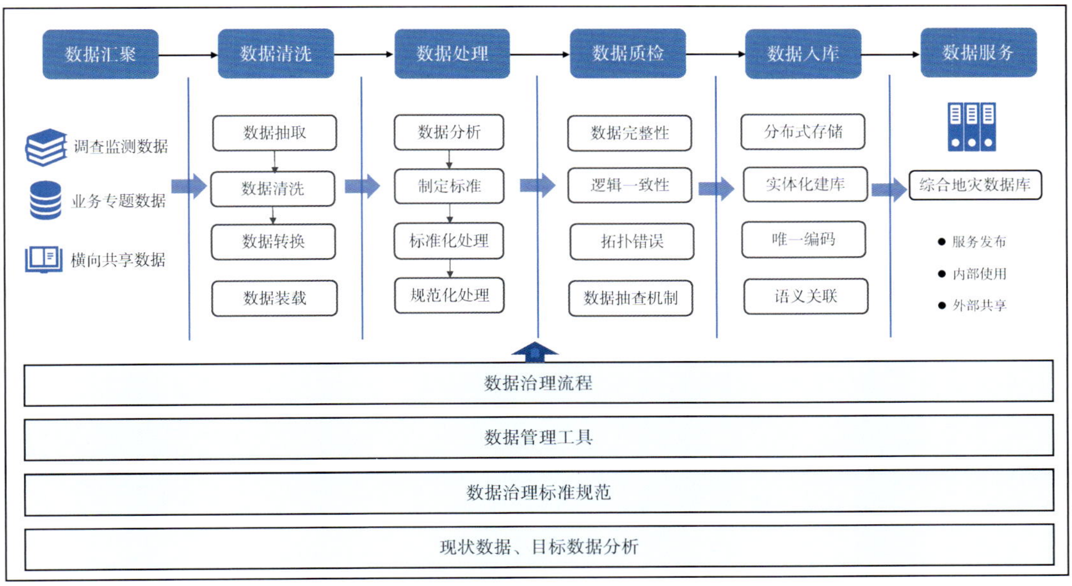

图 5.42　数据治理体系示意图

5.5.2.2 创建联动更新数据资源目录

按照“省级统一建设、市县补充更新”的原则，分类别、分层次创建四川省地质环境资源目录，形成数据共建、共享、共用的索引，为数据中心建设提供基础框架和引导。四川省地质环境资源目录由省级统建，覆盖现状数据、监测数据、管理数据和其他数据等四类基础目录体系；市、县级地质灾害主管部门在相应分类层次下，根据实际需要补充扩展本地其他数据目录，并更新到省级数据资源目录；省、市、县三级主管部门在统一目录体系下，可建设不同专题数据目录，并保持对应关系。基于“框架统建、自主扩展”的目录资源创建模式，在横向上建立了跨业务、跨行业协同的数据资源目录（图 5.43），纵向上建立了省、市、县三级联动数据更新维护机制，具备较优质的数据资源管理协同性和灵活性。

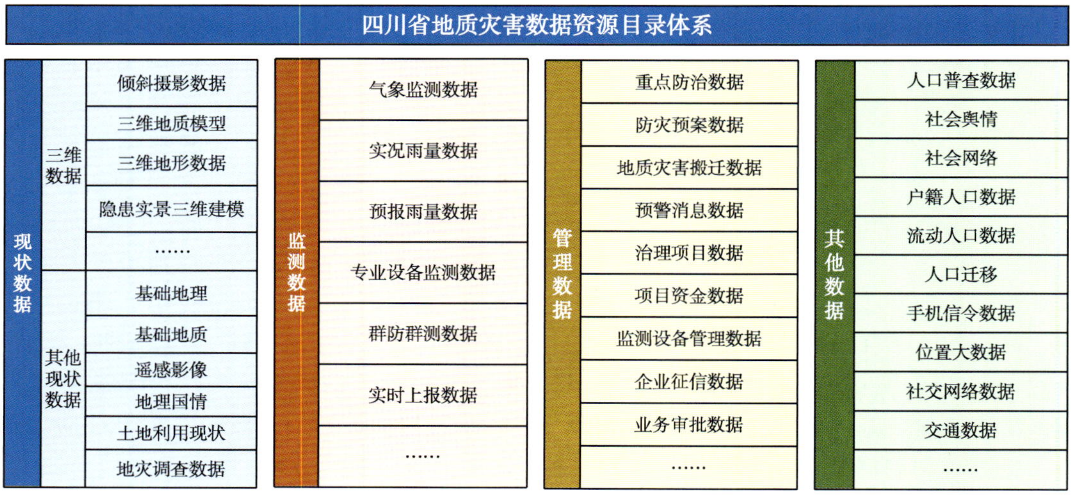

图 5.43　四川省地质灾害数据资源目录体系示意图

5.5.2.3　构建多源地质灾害数据库

结合地质灾害防治信息化工作需求，开展多源数据接入与标准化整合，建立地质灾害数据库。一是分类建立涵盖基础地理信息、地质灾害隐患、风险斜坡、遥感影像、监测预警以及生态修复数据库等核心数据库，并按照地质环境数据治理体系管理要求，对业务数据进行了标准化的对接、去重和分层，为地质灾害综合防治提供基础数据支持。二是依托不同行业数据共享服务机制，获取气象、测绘等多部门地质环境业务数据，并将其与地质环境核心数据进行了融合集成，建立水文气象、地理测绘等专题数据库，为地质灾害综合防治提供了更详细、更深入的数据支持。三是围绕地质灾害综合防治体系建设需求，动态集成互联网空间数据，进行分类、整理、入库和更新，为地质灾害综合防治科学管理和决策分析奠定坚实的数据基础。

5.5.2.4　健全数据汇交共享机制

通过建立统一的数据门户（图 5.44），规范省级地质灾害数据采集和存储标准，提供规范的数据共享接口，使各节点业务数据库数据格式、数据汇交格式、数据交换格式基本保持一致，不断健全可供不同用户共享的全省地质灾害数据共享机制。基于数据汇交共享模式，横向上实现与省气象、省应急、国网电力等部门的数据共享和数据交换，提高地质灾害数据覆盖率和效用率，实现内外部数据整合、更新共享；纵向上根据国家级节点的数据汇交共享技术标准与要求，更新窄带自组网、蜂窝物联网、卫星数据传输等通信协议，规范多类型数据格式约定和安全技术要求，基于服务调用等方式为国家级、市县级节点提供信息产品，实现省级节点与行业内多级节点的数据互联互通与同步共享。

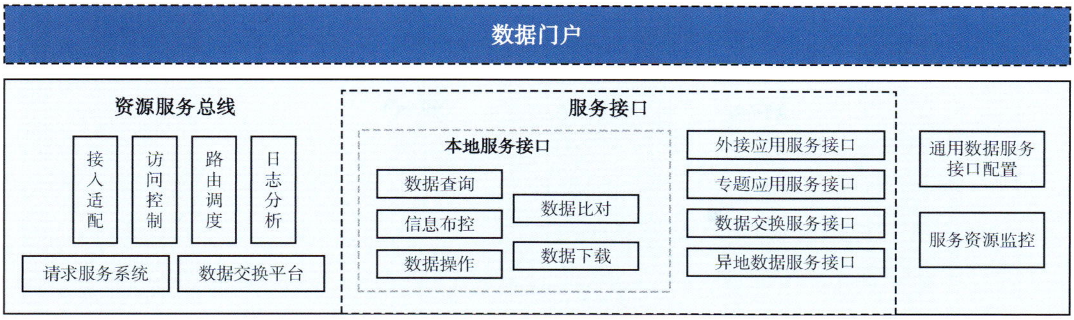

图 5.44　数据共享服务架构示意图

5.5.3　地质环境基础信息平台构建

5.5.3.1　平台组成框架

面向新时代地质灾害信息平台建设的新要求，以“大中台、微服务、轻应用”为中心思想，基于地质环境云基础设施和地质环境大数据中心，采用分布式服务接入汇集方式，治理、汇聚和管理地质灾害综合管理所需的各类专题服务，通过地质环境大数据集中管理与分布式计算，软件功能轻量化方式解耦，云端应用软件动态伸缩，业务系统快速搭建的应用场景，建设地质灾害综合防治数据中台、业务中台和技术中台（图 5.45），形成数据管理、应用支撑、服务保障的核心中枢——地质环境行业中台，搭建全新的地质灾害综合防治信息化体系，更好地服务四川省地质灾害综合防治信息化建设、创新和运营。

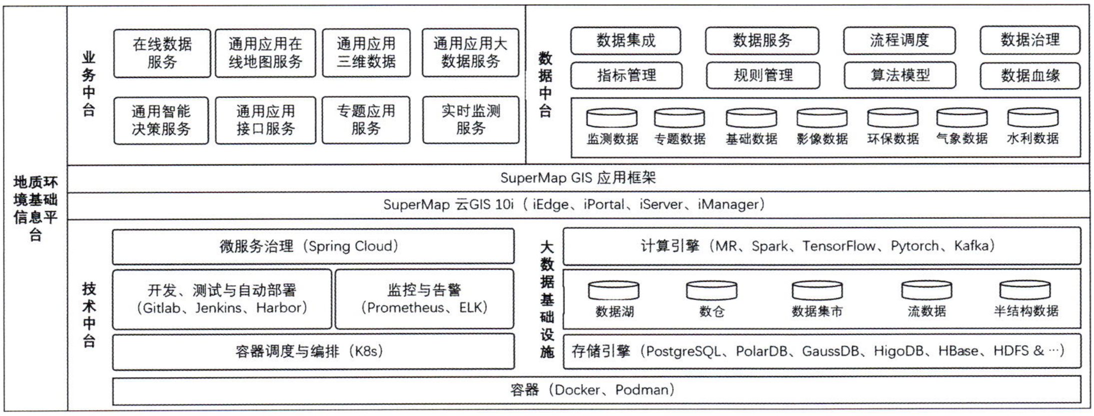

图 5.45　平台框架示意图

5.5.3.2　平台主要功能

（1）数据中台

依托各核心数据库，四川省建设统一标准口径并具备数据服务能力的数据中台，形成一套贯穿规模化使用地质环境数据全过程的机制，面向地质灾害防治大数据体系提供数据存储管理、数据资产管理、数据接口服务和数据分析与挖掘等多项核心服务，具备数据汇聚和整合、数据治理和加工、数据服务的可视化和数据的资产化运营利用等能力。数据中台为上层应用提供从数据采集、数据治理、数据服务到流程调度、数据安全等基础管理服务能力，支撑平台指标管理、算法模型、职能分析等大数据计算服务，并提供通用的大数据开发套件助力各类大数据服务研发定制。

（2）业务中台

业务中台基于公共能力复用和数据集中管理，将地质灾害综合防治各类业务需求整合，并提供统一的业务服务供各个单元使用，既提高开发效率，又避免重复建设。面向上层应用，业务中台提供包括在线数据服务、通用应用在线地图服务、通用应用三维数据、通用应用大数据服务、通用智能决策服务、通用应用接口服务、专题应用服务等多项服务。其中，在线数据服务提供数据查询、数据浏览、数据共享、数据分发功能；通用应用在线地图服务提供通用地图、空间分析、统计报表、专题制作、地理实体服务功能；通用应用三维数据提供空间运算、空间关系判断、空间分析功能；通用应用大数据服务提供大数据分析、影像分析、大数据可视化功能；通用智能决策服务提供动态监测、分析评价、趋势预测功能；通用应用接口服务提供服务接口和二次开发接口，通过 API 调用、Web Service、服务接口、二次开发等多种技术形式，实现行政审批、综合监管等专题应用服务和基础通用服务；专题应用服务提供各类公共专业应用服务，以统一门户的形式对外展现，支撑各类应用顺利运行。

（3）技术中台

技术中台通过统一底层技术和集成开发环境，优化分布式存储，为系统建设提供应用支撑框架、开发与运行支撑框架、容器治理、微服务治理、平台运维管理技术框架。其中，应用支撑服务提供用户管理、多级权限管理、业务表单、文档管理、Web 打印、消息服务等多种微服务组件，满足应用搭建服务需求；开发与运行支撑框架通过统一的规范结构实现开发的规范化，提供可视化配置、可视化页面开发与流程定义、代码生成和部署、测试等集成的开发环境；容器治理简化集群搭建和扩容等运维工作，整合虚拟化、存储、网络和安全能力；微服务治理为微服务架构提供服务的有效划分和路由，包括服务注册、服务日志、运维监控、服务配置、服务网关、服务熔断等功能；平台运维管理基于统一的运维管理功能，实现了对系统权限、云服务资源等的统一管理维护，更全面掌握、管理、监控用户对平台及资源的使用情况。

5.5.3.3 平台优势特点

1）基于云原生技术，升级系统敏捷性和可维护性。突破传统三层架构设计，基于云架构建设云原生的地质环境基础信息平台，适应新时代下地质环境大数据集中管理和分布式计算需求；利用微服务实现软件功能轻量化方式解耦合云端应用软件动态伸缩，以容器为基础简化云原生应用程序的维护，减轻实施运维工作量和成本，提升应用程序的整体敏捷性和可维护性。

2）依托分布式架构，提升系统可扩展性和逻辑集中性。系统采用分布式平台部署架构，横向上联通气象、应急、水利等行业相关单位，纵向上增强国家、省、市、县四级联通性，形成物理分散、逻辑集中的分布式一体化数据、应用管理与服务部署机制。

3）推动数据资源共用，增强系统集约度和协作效率。基于“共建、共用、共管”的建设思路，通过全面梳理各类数据资源，把控地质灾害数据涉密性、敏感性，加快推进各节点之间数据资源注册、汇聚于服务性能提升。同时，按照“节约集约、充分利用”的原则，积极推动原有地质灾害防治应用系统向平台迁移和集成，统建地质灾害综合防治相关信息化应用建设模块。

4）借助大数据分析，赋能数据挖掘深度和分析广度。基于地质环境基础信息平台的大数据存储、分析、处理，实现“一站式”数据管理和共享服务能力提升，建立从数据获取、存储和处理、数据管理、运行和优化、分析和展现的全流程服务体系，为数据的深度治理和价值挖掘提供支撑，为全省自然资源系统、其他行业部门、社会公众提供可靠的数据服务。

5.5.4 地质灾害防治业务信息化服务

地质灾害防治业务信息化服务从地质灾害防治管理模式出发，以地质环境基础信息平台为支撑，围绕地质灾害隐患识别、调查评价、监测预警、工程治理和搬迁避让等核心业务，构建以多源数据融合分析、展示、监测、预警、应急、决策为一体的全方位信息化平台，为地质灾害全生命周期管理和多维度信息共享提供技术支撑。

5.5.4.1 隐患识别管理信息化支撑

以解决“隐患在哪里”难题为目标，以资源整合运用为抓手，基于星载平台+无人机摄影测量+地面平台的“空—天—地”一体化的隐患观测体系，建立“遥感应用技术+AI智能识别技术+双端联动”的地质灾害隐患识别技术体系，开发建设具有科技化“眼睛+智慧大脑”的地质灾害隐患态势可视化系统，提升重大地质灾害隐患或处于高位、隐蔽性强的地质灾害隐患的早期识别能力。

隐患识别系统依托综合遥感应用识别技术，集成了遥感大数据、InSAR解译、成灾背景条件、灾害隐患等数据资源，利用AI智能影像变化识别技术，从潜在灾害体形态—斜坡体形变—变形趋势和致灾形势等影响因素专题信息提取和智能分析来综合判定地质灾害疑似隐患，获取隐患识别成果数据，为现场核查确认提供指向。对于系统识别出的隐患点，通过入库对接，同时支持隐患识别解译卡自动生成（图5.46），以及目标区全局隐患点（图5.47）、隐患靶区（图5.48）等空间数据成果的三维分布展示和表单形式的隐患点属性信息展示（图5.49）。对于隐患核查确认，面向省、市、县和技术支撑单位多级用户，系统支撑逐级核查任务下发、野外调查填报、成果审批业务，同时通过联动移动端完成疑似隐患的核查确认。对于核查通过的隐患数据，入库后可与基础数据填报系统实现对接推送，完成系统间数据的动态传递更新。

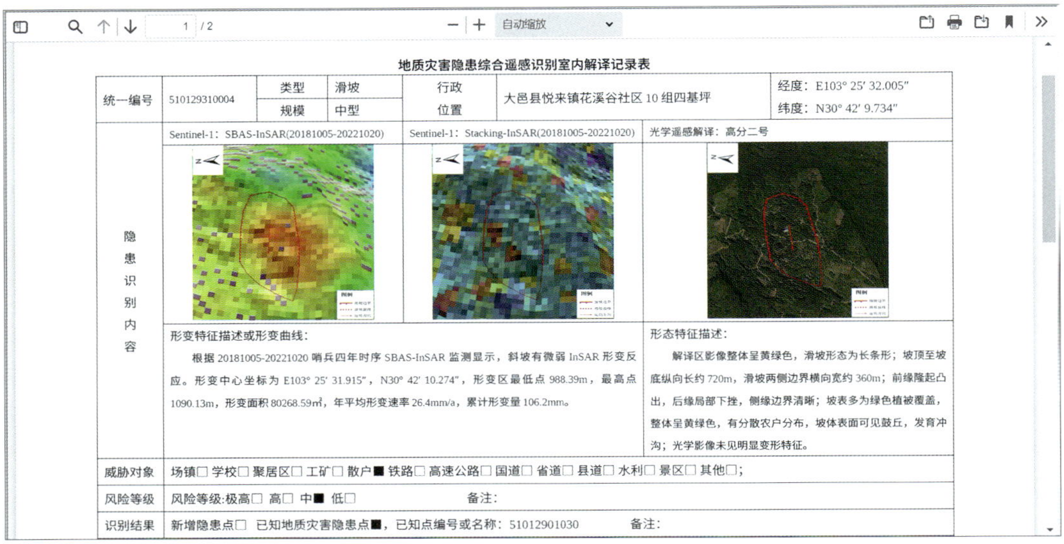

地质灾害隐患综合遥感识别室内解译记录表

统一编号	510129310004	类型	滑坡	行政位置	大邑县悦来镇花溪谷社区 10 组四基坪	经度：E103° 25′ 32.005″
		规模	中型			纬度：N30° 42′ 9.734″
隐患识别内容	Sentinel-1：SBAS-InSAR(20181005-20221020)		Sentinel-1：Stacking-InSAR(20181005-20221020)		光学遥感解译：高分二号	
	形变特征描述或形变曲线：根据 20181005-20221020 哨兵四年时序 SBAS-InSAR 监测显示，斜坡有微弱 InSAR 形变反应。形变中心坐标为 E103° 25′ 31.915″，N30° 42′ 10.274″，形变区最低点 988.39m，最高点 1090.13m，形变面积 80268.59㎡，年平均形变速率 26.4mm/a，累计形变量 106.2mm。				形态特征描述：解译区影像整体呈黄绿色，滑坡形态为长条形；坡顶至坡底纵向长约 720m，滑坡两侧边界横向宽约 360m；前缘隆起凸出，后缘局部下挫，侧缘边界清晰；坡表多为绿色植被覆盖，整体呈黄绿色，有分散农户分布，坡体表面可见鼓丘，发育冲沟；光学影像未见明显变形特征。	
威胁对象	场镇□ 学校□ 聚居区□ 工矿□ 散户■ 铁路□ 高速公路□ 国道□ 省道□ 县道□ 水利□ 景区□ 其他□；					
风险等级	风险等级:极高□ 高□ 中■ 低□ 备注：					
识别结果	新增隐患点□ 已知地质灾害隐患点■，已知点编号或名称：51012901030 备注：					

图 5.46 隐患识别解译卡示意图

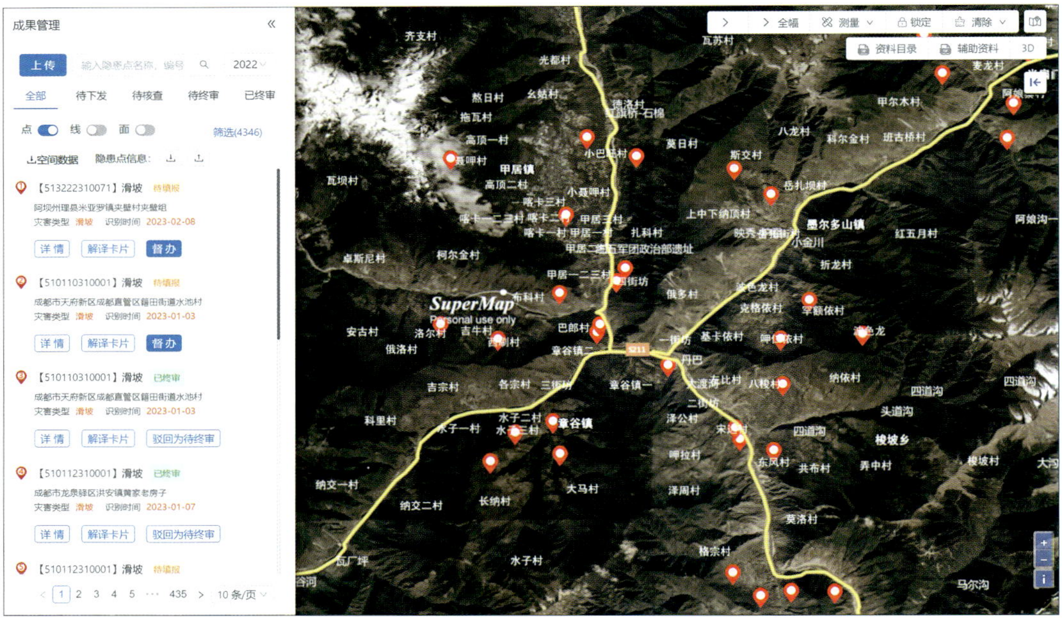

图 5.47 隐患点展示示意图

5.5.4.2 斜坡风险区调查信息化支撑

为应对从“单点控制”到“点面双控”风险调查评价模式的转变，坡风险调查应用系统采用 PC 端与移动端双端联合建设的方式，对斜坡调查项目新建、数据包生产、评价任务下发、信息管理上报、成果输出等全流程实现闭环管理。在数据处理环节，集成遥感影像图、地形地质图、三调成果等多源数据，依据集水流域、曲率分水岭等技术划分方法实现目标区斜坡单元的划定，支持人工校对修编生成斜坡单元包，提升斜坡单元划定的精

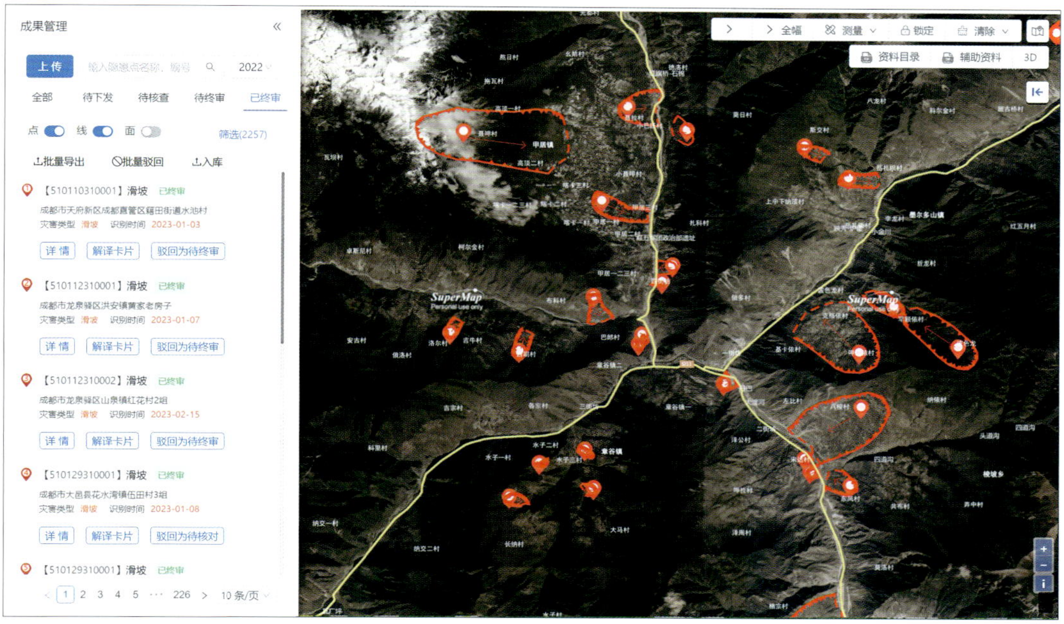

图 5.48　隐患靶区识别展示示意图

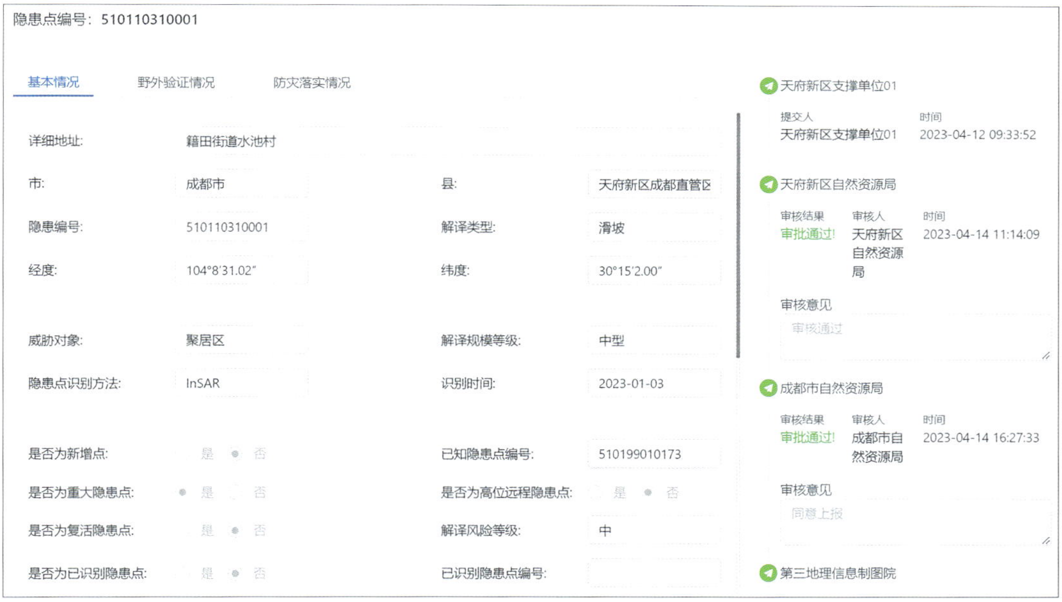

图 5.49　隐患属性展示示意图

准度和科学性；在任务下发环节，斜坡调查系统 PC 端（图 5.50）综合处理前期处理生成的斜坡单元包、承灾体基础录入信息以及遥感影像和行政区数据融合处理形成斜坡数据包，指向性下发至斜坡调查系统移动端（图 5.51），提升现场野外调查数据的准确性；在斜坡调查环节，系统支持离线与在线双网络模式，并基于 GPS+北斗双星通信模式提供更精准定位服务，在分类判定一般斜坡和重点斜坡的基础上，提供危险源、危险区的野外现场绘制等图形编辑功能，支持防灾避险表、隐患点基础信息表的现场填报，提高斜坡精细化调查的野外工作效率。

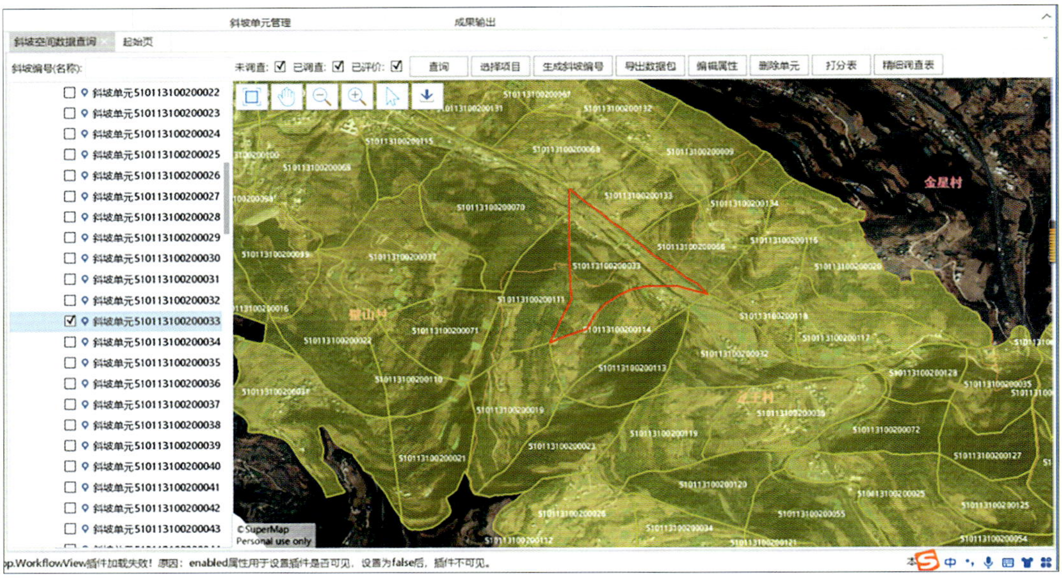

图 5.50　斜坡调查 PC 端示意图

图 5.51　斜坡调查移动端示意图

5.5.4.3 地质灾害防治基础数据一体化综合管理信息化支撑

面向地质灾害防治基础大数据管理需求，以筑牢防灾底板数据为目标，构建一体化综合管理基础数据填报系统，将地质灾害隐患点为数据管理最小单元，通过统一规则编码，赋予隐患点不同阶段、不同场景的唯一“身份”识别信息，以数字编码和二维码两种形式展现（图 5.52），以一“号”到底、一“码”覆盖的形式关联起该隐患点相关的全要素信息，整合地质灾害隐患点数据、斜坡风险数据、群测群防数据、搬迁避让数据以及地质灾害避让场所、在建工程信息，动态更新地质灾害“两卡一表”（防灾预案表、避险明白卡、工作明白卡）（图 5.53），构建基础防灾数据库，为监测预警、搬迁治理、应急抢险、风险评估等工作提供数据支撑。同时以隐患点身份编码为纽带，将基础数据填报系统与隐患识别、野外调查等应用系统协同互联，实时接收移动端核查反馈信息，收集汇聚隐患巡查排查、斜坡风险详查、搬迁摸底调查、搬迁场所信息等一手数据，整合分散资源，实现地质灾害防治全要素信息集中，分门别类精细化管理、展示统计，提升基础防灾数据库的鲜活性。

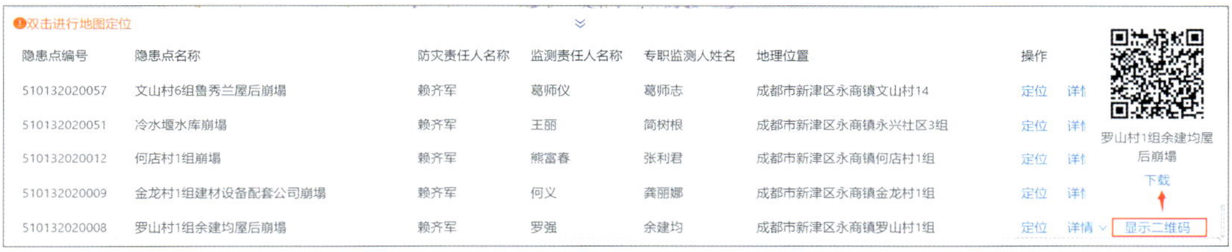
双击进行地图定位

隐患点编号	隐患点名称	防灾责任人名称	监测责任人名称	专职监测人姓名	地理位置	操作	
510132020057	文山村6组鲁秀兰屋后崩塌	赖齐军	葛师仪	葛师志	成都市新津区永商镇文山村14	定位	详情
510132020051	冷水堰水库崩塌	赖齐军	王丽	简树根	成都市新津区永商镇永兴社区3组	定位	详情
510132020012	何店村1组崩塌	赖齐军	熊富春	张利君	成都市新津区永商镇何店村1组	定位	详情
510132020009	金龙村1组建材设备配套公司崩塌	赖齐军	何义	龚丽娜	成都市新津区永商镇金龙村1组	定位	详情
510132020008	罗山村1组余建均屋后崩塌	赖齐军	罗强	余建均	成都市新津区永商镇罗山村1组	定位	详情

图 5.52 隐患数字编码、二维码展示示意图

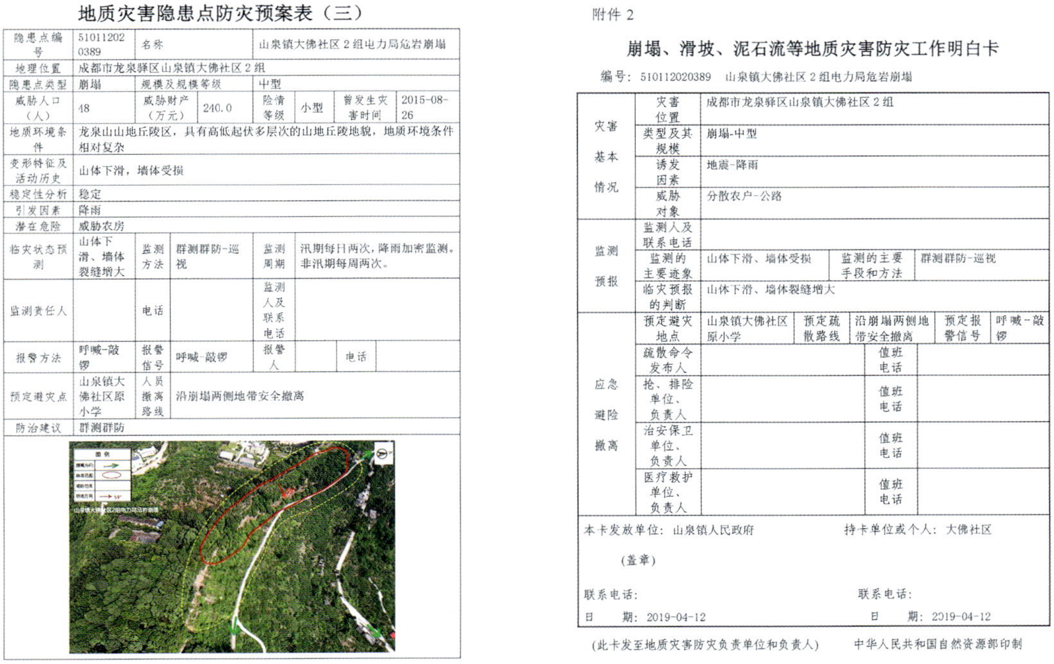
地质灾害隐患点防灾预案表（三）

隐患点编号	510112020389	名称	山泉镇大佛社区 2 组电力局危岩崩塌				
地理位置	成都市龙泉驿区山泉镇大佛社区 2 组						
隐患点类型	崩塌	规模及规模等级	中型				
威胁人口（人）	48	威胁财产（万元）	240.0	险情等级	小型	曾发生灾害时间	2015-08-26
地质环境条件	龙泉山山地丘陵区，具有高低起伏多层次的山地丘陵地貌，地质环境条件相对复杂						
变形特征及活动历史	山体下滑，墙体受损						
稳定性分析	稳定						
引发因素	降雨						
潜在危险	威胁农房						
临灾状态预测	山体下滑、墙体裂缝增大	监测方法	群测群防-巡视	监测周期	汛期每日两次，降雨加密监测。非汛期每周两次。		
监测责任人		电话		监测人及联系电话			
报警方法	呼喊-敲锣	报警信号	呼喊-敲锣	报警人		电话	
预定避灾点	山泉镇大佛社区原小学	人员撤离路线	沿崩塌两侧地带安全撤离				
防治建议	群测群防						

附件 2

崩塌、滑坡、泥石流等地质灾害防灾工作明白卡

编号：510112020389 山泉镇大佛社区 2 组电力局危岩崩塌

灾害基本情况	灾害位置	成都市龙泉驿区山泉镇大佛社区 2 组				
	类型及其规模	崩塌-中型				
	诱发因素	地震-降雨				
	威胁对象	分散农户-公路				
监测预报	监测人及联系电话					
	监测的主要迹象	山体下滑、墙体受损	监测的主要手段和方法	群测群防-巡视		
	临灾预报的判断	山体下滑、墙体裂缝增大				
应急避险撤离	预定避灾地点	山泉镇大佛社区原小学	预定疏散路线	沿崩塌两侧地带安全撤离	预定报警信号	呼喊-敲锣
	疏散命令发布人		值班电话			
	抢、排险单位、负责人		值班电话			
	治安保卫单位、负责人		值班电话			
	医疗救护单位、负责人		值班电话			

本卡发放单位：山泉镇人民政府　　持卡单位或个人：大佛社区

（盖章）

联系电话：　　联系电话：

日　　期：2019-04-12　　日　　期：2019-04-12

（此卡发至地质灾害防灾负责单位和负责人）　　中华人民共和国自然资源部印制

图 5.53 两卡一表示意图

附件 1

崩塌、滑坡、泥石流等地质灾害避险明白卡

编号：510112020389　山泉镇大佛社区 2 组电力局危岩崩塌

<table>
<tr><td>户主姓名</td><td colspan="2"></td><td>家庭人数</td><td></td><td>房屋类别</td><td>砖混</td><td colspan="5">灾害基本情况</td></tr>
<tr><td>家庭住址</td><td colspan="6">成都市龙泉驿区山泉镇大佛社区 2 组</td><td colspan="2">灾害类型</td><td>崩塌</td><td>灾害规模</td><td>20250</td></tr>
<tr><td rowspan="6">家庭成员情况</td><td>姓名</td><td>性别</td><td>年龄</td><td>姓名</td><td>性别</td><td>年龄</td><td colspan="2" rowspan="3">灾害体与本住户的位置关系</td><td colspan="3" rowspan="3">地灾点监测范围内</td></tr>
<tr><td></td><td></td><td></td><td></td><td></td><td></td></tr>
<tr><td></td><td></td><td></td><td></td><td></td><td></td></tr>
<tr><td></td><td></td><td></td><td></td><td></td><td></td><td colspan="2" rowspan="2">灾害诱发因素</td><td colspan="3" rowspan="2">地震-降雨</td></tr>
<tr><td></td><td></td><td></td><td></td><td></td><td></td></tr>
<tr><td></td><td></td><td></td><td></td><td></td><td></td><td colspan="2">本住户注意事项</td><td colspan="3">经常注意观测，如有情况及时撤离</td></tr>
<tr><td rowspan="5">监测与预警</td><td>监测人及电话</td><td colspan="5"></td><td rowspan="5">撤离与安置</td><td>撤离路线</td><td colspan="3">沿滑坡两侧地带安全撤离</td></tr>
<tr><td rowspan="2">预警信号</td><td colspan="5" rowspan="2">呼喊-敲锣</td><td rowspan="2">安置单位地点</td><td rowspan="2">山泉镇大佛社区原小学</td><td>负责人</td><td></td></tr>
<tr><td>联系电话</td><td></td></tr>
<tr><td rowspan="2">预警信号发布人</td><td colspan="2" rowspan="2"></td><td rowspan="2">联系电话</td><td colspan="2" rowspan="2"></td><td rowspan="2">救护单位</td><td rowspan="2">山泉镇卫生院</td><td>负责人</td><td></td></tr>
<tr><td>联系电话</td><td></td></tr>
<tr><td colspan="12">本卡发放单位：山泉镇人民政府　负责人：　联系电话：　户主签名：　联系电话：
（盖章）　日　期：</td></tr>
</table>

（此卡发至受灾害威胁的群众）　　　　中华人民共和国自然资源部

图 5.53　两卡一表示意图（续）

5.5.4.4　地质灾害监测预警智能化信息化支撑

以破解地质灾害“什么时候发生”的监测预警难题为目标，建设新一代智能化地质灾害监测预警平台，重点围绕气象风险预警、短临预警和专业监测预警构建点面结合的综合监测预警体系，将信息化手段贯通监测数据汇接、预警分析、预警发布和响应闭环全过程，实现了地理信息、监测预警、遥感数据一体化综合展示、融合分析和智慧风险提示，并面向不同级用户，提供了数据共享与预警结果联通服务，通过接口 API 互联，系统实现了部、省、市、县 4 级互联互通，统一平台发布预警。

针对面上气象风险预警，构建了 1 小时/3 小时/6 小时/12 小时/24 小时多时象气象风险监测预警体系，将多时间维度的雨量站数据与目标区地形地貌数据叠加通过气象风险预警模型（图 5.54）进行地质灾害风险分析，采用“短临预警+趋势预警”的方式，加强监测历史数据的大数据分析，研判隐患点变形趋势，提升监测预警准确性，并基于“预警等级+时间间隔”判断模型，自动判别预警信息是否重复推送，解决预警信息频发问题。针对单点专业监测预警（图 5.55），基于物联网、大数据、5G 等新技术，围绕“项目管理、预警模型、动态反馈、成果展示、数据同步等方面开展迭代升级，信息统一规范填报、数据统一协议传输、设备统一平台监管，建立专业监测预警分级响应、处置反馈、督办审核全流程闭环管理机制，增强数据传输控制、分析应用、融合展示能力，有力支撑了“监测设备+数据平台+责任人+监测员”的“人防+技防”监测预警新格局实现。

5.5.4.5　地质灾害治理项目管理信息化支撑

面向精准高效管理地质灾害治理项目的现实需求，基于地质灾害基础信息平台提供的各类信息填报和数据共享服务，构建了地质灾害项目管理系统、资金监测监管系统、征信

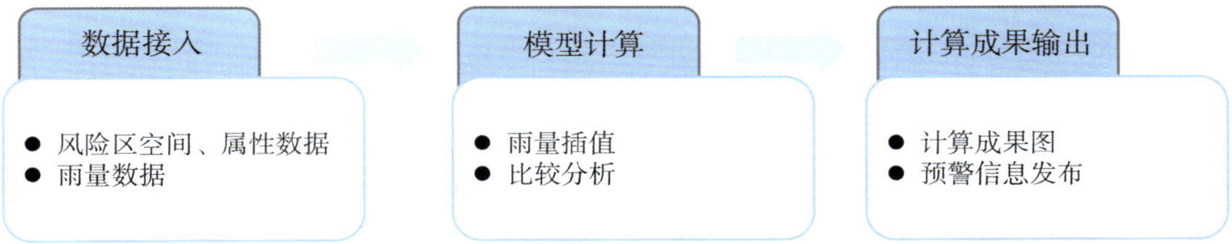

图 5.54　气象风险预警模型示意图

管理系统等业务子系统，确保地质灾害治理项目实施进程看得见、可追溯、可管控，为相关业务系统互联、数据共享、更新反馈提供了科学处置通道。其中，项目管理系统提供了项目库概览、储备库管理、项目库管理、任务书管理、查询统计、资料文件管理、治理成果对比分析等图文展示和数据统计服务（图 5.56），支持按项目类型、进展程度、地理位置等统计分析，支撑地质灾害项目治理的全过程、多方位监管需求。资金监测监管系统通过专项发起—资金下达—资金接受—资金审核—资金报备—执行填报等流程环节精准监控，提供面向中央专项、省级专项、地方财政、社会资本多级资金监管渠道，打通了国家、省、市、县四级监管与审核，依据资金考核指标对资金执行管理和统计分析，实现资金流转过程明细一体化监控（图 5.57）。征信管理系统项目库 API 接通市场信用平台（图 5.58），实现治理单位征信评级对接关联，提供跟踪灾害防治项目验收状态动态更新单位征信等级服务，贯穿覆盖信息收集、资格审批、信用评级、公告公示四环节，实现科学衡量把控单位征信评级、信用公示透明化。

5.5.4.6　地质灾害防治监管决策信息化支撑

通过建立汇聚地质灾害全局信息的综合展示系统和聚焦避险救灾的指挥调度系统，实现了对地质灾害隐患调查、监测、工程治理等数据的实时直观展现、图数一体、一屏全

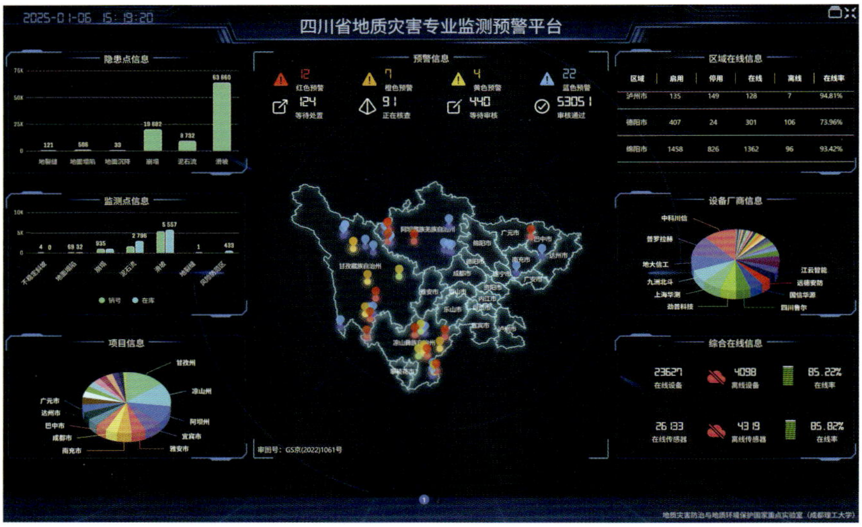

图 5.55　专业设备监测预警示意图

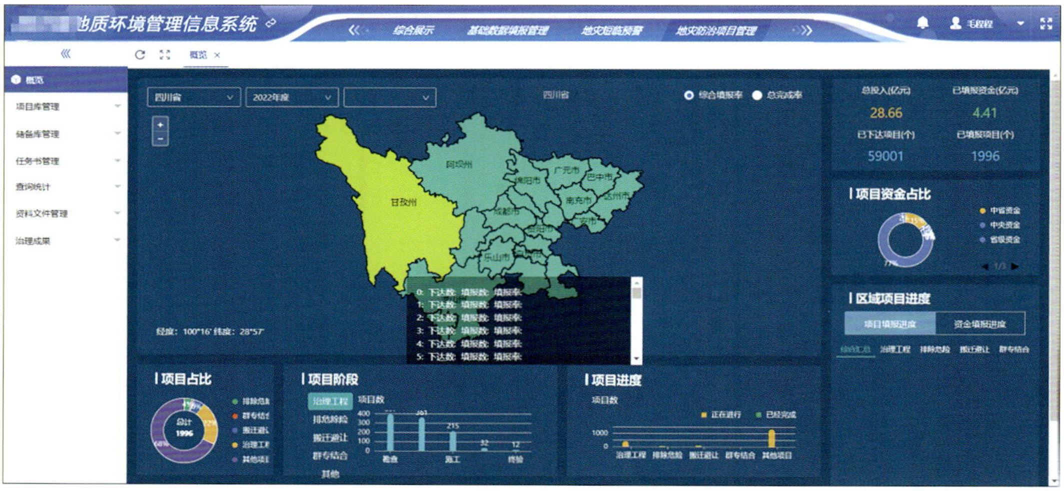

图 5.56　治理项目管理示意图

览，提升平台结合风险管控动态化、业务管理智能化水平，支撑应急抢险关键时期的科学指挥调度决策。系统依托先进的一体化可视化技术和大数据空间分析技术，高度集成了各类型遥感、专题、统计等多源数据，利用后台数据脱密处理和多引擎智能分析模型分析，实现了对地质灾害隐患数据、监测预警数据、地理基础国情数据的多维度展示。其中，综合展示系统以“一张图”为基础（图 5.59），支持省—市—县—乡镇（街道）四级尺度数据统计展示，提供多类型检索、空间分析量测、专业数据分析等功能，辅助分析和还原真实地质灾害专题场景，最终集多源数据在线可视化分析、展示、监测、预警支撑为一体，实现了指挥决策影响因素整体把握。指挥调度系统（图 5.60）聚焦防灾避险要素信息的全方位挖掘分析，实现隐患基本信息、监测预警信息和防灾力量信息一屏概览、多元

图 5.57　资金监测监管示意图

化综合展示，提升黄金救援时段信息收集、筛选分析、快速响应的工作效率，为避险救灾横向协作联动、纵向指挥有力、整体高效指挥调度提供全面、科学的决策依据。

5.5.4.7　移动端协同应用

“地灾智防” APP 是全省地质灾害防治信息化平台的纵向延伸，是承担全省地质灾害预警信息发布、工作指令传达、现场信息反馈的重要载体，架起了从后台管理到现场应用、从监测预警到核查反馈等各项业务信息交互、数据对接的桥梁。在数据填报与报送方面，“地灾智防” APP 提供基础数据填报、现场巡查打卡、轨迹记录、历史追溯、一键报灾等功能，充分发挥移动端优势，将地质灾害信息填报延伸现场一线。在预警信息传递方面，“地灾智防” APP 基于云原生、移动 GIS 技术，通过短信和 APP 消息通知两种方式快速发布，将从后台监测预警计算到前端信息发布时间缩短到 10 分钟以内，并提供预警处置督办和快速审查功能，多措并举助力监测预警响应处置高效闭环。在数据查询方面，“地灾智防” APP 提供全省地质灾害防治业务工作重要通知和规范标准浏览，基于自然资源、气象、应急等多部门之间的数据联动共享机制，支持历史监测预警和雨量信息查询，并通过 APP 将相关信息第一时间传送至相关部门及防灾人员，确保预警信息全覆盖、无遗漏、无延误。

强化自然资源、气象、应急等多部门之间的数据联动。针对不同预警制定不同的发布处置监督和提醒机制，通过 APP 将相关信息第一时间传送至各相关部门及群测群防员，确保预警信息全覆盖、无遗漏、无延误。通过提供一键导航定位功能，便于基层防灾人员快速、准确到点开展工作。

目前，针对管理人员、群测群防人员、技术支撑单位和社会公众的不同需求，四川省“地灾智防” APP 提供管理版和群测群防版等多个匹配版本（图 5.61），重点对基层用户版本进行功能集成信息融合，降低了新手使用难度，让操作变得更加简洁。自 2022 年正式运行以来，四川省“地灾智防” APP 已经累计注册用户 3.95 万人，支持了 2.7 万监测员日常巡查，完成了 4979 处隐患靶区核查，发布预警 3.9 万余次，打通了全省地质灾害防治信息传递的最后一公里。

图 5.58　市场信用平台示意图

图 5.59　综合展示示意图

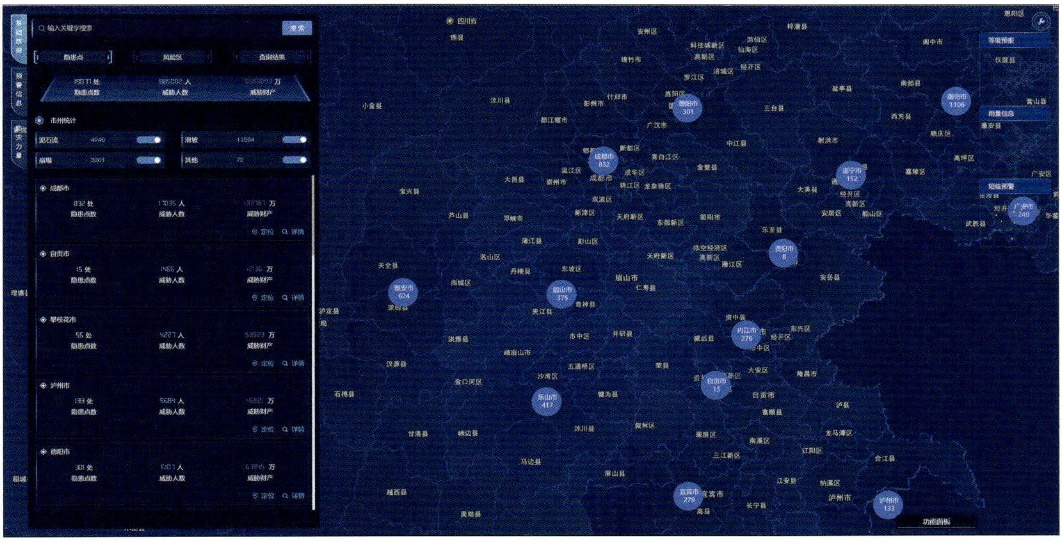

图 5.60　指挥调度示意图

图 5.61　“地灾智防”APP 示意图

下　篇

6 典型案例

近二十年来，四川省在地质灾害成功避险、避险搬迁安置、综合整治工程及应急处置等方面积累的大量经验和成熟做法，本章按照案例发生年份梳理总结，为防灾减灾工作提供借鉴。

6.1 成功避险

据统计，2003 年以来，四川省实现地质灾害成功避险 2102 起，避免 16 万余人可能的因灾伤亡。

6.1.1 常态防灾成功避险

6.1.1.1 气象预警及时准确，群测群防高效运转——“9·5”宣汉县天台乡岩质滑坡成功避险

（1）案例概况

2004 年 9 月 5 日 23 时，达州市宣汉县天台乡义和村 1-9 社发生特大型滑坡，规模 $5625\times10^4m^3$，共造成房屋 1736 间、田地 4042 亩、沿线公路 2km 以及部分电信线路损毁，阻塞河道 1.5km，形成一个回水达约 20km 的“天然悬湖”，致使天台乡、五宝镇 13 个村 4500 户 1 万余间房屋被淹（图 6.1）。由于气象预警及时，自然资源部门及时启动了“地质灾害防御预案”和“群测群防”监测体系，提前撤离 317 户 1255 人，未造成人员伤亡。

（a）被淹房屋　　（b）损毁房屋

图 6.1　滑坡损毁房屋图

（2）避险经过

2004 年 9 月以来，宣汉县大部分地方普降大到暴雨，局部地区为特大暴雨，持续降

水量达 419.3mm。9 月 4 日四川省地质灾害防治指挥部办公室发布宣汉县气象风险黄色预警。9 月 5 日 8 时，地质灾害气象风险升级为橙色预警，宣汉县国土资源局据此发出紧急通知，要求加强巡查，按照地质灾害防治预案主动避险。9 月 5 日 14 时，天台乡人大主席向守文带领的巡查组到义和村 4 社金斗梁时，发现该村部分地表、公路、民宅出现裂缝，并逐步加宽，立即向乡政府报告当地险情。同时，立即用高音喇叭通知农户撤离避让，天台乡党委书记赵本权迅速组织党员、干部开展转移工作。9 月 5 日 18 时，义和村全部受威胁群众安全转移。9 月 5 日 23 时左右滑坡灾害发生。

（3）经验与启示

一是地质灾害气象风险预警发布及时准确；二是群测群防体系高效运转，雨中“三查”机制落实到位；三是及时启动地质灾害防御预案，基层人民政府组织避险撤离得力。

6.1.1.2 避险撤离演练得当，群众识灾预警迅速——“8·24”宝兴县永富乡中岗村山洪泥石流成功避险

（1）案例概况

2013 年 8 月 24 日晚，雅安市宝兴县永富乡中岗村突降暴雨，发生大型山洪泥石流灾害，规模约 $200\times10^4m^3$，造成中岗村 12、13、14 三个村民小组交通、电力、通讯全部中断，冲毁农房 26 户 104 间，严重损害农房 42 户 168 间（图 6.2），形成两个总量为 $20\times10^4m^3$的小型堰塞湖，直接经济损失数千万元。因专职监测员认真负责、基层人民政府组织避险撤离得力，中岗村 3 个受灾组 194 户 880 名群众成功避险，无人员伤亡。

图 6.2　泥石流冲毁农房、道路图

（2）避险经过

8 月 24 日 3 时，芦山地震灾区宝兴县永富乡开始下雨。此前宝兴县国土资源局已经将天气预警信息通过短信发给了监测人员，并要求加强监测，注意临灾避让。8 月 24 日 20 时，中岗村十二组组长、地质灾害专职监测员王江发现河水越来越浑，迅速通知小组村民清点人数做好撤离准备。8 月 24 日 21 时，雨量增大，河水上涨，监测员立即向乡党委政府做了报告，乡政府迅速启动应急预案。随后监测员敲锣报警，通知全组村民撤离。

当撤离群众沿着预案既定路线爬到后山半山腰，就听到泥石流沟“轰轰”的响声，中岗村泥石流灾害发生。

（3）经验与启示

一是地质灾害专职监测员认真负责，发生泥石流的沟口和河坝的雨量并不太大，河流距老百姓集中居住点也有两三百米远，但是地质灾害监测员没有大意麻痹，及时观测情况，及时组织撤离；二是不断宣传培训和应急演练，基层群众防灾意识增强，各级干部应对突发事故的快速反应能力提高。

6.1.1.3 预警监测未雨绸缪，防灾体系搭建完备——“8·9”丹巴县东谷乡二卡子沟高频暴雨型泥石流成功避险

（1）案例概况

2014 年 8 月 9 日 2 时 10 分，受持续强降雨天气过程的影响，丹巴县东谷乡二卡子沟突发泥石流地质灾害，规模约 $60\times10^4m^3$，造成 10 户农户住房完全冲毁、85 户房屋严重受损、186 户 651 人受灾、1260 亩耕地受损，并导致省道 303 线交通中断，水利设施、机械设施及其他设施受损，直接经济损失 21517 万元（图 6.3）。由于预警及时，措施得力，处置有效，东谷乡 451 户 1521 名群众成功避险，无人员伤亡。

图 6.3　泥石流冲毁道路图

（2）避险经过

8 月 8 日 16 时 40 分，省、州、县级国土资源部门先后发布了强降雨天气地质灾害风险预警信息。丹巴县及东谷乡迅速将预警信息传达至二卡子沟等地质灾害隐患点专职监测员。8 月 9 日 1 时 32 分，见雨势没有减小或停止的迹象，东乡党委政府果断要求包村干部和村“两委”负责人立即挨家挨户通知群众做好撤离避让的准备，并要求隐患点专职监测员加强监测预警。8 月 9 日 1 时 58 分，三卡村专职监测员学加仁真和包村干部阿加太发现沟内水流出现断流，沟两侧坡体出现明显滑塌，同时其他专职监测员和村干部也发现沟内水流变小的异常情况，均意识到将有发生大规模泥石流灾害的可能，迅速采取敲锣、燃放烟花、拉响手摇报警器等方式发布预警。东谷乡党委立即启动应急预案，组织受威胁的群众按照应急预案和演练的既定路线撤离。8 月 9 日 2 时 8 分，1521 人全部撤离至安全地带。8 月 9 日 2 时 10 分，二卡子沟特大泥石流灾害爆发。

（3）经验与启示

一是严密的地质灾害防范体系是成功避险的可靠保障；二是快速准确的监测预警是成功避险的前提条件；三是高度负责的监测人员是成功避险的关键力量；四是坚强有力的基层防灾队伍是成功避险的中坚力量；五是常态化的培训演练是成功避险的坚实基础；六是“三避让”原则的落实是成功避险的核心因素。

6.1.1.4 五级防灾逐级运转，避险安置灾前启动——“4·8”汶川县龙溪乡阿尔寨土质滑坡成功避险

（1）案例概况

2018 年 4 月 8 日 19 时 50 分，汶川县龙溪乡阿尔寨滑坡发生，规模约 $10\times10^4m^3$，造成 122 户群众房屋不同程度受到破坏，其中 32 户农户 320 间房屋全部损毁，直接和间接经济损失达 11082.95 万元（图 6.4）。由于隐患发现及时、监测措施到位、提前避让果断、防灾机制运转高效，成功避免了 32 户 128 人因灾伤亡。

图 6.4 阿尔寨滑坡受灾远景图

（2）避险经过

2018 年 4 月 3 日，专职监测员朱光跃发现阿尔寨滑坡隐患点前缘严重变形，并立即报告龙溪乡人民政府和汶川县国土资源局，汶川县国土资源局进一步落实了 10 名专职监测员开展监测预警工作，并在危险区设立了警示标志和警戒线，完善了各项地质灾害防范工作措施，并开始组织部分群众陆续临时撤离。4 月 5 日，隐患点专职监测员马志雄、防灾责任人马永建再次发现该隐患点可能大面积暴发，并通过微信、电话报告给阿尔村村委、龙溪乡人民政府、汶川县国土资源局及汶川县人民政府，汶川县人民政府立即组织相关部门按照应急预案转移了受威胁群众至安全避难场所。截至 4 月 8 日，在村“两委”、县乡党委政府的组织协助下，转移 122 户 415 人至 2 个安全避难场所。4 月 8 日 19 时，约 $10\times10^4m^3$坡体发生滑动，阿尔寨滑坡发生。

（3）经验与启示

一是各级党委政府将地质灾害防治工作作为“生命工程”，全面落实防灾责任人，基层干部履职尽责；二是建立了五级群测群防，将临灾处置权下放到一线，监测人员高度负责，确保在第一时间能够及时预警、安全转移；三是常态化地质灾害宣传培训，基层领导干部地质灾害防治知识提升，地质灾害险情预判准确、报告详细，能有序指导群众疏散；四是将“主动避让、提前避让、预防避让”的“三避让”原则落实到具体行动中，果断提前做好主动避险撤离的各项准备。

6.1.1.5　灾后隐患排查细致，次生灾害避让及时——“6·9”木里县项脚乡项脚村阿牛窝子组火后泥石流成功避险

（1）案例概况

2020年6月9日16时50分左右，四川省凉山彝族自治州木里县项脚蒙古族乡项脚村阿牛窝子组突降短时大暴雨，引发泥石流灾害，规模约$1.8\times10^4m^3$。灾害冲毁旱地约$6700m^2$，房屋、耕地、桥涵不同程度受损（图6.5），直接经济损失约200万元。因预警及时、群测群防体系完善，沟道沿途两岸群众78户386人在灾害发生前紧急撤离转移，避免了2户11人因灾伤亡，实现了成功避险。

图6.5　泥石流导致房屋受损

（2）避险经过

2020年“3·28”木里森林火灾过后，沟内残渣、树木、水土流失等急剧增加。当地组织开展了火后次生地质灾害隐患排查。此次发生灾害的泥石流沟为项脚乡确认新增的9个隐患点之一。2020年6月9日16时28分，阿牛窝子组组长（监测人员之一）在微信“阿牛窝子组工作群”中发出第一条预警信息：“今晚有暴雨，请大家注意安全”。紧接着，又发出预警，通知沟下方的项脚坝子的居民撤离避让。6月9日16时30分，沟上游甲尔沟组代理组长将山上即将下暴雨、可能发生泥石流的信息电话报告给项脚乡人民政府领导，并通知、组织周边群众紧急避让。项脚乡人民政府在接到报告后第一时间赶赴阿牛窝子集中安置点组织群众转移撤离。从上游第一条预警信息发出，到沟道沿途两岸6个村民小组的78户386人全部撤离，只用了15分钟。6月9日17时10分左右泥石流“龙头”通过阿牛窝子集中安置点沟道，所有村民已提前撤离到安全地带。

（3）经验与启示

一是隐患排查发现及时，全面开展了火后次生地质灾害隐患排查，逐一落实了隐患点的监测责任人和监测人员；二是强化了临灾避险预案，将未雨绸缪真正落到了实处。

6.1.1.6 治理工程有效拦挡，延宕灾害发生时间——“8·17”汶川县绵虒镇锄头沟泥石流成功避险

（1）案例概况

2020年8月17日19时54分，受强降雨影响，汶川县绵虒镇羌峰村锄头沟泥石流隐患点暴发泥石流灾害，一次性冲出物方量约$30\times10^4m^3$，已建拦挡坝成功拦挡约$25\times10^4m^3$，造成羌峰、里坪、音乐广场被淹没，高店村多处房屋受损，登溪沟铁便桥基础悬空，直接经济损失534.3万元。由于监测到位、预警及时，治理工程发挥功效，提前转移全部受威胁群众400人，未造成人员伤亡。

（2）避险经过

8月17日16时，四川省地质灾害防治指挥部办公室、阿坝藏族羌族自治州地质灾害指挥部办公室密集发布地质灾害气象风险预警（橙色），汶川县自然资源局立即将预警信息通过QQ群、微信群及电话等方式传递至各乡镇，要求做好主动避让。接到预警后，绵虒镇紧急启动应急预案，在1小时内迅速组织受威胁群众全部撤离并妥善安置。8月17日19时54分，汶川县绵虒镇羌峰村锄头沟暴发泥石流灾害，造成广场、房屋被掩埋，防护堤、道路等基础设施毁损。前期实施的泥石流治理工程（图6.6）不仅有效拦蓄泥石流冲出物约$25\times10^4m^3$，延宕了泥石流冲出时间为群众撤离赢得了宝贵时间，也极大地减轻了因灾损失。由于预警信息发布及时，治理工程发挥功效，乡、村两级果断提前组织转移避险，避免了400人因灾伤亡，实现成功避险。

图6.6 拦挡坝有效拦蓄泥石流

（3）经验与启示

一是气象风险预警及时准确，防灾措施落实到位；二是泥石流治理工程发挥了积极功效，大幅减缓了流速和冲击力，为成功避险赢得了宝贵时间，减轻了因灾损失。

6.1.1.7 宣传培训深入人心，教科书式避让撤离——“8·27”盐源县梅子坪镇梅子坪村泥石流成功避险

（1）案例概况

2021年8月27日，因受强降雨影响，盐源县梅子坪镇梅子坪村2组发生泥石流灾害，规模约$1000m^3$，损毁公路100m。因科学判别临灾预兆、反应及时、处置得当，避免了56名学生和家长的人员伤亡，被央视网誉为“教科书式避险”。

（2）避险经过

根据梅子坪气象监测站数据，8月25日当地降水量为0.3mm，26日降水量为27mm，8月27日0~9时降水量为5mm。“8·27”泥石流发生前，未发生强降雨等极端天气。8月27日8时，梅子坪村党支部副书记苏正江带领33名学生和其他23名家长从梅子坪村出发返校。8月27日9时左右，到达梅子坪村2组堵阿落谷地段（属于非地质灾害隐患点）。根据日常培训获取的地质灾害知识，苏正江防灾意识十分敏锐。他安排两名家长在远处观察沟口动向，并安排两名党员现场勘察，确定步行路线。8月27日9时15分，6名家长安全试行通过危险路段。8月27日9时20分左右，观察人员发现河沟上游流下一小股稀泥，结合地质灾害防灾知识宣传培训、地质灾害预警宣传片《地质灾害猛于虎》等相关内容，发现此现象为泥石流临灾前兆，判断可能发生泥石流，立即组织全部人员撤到安全区域避险。8月27日9时24—28分，该处相继发生两次小股泥石流，前期制定步行路线上的树枝、石块全部被淹没。8月27日9时40分，突发大股泥石流，沟口上方泥沙全部倾泻而下，共持续3分钟左右。8月27日10时05分，苏正江组织家长代表继续观察沟口动向，经现场研判，认为沟口上方已无堆积物，暂无危险，决定由1名家长试行通过后（图6.7），部分家长跟随通过并对路线铺洒树枝和石块。8月27日10时35分，56名学生和家长分六批次全部安全通过该路段。

图6.7　大股泥石流

（3）经验与启示

一是深入人心的防灾意识，通过长期的地质灾害防治知识宣传培训，基层干部群众的防灾意识显著提高，能在日常生活中保持敏锐的防灾意识；二是群众自救避险能力长足进步，大量的避险演练，让群众实现了“从学到用”的转变，避灾过程应对处置得当，保护了自身安全。

6.1.1.8　基层防灾履职到位，震后灾害安全避让——“6·10”马尔康市草登乡科拉机村4组俄热塘土质滑坡成功避险

（1）案例概况

2022年6月10日凌晨，阿坝藏族羌族自治州马尔康市草登乡先后发生5.8级、6.0级地震。6月10日2时许，草登乡科拉机村四组俄热塘突发滑坡地质灾害，规模约

$56\times10^4 m^3$，造成2户房屋垮塌（图6.8），直接经济损失约50万元。因地质灾害防治知识宣传培训到位、防灾措施落实到位以及监测员履职到位，3户19人被提前转移避险，避免了人员伤亡，该成功避险受到了省级领导表扬及阿坝藏族羌族自治州人民政府奖励。

图6.8　滑坡导致房屋垮塌

（2）避险经过

6月9日16时30分，阿坝藏族羌族自治州自然资源局发出通知：6月9日20时至6月10日20时，马尔康市地质灾害风险预警等级为3级（黄色预警）。马尔康市自然资源局值班人员及时将预警信息转发给各乡镇相关工作人员、地质灾害隐患点监测员、在建工程管理人员等，提醒做好监测预警、隐患巡排查、避险转移等各项防灾工作。6月9日20时51分，2.9级地震发生后，草登乡科拉机村俄热塘滑坡监测员发现房屋旁一条从未断流的小溪断流，根据平时地质灾害宣传培训所学知识判断，可能会发生较大规模地质灾害，随即将受威胁群众全部撤离至安全地带。6月10日0时3分左右，草登乡科拉机村突遇5.8级地震；6月10日1时，再次发生6.0级地震导致俄热塘滑坡复活，规模约$56\times10^4 m^3$，造成2户房屋垮塌，直接经济损失约50万元。因监测员履职到位，受威胁群众避险撤离及时，避免了2户12人可能因灾伤亡，实现成功避险。

（3）经验与启示

一是自然资源部门高度重视地质灾害防治工作，逐点组织开展宣传培训和防灾避险演练，层层压实防灾工作责任；二是气象风险预警信息发布及时、逐级传达到位；三是监测员认真履职尽责，第一时间发现常流溪水断流，判断可能发生地质灾害，连夜转移受威胁群众，用实际行动筑牢了地质灾害防治第一道防线。

6.1.2　科技防灾成功避险

6.1.2.1　隐患点位位移监测，人技结合完善预警——“9·1”荣县双古镇五桐村一匹山山体崩塌和滑坡成功避险

（1）案例概况

2017年9月1日8时40分，荣县双古镇五桐村一匹山发生一起山体崩塌和滑坡中型

地质灾害（图 6.9），崩塌和滑坡方量达 $4\times10^4m^3$，涉及山体达 $24\times10^4m^3$。灾害造成房屋垮塌 9 户 83 间，电线杆损坏 20 余根，道路损毁 1.5km，危险区域涉及群众 46 户 180 人，直接经济损失预计 600 余万元。因人防基础扎实，技防建设到位，预警响应及时，危险区域内 46 户 180 人实现“零伤亡”。

图 6.9 一匹山山体崩塌

（2）避险经过

五桐村“一匹山”点位于 2004 年被列为地质灾害隐患监测点，因 4 次合理预警预报为成功避险提供了指导，将灾害造成的损失控制在了最低限度。2017 年 2 月，监测设备首次监测到山体发生了位移，发出了第一次预警信号，信号发出后，荣县国土部门和双古镇人民政府立即动员受到地质灾害直接威胁的 12 户村民陆续进行了搬迁。同时进一步落实专人守护、加强仪器监测、设定逃生路线、开展避险演练等措施，并提前搬离危险区域群众。7 月 16 日 19 时 38 分，一匹山崩塌隐患点的智能监测设备监测终端第二次报警，3 个监测点的位移变形呈逐渐增大的趋势，其中 1#监测点的最大位移达 83mm；2#监测点的最大位移达 192mm；3#监测点的最大位移分别达 85mm。市、县国土资源局立即会同荣县双古镇人民政府，对受威胁的群众进行撤离避让。8 月 16 日，双古镇国土资源所经请示同意后向受威胁住户发放、张贴“主动避让”通知，8 月 17 日，国土部门监测到山体发生位移加剧，双古镇党委、政府再次对新增的 5 户 20 人进行了疏散。8 月 27 日，一匹山崩塌隐患点的智能监测设备监测终端第三次报警，1#、2#、3#监测点的累计测量位移值分别达 833mm、941mm、809mm。市、县国土资源局、双古镇人民政府及时组织受威胁的群众撤离避让，累计撤离 37 户 146 人。9 月 1 日凌晨，警报器第四次报警（图 6.10），7 时 30 分左右，崩塌体开始出现零星的滚石，8 时 40 分开始出现大范围山体崩塌和滑坡，方量约 $4\times10^4m^3$，镇村干部立即行动，连夜组织危险区域内的村民疏散避险，撤离潜在威胁区 9 户 34 人，累计撤离 46 户 180 人，确保了无一人伤亡。

（3）经验与启示

一是防灾措施到位。监测人员巡排查到位，建立了完整的群测群防监测体系，对地质灾害隐患点落实监测责任人、专职监测人员，监测人员巡排查到位保障了及时预警。二是专业

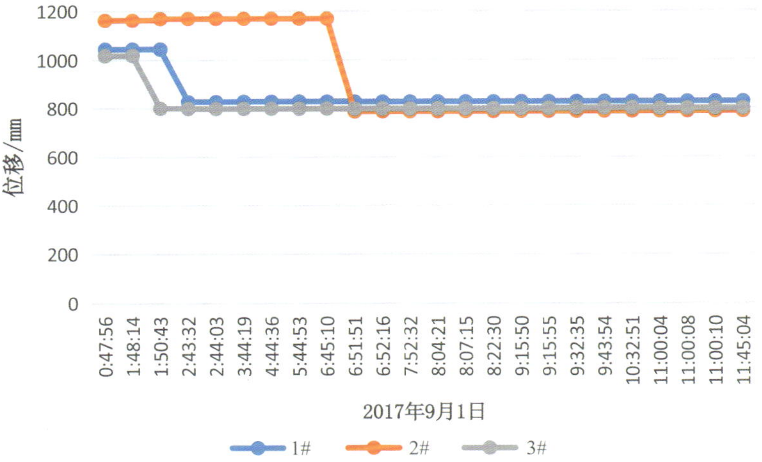

图 6.10　第四次预警位移曲线图

监测科学有效。通过对地质灾害隐患点安装专业监测仪器，人技结合，创新监测预警手段，科学预测，发现险情准确及时，提高了预警预报能力。三是培训演练到位。扎实开展应急演练和宣传培训，让周边群众掌握了地质灾害防治基础知识，熟悉了应急避险路线。

6.1.2.2　滑坡隐患专业监测，群防人员专职核查——“9·29”通江县诺江镇千佛村五社三华顶土质滑坡成功避险

（1）案例概况

2021 年 9 月 29 日 5 时左右，三华顶滑坡发生大面积失稳破坏，滑坡规模约 $27\times10^4 m^3$，灾害导致 4 户 20 间房屋全部倒塌，村道损毁严重（图 6.11），造成直接经济损失约 700 万元。因监测设备预警及时，现场防灾人员处置得当，受威胁人员提前撤离，实现成功避险。

（a）滑坡变形破坏　　（b）房屋受损

图 6.11　滑坡变形及房屋受损

（2）避险经过

9 月 28 日 15 时 42 分，三华顶滑坡专业监测设备（GNSS02）监测到滑坡水平变形速率 52.34mm/d，垂直变形速率 4.80mm/d（图 6.12），省级专业监测预警平台立即发出黄

色预警信息，专业监测承建单位工作人员立即电话通知该隐患监测人员现场核查并加强数据监控及时预警。滑坡专职监测人员立即进行了现场巡查，发现存在险情加剧情况，并立即上报至诺江镇人民政府和诺江镇国土资源所。通汇县自然资源局随即安排地环站、驻守督导单位技术人员现场核查。9 月 28 日 19 时 45 分，监测设备反馈滑坡水平变形速率为 80.32mm/d，垂直变形速率为 2.90mm/d，预警等级提升为橙色预警。通汇县自然资源局立即会同诺江镇人民政府组织村社干部将隐患周边所有住户进行安全转移，9 月 28 日 21 时，10 户 15 人全部撤离。9 月 29 日 5 时左右滑坡发生。

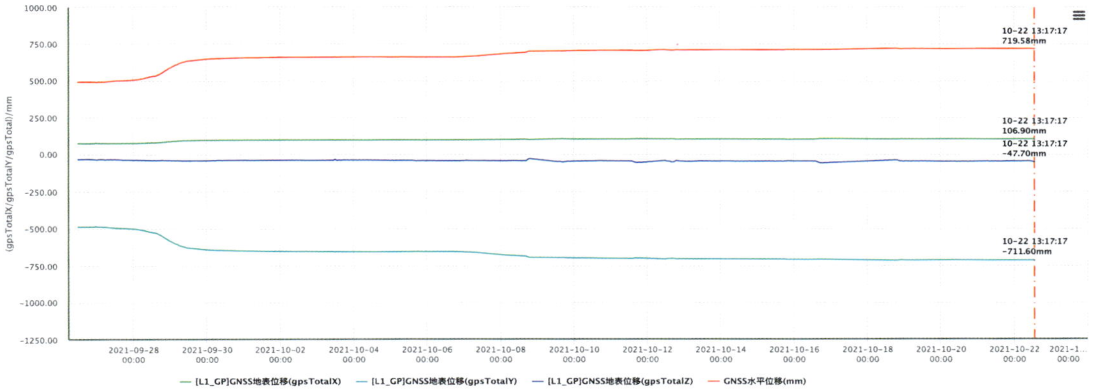

图 6.12　滑坡位移监测曲线图

（3）经验启示

一是专业监测预警方案设计合理科学，用 GNSS 位移设备控制滑坡纵向主剖面，为有效预警打下了坚实基础；二是防灾人员科学研判、支撑到位，地方人民政府举措得力，工作链条紧密衔接，最大程度保障了受威胁群众的生命安全。

6.1.2.3　雨量自动监测预警，防灾专班组织撤离——“7·27”凉山彝族自治州会东县溜姑乡盘龙村 4 组大深沟高频暴雨型泥石流成功避险

（1）案例概况

2023 年 7 月 27 日 3 时 32 分，会东县溜姑乡盘龙村 4 组大深沟泥石流隐患点受持续降雨影响，突发泥石流地质灾害，一次性冲出规模约 $2\times10^4m^3$，致 6 户村民 26 间房屋不同程度受损，耕地损毁约 20 亩，多处道路中断（图 6.13）。因泥石流危险区内所有群众提前避险转移，避免了 3 户 10 人因灾伤亡，避免经济损失约 150 万元。

（2）避险经过

2023 年 7 月 27 日 3 时 13 分，会东县溜姑乡盘龙村 4 组大深沟点位自动化监测雨量计发出橙色预警提醒短信，以短信方式通知到技术人员和防灾责任人，提醒小时雨量达到 31.4mm，累计雨量达到 45.2mm，提醒关注降雨趋势（图 6.14，图 6.15）。收到预警信息前，1 时 58 分会东县气象局对溜姑乡发布了灾害性天气预警信号单为暴雨橙色预警信号。溜姑乡值班室收到县防汛防地质灾害专班暴雨橙色预警后于 2 时 5 分开始组织溜姑乡盘龙村 4 组大深沟泥石流受威胁居民撤离。2 时 28 分将受威胁的 3 户 10 人提前全部转移至避险安置点。3 时 13 分，收到预警信息时，相关防灾责任人判断预警信息与现场降雨情况吻合，并告知群众加强警惕，不安全，不返回，同时加强了对转移群众的管控。3 时 32

（a）泥石流冲毁道路　　（b）泥石流造成房屋损坏

图 6.13　现场灾情图

分，泥石流灾害发生，致 6 户村民 26 间房屋不同程度受损，耕地损毁约 20 亩，多处道路中断。因泥石流危险区内所有群众提前避险转移，且管控到位，避免了 3 户 10 人因灾伤亡，避免经济损失约 150 万元，实现成功避险。

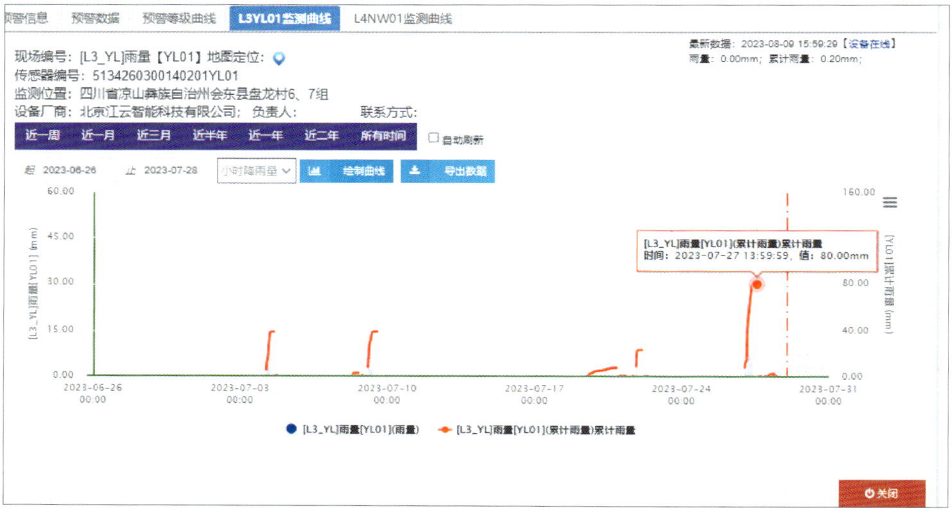

图 6.14　雨量计平台数据展示图

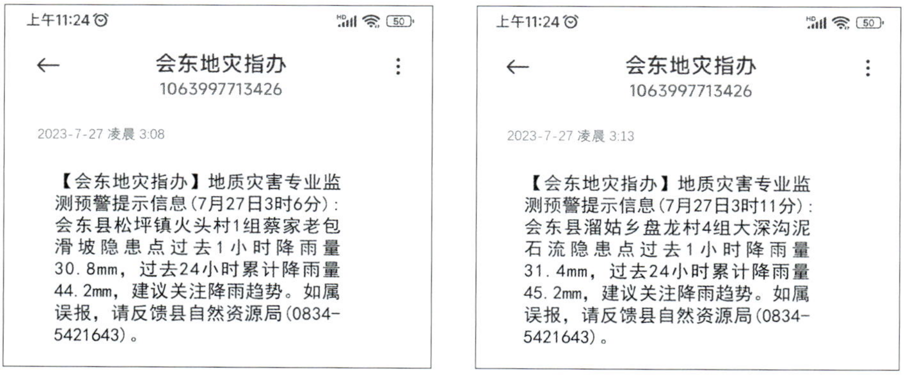

图 6.15　预警短信接收图

（3）经验与启示

雨量预警短信的及时发布，让相关防灾责任人、受威胁群众及时了解暴雨实况，进一步提高了群体警醒警惕，助力了转移安置的有效管控，降低了已转移群众回流风险，真正做到了没有“失防万一”，切实保护了 3 户 10 人生命安全。

6.1.2.4　群专结合排查风险，灾前撤离及时有效——“8·29”营山县望龙湖镇凉风社区 3 组书房土质滑坡成功避险

（1）案例概况

书房滑坡位于营山县望龙湖镇凉风社区 3 组，2021 年 8 月 29 日 7 时，书房滑坡发生整体滑动，规模约 $75\times10^4m^3$，损毁房屋 18 座 104 间，直接经济损失 450 万元（图 6.16）。因群测群防体系和专业监测体系接续发力，实现人技结合成功预警，转移受威胁群众 19 户 37 人，无人员伤亡。

图 6.16　滑坡损毁房屋

（2）避险经过

8 月 28 日 22 时，监测员在雨中巡查发现斜坡土体冒渗浑水、局部开裂、后部斜坡发出异响等现象，判定此为滑坡灾害发生前兆，随即上报当地人民政府和自然资源和规划所。望龙湖镇人民政府、自然资源和规划所人员接报后立即赶赴现场，同村社干部一起将受威胁的 13 户 22 人转移至安全地带。8 月 29 日 7 时，滑坡体出现裂缝加大、树木倒斜、土体上隆等现象，驻守督导单位立即与望龙湖镇人民政府现场会商核实，重新划定危险区，将公路下方危险区内未转移的 6 户 15 人转移，并设立警示标志、落实专人 24 小时值班值守。8 月 29 日 14 时 10 分左右，安装在书房滑坡体上的裂缝计（LF01）监测数据反馈（图 6.17），坡体中部裂缝开始出现缓慢变形。14 时 23 分，该裂缝变形速率增加至 27.49mm/d，累计位移达 43.89mm。14 时 29 分，裂缝变形速率再次提升为 407.95mm/d，省级地质灾害专业监测预警平台立即发出红色预警。收到预警信息后，营山县自然资源和规划局派人再次核实并确定全部受威胁人员已安全转移。8 月 30 日 2 时左右，滑坡大面积发生变形破坏。

（3）经验与启示

一是群专结合监测预警体系有机融合，人技联防织密织牢监测预警网络，科学高效支

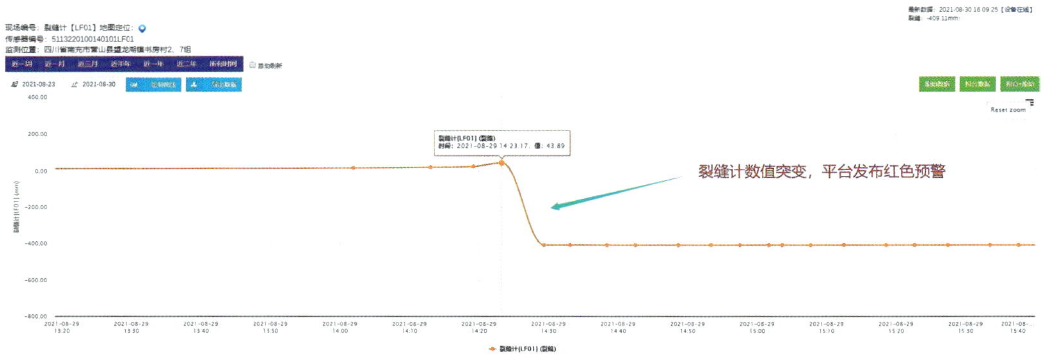

图 6.17 裂缝计（LF01）累计位移曲线图

撑防灾减灾决策；二是坚决扛牢防灾减灾责任，严格按照“三避让”“三撤离”要求，果断采取转移避险等防范措施，筑牢地质灾害防治安全屏障。

6.1.2.5 隐患遥感早期识别，专业队伍实地复核——“7·10”仪陇县大营镇灯塔峰岩村中型土质滑坡成功避险

（1）案例概况

大寅镇灯塔峰岩村滑坡位于南充市仪陇县大寅镇峰岩村1社，体积约 $64\times10^4 m^3$，属于中型滑坡。2021年7月10日19时30分左右，受强降雨影响，仪陇县大寅镇灯塔峰岩村滑坡发生，造成15户15栋房屋破坏、500m乡村公路损毁，财产损失约550万元（图6.18）。由于隐患早期识别，预警准确及时，提前撤离15户68人，未造成人员伤亡。

图 6.18 南充市仪陇县大寅镇滑坡房屋损毁

（2）避险经过

2021年2月底，四川省地质灾害隐患遥感识别项目组利用Stacking-InSAR技术，结合光学影像判识手段，在南充市仪陇县大寅镇发现和圈定了一处预案外隐患靶区局部存在

形变特征（图6.19）。4月初将识别结果发至市（州）、区（县）主管部门，自然资源主管部门立即组织专业驻守支撑队伍开展实地复核。4月24日项目组联合专业驻守支撑队伍再次开展实地复核，确认隐患区有整体变形的趋势，风险等级为高风险，该点列为新增隐患靶区，提前移交至南充市自然资源部门纳入汛期巡查范围。2021年7月9—10日，大寅镇降水量达到235.7mm。7月10日17时，仪陇县大寅镇灯塔峰岩村地质灾害监测人员张荣体在开展雨中巡查，发现大寅镇灯塔峰岩村滑坡危险区范围内的一山体“嗡嗡”作响，附近住户房屋和树木存在晃动迹象，立即上报大寅镇自然资源部门，并立即组织群众紧急撤离。7月10日19时30分，隐患左后缘（遥感识别出的形变异常强区）发生滑坡灾害。

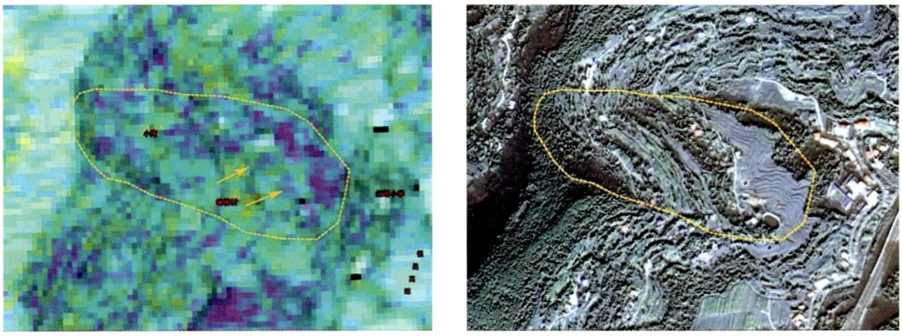

（a）Stacking-InSAR识别变形靶区　　（b）光学解译成果

图6.19　南充市仪陇县大寅镇滑坡室内解译图

（3）经验与启示

一是结合早期隐患识别，确定隐患点位置及相关情况；二是密切关注预警信息，第一时间将地质灾害和气象预警信息传达到基层防灾人员；三是坚持日常巡排查和“三查”工作有机结合，动态掌握隐患点的变形迹象，一旦发生成灾迹象，果断采取转移避险等防范措施。

6.2　避险搬迁安置

2007年，四川省开展地质灾害避险搬迁安置工程并纳入“十大惠民行动”，通过近20年实施的地质灾害避险搬迁工程，积累了大量典型避险搬迁工程案例，让68万余人彻底远离地质灾害威胁，受威胁群众生产生活条件明显改善，有力助推脱贫攻坚和乡村振兴。

6.2.1　专项奖励补贴，“补助利民式”搬迁安置——成都市崇州市梁家山沟泥石流避险搬迁

提出了惠民富民的地质灾害避险搬迁安置模式。以省、市专项补助资金为基础，同时对受地质灾害威胁的自愿搬迁户，另外给予专项奖励补贴资金，并结合增减挂钩项目对集中安置点进行统规代建（图6.20）。

（a）梁家山沟泥石流全貌

（b）受威胁农户房屋

（c）旧房拆除照片

（d）建成后的集中安置点照片

（e）建成后的集中安置点照片

图 6.20　成都市崇州市梁家山沟泥石流地质灾害避险搬迁图

（1）基本情况

梁家山泥石流沟位于成都市崇州市文井江镇鸡冠山村 3 组，流域面积 4.91km^2，平面形态呈树叶状，沟谷狭长，地势北高南低，最高点高程为 2500m，最低点位于沟口，高程约 1020m，相对高差 1480m，整体呈由北向南展布，主沟沟长约 3.88km。流域内发育多条支沟，常年有水。流域内的松散固体物源主要为崩滑堆积物及沟床堆积物，物源总量约为$155\times10^4m^3$。沟谷形态呈“V”字形，流域汇水面积大，主沟纵坡降大，水动力主要来源于大气降水。泥石流易发程度属中度易发。在持续降雨或短时暴雨条件下，该沟有发生泥石流的可能，泥石流直接威胁梁家山沟沟道两侧居住农户共 43 户 141 人，潜在威胁资产约 1000 万元，危险性较大，险情等级为中型。

（2）避险搬迁分析

2010 年，梁家山沟泥石流实施工程治理，但在 2011 年 7 月，项目实施期间，梁家山沟暴发中型规模泥石流，造成 2 间房屋损毁、5 间房屋受损，在建防灾工程全部被冲毁淤埋，主沟因泥石流冲出物无序堆积导致改道，原有治理方案不能满足防灾工程要求，施工条件的改变，导致治理费用剧增，难以继续实施工程治理，工程治理终止。基于梁家山沟泥石流汇水面积大，主沟两侧松散物源丰富，暴发频率高，计划采用避险搬迁的方式引导农户主动远离泥石流危险区。

（3）避险搬迁方式及安置点情况

受选址难、农户生产生活保障难等因素制约，单独选址、分散搬迁不具备实施条件，搬迁方式采用异地集中安置，且经现场调查受灾农户家庭基本情况、户籍情况、宅基地或土地使用权面积等情况，在征求农户搬迁意愿后，开始实施搬迁工作。

搬迁安置点选择在崇州市怀远镇枫岚村，搬迁安置区面积 $2000m^2$，共安置受梁家山沟泥石流威胁的 43 户 141 人，搬迁安置点建设场地地质灾害适宜性评价为适宜。在避险搬迁工作完成之前，在梁家山沟安装自动雨量站等设备加强监测预警，主汛期实施受威胁农户长期避让。

（4）工作创新

建立避险搬迁激励机制。崇州市按照“愿意搬、搬得出、住得下、能发展”的地质灾害避险搬迁工作思路，以惠民富民为目标作出积极探索，制定《崇州市地质灾害避险搬迁奖励办法》，在省、市专项补助及奖励政策基础上，每人再给予 1 万元奖励。奖补政策包括：①基本补助：对自愿参加地质灾害避险搬迁的受威胁群众给予一定的补助，补助标准为：3.5 万元/户（省）+2.5 万元/户（成都市）+1 万元/户（本级）（其中 1 万元为基础设施配套费）；②成都市奖励标准：2 万元/户（搬迁即给）+2 万元/户（整点销号叠加）；③崇州市奖励：1 万元/人（搬迁即给）。

（5）经验与启示

梁家山沟所处位置较偏僻，交通不便利，土地资源稀缺，主沟两侧居住农户以经济林、药材种植等作为主要经济来源。频繁暴发的泥石流对农户生产生活影响较大，在实施集中安置后，不仅解决了受梁家山沟泥石流威胁的 43 户 141 人的居住和生活安全，也为其他隐患点农户主动参与避险搬迁建立示范引领，更为后续持续推进地质灾害避险工作提供政策、资金、土地等方面的经验。

6.2.2 部门协调联动，政府“兜底式”搬迁安置——泸州市纳溪区新乐镇金凤村滑坡避险搬迁

提出了以政府“兜底式”多部门政策支持共同探索群众避险搬迁安置模式。明确区

（县）人民政府是避险搬迁实施责任主体，由专业地勘单位编制避险搬迁安置规划，省、市（州）、区（县）各级部门落实专项补助给避险搬迁安置群众，由多部门相关政策支持，配套基础设施、土地流转、过渡房、廉租房、就业培训、养老、医疗等政策支持，以此推动避险搬迁整点安置工作的实施（图 6.21）。

（a）白云洞滑坡一角

（b）受威胁农户

（c）搬迁前农户房屋

（d）农房拆除后

（e）安置点一角

（f）安置点全貌

图 6.21　避险搬迁安置

（1）基本情况

纳溪区白云洞滑坡位于纳溪区新乐镇金凤村 6 社，滑坡长约 38m，宽约 17m，厚约 3~5m，斜面积约 800m^2，体积约 2200m^3，为小型土质滑坡。滑坡滑移直接影响坡下农房 23 间，威胁 8 户 32 人的生命财产安全。

纳溪区河边上滑坡位于纳溪区新乐镇金凤村 5 社，滑坡长约 40m，宽约 16m，厚约 2~6m，面积约 900m^2，体积约 3200m^3，为小型土质滑坡，滑坡处于欠稳定状态，滑坡失稳将直接影响坡下农房 19 间，威胁 7 户 25 人的生命财产安全。

纳溪区关坝滑坡位于纳溪区新乐镇金凤村 5 社，滑坡长约 45m，宽约 25m，厚约 2～7m，面积约 $4300m^2$，体积约 $8000m^3$，已发生滑移剪切，为小型土质滑坡。进一步滑移可能致使 12 间农房倒塌，威胁 3 户 17 人的生命财产安全。

（2）避险搬迁分析

泸州市纳溪区新乐镇白云洞滑坡、河边上滑坡、关坝滑坡处于欠稳定状态，在降雨及震动等因素作用下，极易再次发生滑移垮塌，隐患点地质灾害危险性小—中等。3 处滑坡共威胁 18 户 74 人生命安全，威胁财产 800 余万元，预估工程治理费用为 1000 万元，搬迁费用约 300 万元，仅占工程治理费用的三分之一，且经调查农户搬迁意愿较强烈，因此对受上述滑坡威胁的群众实施避险搬迁。

（3）避险搬迁方式及安置点情况

采用异地集中安置搬迁方式，集中安置点位于纳溪区新乐镇金凤村 5 组，安置区面积 $6500m^2$，实际安置 18 户 74 人，村级道路直达，水、电、气已安装到户，网络通信全覆盖，农户生产生活条件较便利。搬迁安置点建设用地地质灾害适宜性评价为适宜。

（4）工作创新

1）规划“实”。通过地勘单位核实调查纳溪区新乐镇金凤村滑坡后，报经区（县）人民政府列入地质灾害隐患点，经专家审查提出工程治理措施难以消除金凤村滑坡隐患，建议由区（县）人民政府实施避险搬迁安置规划，报市人民政府审批后实施。

2）资金“足”。在详细调研纳溪区新乐镇金凤村滑坡的基础上，针对山区选址建房调地难、成本高、资金缺等困难，除省级补助外，市级再补助 1.5 万元/户、区（县）级补助 1.2 万元/户。所有资金均严格监管，确保专款专用。

3）政策“活”。2013 年、2017 年，泸州市人民政府先后两次出台指导意见，明确采取政府“兜底式”安置。针对纳溪区新乐镇金凤村滑坡安置方式，除资金支持外，另配套基础设施、土地流转、过渡房、廉租房、就业培训、养老、医疗等政策支持。

4）组织“力”。明确区（县）人民政府是避险搬迁实施责任主体，对纳溪区新乐镇金凤村滑坡搬迁户登记造册，将户籍信息、搬迁方式、房屋结构等进行公示，主动靠前服务，加强宣传引导，化解调地难、远离土地耕作不便、银行借贷难、建材来源难、旧房拆除危险等问题，有力推动了避险搬迁整点安置工作的实施。

（5）经验与启示

对纳溪区新乐镇金凤村滑坡实施整点搬迁，是消除该地质灾害隐患的最有效措施，可从根本上解决地质灾害隐患区群众的安全问题，实现一劳永逸的防灾效果。同时搬迁群众的生存环境、生活条件也明显改善，生活质量提高，发展后劲增强，获得百姓好评，有力助推脱贫攻坚和乡村振兴。

6.2.3 自筹建设农业，“鼓励就业式”搬迁安置——雅安市石棉县王岗坪乡爱国村 2 组耳子山滑坡避险搬迁

提出了结合增减挂钩+行业部门支持+产业发展促就业模式。以省级避险搬迁补助资金为基础，统筹增减挂钩项目、水利及交通项目对建设安置点基础配套进行建设，并配合发展安置点周边农产业促进避险搬迁群众就业，真正实现了搬迁群众“搬得出、稳得住、能致富”（图 6.22）。

（a）玉家山滑坡全貌

（b）渭水河滑坡全貌

（c）原本房屋照片

（d）修建完成后全貌

图 6.22　避险搬迁安置

（1）基本情况

玉家山滑坡位于广元市青川县大院乡青华村辖区，受连续强降雨影响，该滑坡出现局部滑塌、公路路面和土体开裂等变形迹象。在强降雨或地震等不利情况下，一旦出现整体滑坡，将直接威胁坡表分散农户和两段合计长约 200m 村级公路及过往行人及车辆的生命财产安全，威胁总资产约 250 万元。渭水河滑坡位于青川县大院乡花果村渭水河社，滑坡纵长约 135m，横宽约 80m，面积为 10800m^2，平均厚度为 7m，体积约 76000m^3，为一小型土质滑坡。目前该滑坡整体已多年未再有明显的启动趋势，但是前缘经人工修建房屋改造，形成约 4m 高的土质陡坎，滑坡在雨季仍出现局部的溜滑变形。两处地质灾害隐患点的灾害体方量大、威胁人数多，且处于欠稳定状态。

（2）避险搬迁分析

玉家山滑坡和渭水河滑坡两处隐患点治理费用约为 600 万元，且治理施工和协调难度大，治理工期长，而避险搬迁所需补助费用约为 52.5 万元（3.5 万元/户），其他配套费用约为 165 万元，因而搬迁经济效益更高。经过前期走访调研，上述两处隐患点受威胁群众搬迁意愿强烈。

（3）避险搬迁方式及安置点情况

采用异地集中搬迁安置方式，安置点位于广元市大院乡青华村，搬迁安置区面积 3800m^2，修建房屋 9 栋，共安置 15 户 44 人。搬迁安置点建设用地地质灾害适宜性评价为适宜。

（4）工作创新

1）省级补助一点作搬迁。省级按 3.5 万元/户的标准给予地质灾害避险搬迁补助

（其中 1 万元/户统筹用于基础设施建设）。

2）政策整合一点作配套。土地增减挂钩项目采取集中选址、集中审批、集中进行场平建设的方式，解决搬迁农户新建住房选址难的问题，同时按 5 万元/户的标准进行基础设施配套。

3）行业部门支持一点建设施。水利部门投入资金按 4 万元/户的标准修建水利防洪设施并进行河道整治，交通运输部门投入资金 30 万元修建连接安置点的桥梁一座。

4）乡人民政府自筹一点建产业。安置点周边现有茶园 200 余亩，为有效解决搬迁群众就业问题，大院乡人民政府筹措资金 98 万元在安置点旁新建茶叶加工厂一座，真正实现了搬迁群众“搬得出、稳得住、能致富”。

6.2.4 龙头企业带动，“产业发展式”搬迁安置——元市大院乡玉家山滑坡和渭水河滑坡避险搬迁

提出了以发展产业带动搬迁群众就业的避险搬迁安置模式。采取“龙头企业+村集体经济组织+农户”方式利用退出宅基地发展养殖业，同时在安置区附近建设现代农业园区吸纳避险搬迁群众就业，让群众“身安”“心安”，搬得出、稳得住、能发展（图 6.23）。

（a）灾害体和搬迁农户　（b）搬迁后房屋撤除

（c）挖角村集中安置点　（d）爱国村集中安置点

图 6.23　避险搬迁安置

（1）基本情况

王岗坪乡爱国村 2 组耳子山滑坡位于雅安市石棉县王岗坪乡爱国村 2 组，滑坡横宽约 250m，纵长约 400m，滑坡体厚度约 10～15m，滑坡方量约 $10\times10^4m^3$，属于小型土质滑坡。滑坡前缘临空，坡脚为王岗坪乡至草科乡的公路，滑坡区整体上中前部陡峭，中后部平缓，疑似古滑坡或崩滑堆积体，聚居区位于后缘平缓的平台之上。受地震影响，该滑坡

原后缘裂缝变形加剧，最宽约 1.0m，滑坡变形为牵引式，逐级向后牵引，并在坡体上发育多级裂缝，前缘发生强变形滑塌。滑坡临灾征兆明显，欠稳定，一旦失稳将威胁爱国村 2 组 16 户 43 人安全，威胁财产 800 万元。

（2）避险搬迁分析

王岗坪乡爱国村 2 组耳子山滑坡易发程度为中易发，临灾征兆明显。通过实地调查，发现地震后该灾害点附近的地质环境破坏严重，进出唯一通道路基几乎全部损毁，造成灾害治理难度较大。经调查，农户搬迁意愿强烈。因此对该滑坡受威胁群众实施避险搬迁。

（3）避险搬迁方式及安置点情况

采用异地集中搬迁安置方式。搬迁安置点位于王岗坪乡挖角村和爱国村，搬迁安置区面积共 67105.5m^2，共安置 16 户 43 人。搬迁安置点建设场地地质灾害适宜性评价为适宜。

（4）工作创新

1）利用退出宅基地发展养殖业。按照“龙头企业+村集体经济组织+农户”的联农带农机制，利用部分复垦宅基地，建设牛羊养殖基地、草科鸡“育繁推一体化”养殖场，助农增收。

2）建设粮油现代农业园区。依托王岗坪景区，在王岗坪集中安置点附近，实施粮油现代农业园区恢复重建项目，打造集特色种植、田园观光、网红打卡、农事体验于一体的农旅融合田园综合体，吸纳部分受灾群众务工就业。

3）引导群众投身第二、三产业。对接县内外企业 50 家次，举办送岗下乡现场招聘活动，提供就业岗位 1400 余个，引导受灾群众到园区就业。同时，以产业发展确定房屋修建方式，按照民宿标准对集中安置农房进行统规自建，集中发展民宿产业，确保老百姓房屋有财产性收入，让更多老百姓进入第二、三产业，长效解决老百姓的收入问题。

4）建设生产用房和开通客运班次。考虑集中安置点距异地搬迁群众土地等生产资料较远，由县财政出资，在农田附近合理规划建设生产用房，并开通客运班次，满足群众生产生活需要。

6.3 综合整治工程

四川省实施了大量的地质灾害治理工程，以拦砂坝、固床坝、储淤场、支挡工程、抗滑桩、抗滑挡墙以及坡面格构防护等为代表的泥石流、滑坡工程治理技术已逐渐成熟，对崩塌采取的一系列工程治理也取得了令人瞩目的成绩，一些先进的理念和技术得到了推广应用。2014 年以来，有效保护 78 万余名群众生命及 470 亿余元财产安全，取得了较好的防灾减灾效果。

6.3.1 滑坡治理工程

6.3.1.1 地下排水减压，坡面防渗复垦——“9·5”宣汉县天台乡岩质滑坡治理工程

（1）灾害基本情况

2004 年 9 月 5 日，在连日暴雨的影响下，达州市宣汉县天台乡义和村发生了特大型岩质滑坡，滑坡长 950~1200m，宽 1400~1600m，平均厚度约 23m，总方量约 $2500\times10^4 m^3$。其中约 $210\times10^4 m^3$ 滑坡堆积物冲入前河中，造成前河河道堵塞，形成宽约 1500m、高大于 20m

的天然堆石坝以及库容达 $6000 \times 10^4 m^3$ 的堰塞湖。同时，滑坡摧毁了 1.2 km^2 区域范围内所有的房屋、圈舍 2983 间，共 59660 m^2，造成 317 户 1255 人无家可归。回水淹没上游五宝镇及沿河两岸居民 5770 户，农田 4930 亩，紧急转移 19360 人，直接经济损失高达亿元。

（2）治理方案

2004 年 12 月开始对天台乡滑坡采取工程治理，采用"地下排水减压，前缘支挡防再次堵江，坡面平整防渗复垦"的综合治理思路。滑坡治理首次采用地下排水廊道结合钻孔集水井工程减压治水为主的措施，包括 2 条地下排水廊道结合竖向集水孔降低滑床承压水头（图 6.24），1 排抗滑桩板墙固定滑坡前缘（图 6.25），坡面平整填缝结合地表排水沟渠引流（图 6.26），减少降雨入渗量。

图 6.24　地下排水廊道出口

图 6.25　滑坡前部桩板墙支挡工程

图 6.26　地表截水排水工程

1）地下排水工程。在滑带之下的砂岩中设置地下排水廊道，在排水廊道硐顶设计竖向排水井群。在平面上将排水廊道分为南北两侧排水廊道并在硐顶设计垂直排水井群（幕）。南侧廊道每隔 15m 设垂直排水孔，共布置 25 个垂直排水孔。北侧廊道也每隔 15m 布置垂直排水孔，共布置 47 个垂直排水孔。

2）坡面平整工程。削去滑坡陡坎，回填滑坡体内尤其是后缘众多的拉陷槽、水塘等，阻断地下水的主要补给源。各区域坡面平整应以地表水和降雨能顺利汇入排水系统为原则。

3）地表排水工程。地表排水系统共设计了 4 条主排水沟和 16 条支沟，在平面上组成纵横成网的地表排水系统。

4）前缘支挡工程。在滑坡体前缘中部地段以及滑坡体北侧，各布置一排抗滑桩，抗滑桩间距为 6~8m。此外，考虑南侧滑坡体存在继续蠕滑的可能性，在滑坡南侧边界内侧布设桩板工程进行支挡。

（3）治理成效

天台乡滑坡治理工程已安全运行近 20 年，经专业监测和历年强降雨检验，工程达到了设计目标。治理工程结合坡面平整和土地整理，复垦耕地 1000 余亩（图 6.27），为灾区 2 万人的生活、生产创造了安全的地质环境，取得了良好的经济效益和社会效益，是四川省特大型滑坡治理的成功典范。

6.3.1.2　应急抢险止滑，综合治理治稳——"8·16"宁南县白水河高位牵引式土质滑坡治理工程

（1）灾害基本概况

宁南县白水河滑坡地处普格县黎安乡沙里村与宁南县松新镇上游村交界处，于 2006

图 6.27　滑坡治理和坡面复垦后全貌

年出现裂缝等变形现象，2012 年 6 月 28 日受特大暴雨影响，滑坡体前缘初次发生较大规模滑动。8 月 16 日 10 时 40 分，滑坡体再次发生大规模滑动，达 $70\times10^4m^3$ 滑体失稳后造成过往人员死亡 2 人、失踪 3 人，公路阻断长达 600 余米，堵塞黑水河河道 100 余米、河水位突然上涨近 4m 并形成堰塞湖，阻断交通 15 天，直接威胁 900 余人、1.8 亿生命财产安全（图 6.28）。

图 6.28　白水河滑坡全貌航拍图

（2）治理方案

2013 年开始对白水河滑坡进行工程治理，本治理工程创新性地提出针对大型地质灾害"应急抢险治理+综合治理"的地质灾害治理理念，采用"先止滑再治稳"设计思路，即“抢险工程（强烈变形的滑坡区采用钢管桩进行支挡+下部滑坡堆积区上设分流槽+截排水沟+封闭裂缝）+综合治理工程（锚拉桩工程）”。

1）应急治理工程。对强烈变形的滑坡区采用钢管桩进行支挡。在下部滑坡堆积区上设分流槽，坡面松散物质可通过分流槽向堆积区两侧分流堆积，减少黑水河主河道的淤积。另外在滑坡体外围设一道截水沟，在滑坡体内设两条排水沟，封闭滑坡体内的裂缝，减少地表水的下渗，以提高滑坡的稳定性。

2）综合治理工程。尽量利用应急治理中钢管桩工程，采用锚拉桩对滑坡体进行支挡，采用弧形设置，共设置有 38 根锚拉桩，尽可能将滑坡物质拦挡于坡顶。

（3）治理成效

白水河滑坡 2014 年进行应急抢险施工，2015 年进行综合治理工程施工，2017 年通过终验，目前治理效果良好（图 6.29）。白水河滑坡治理工程一是较为创新性地将治理工程划分为“应急抢险+综合治理”两个阶段，提出了“先止滑再治稳”的理念，为综合治理工程争取了时间。二是创新性地使用了钢管桩作为抢险手段，大大缩短抢险工程施工的时间，为顺利度过汛期提供了良好的条件。三是结合地质灾害工程条件和应急抢险紧迫性和临时性要求的特点，经过充分计算和专家论证，适当将应急抢险设计的安全系数确定为 1.02，既节省了投资又缩短了应急抢险工程的施工时间。四是借鉴都江堰“鱼嘴分流”的概念，运用于坡面泥石流（碎屑流）的治理工程中，作为综合治理工程完工前对下部省道 S212 的通行进行安全保障和防止碎屑流直接正面冲击黑水河的情况发生。五是综合治理工程能够充分考虑前期钢管桩的支护力，大大节约了治理工程投资，社会和经济效益明显。

图 6.29　白水河滑坡治理后全貌

6.3.1.3　前缘拦挡抗滑，后缘截水清淤——“8·5”甘洛县普昌镇西西呷村牵引式土质滑坡治理工程

（1）灾害基本概况

西西呷村滑坡位于甘洛县普昌镇西部村 2、3、4 组，滑坡平面形态呈“Y”字形，由 7 个滑坡体组成（图 6.30），滑坡区后缘最大高程 1300m，前缘堆积区最低高程 1029m，前后缘相对高差 271m，滑坡面积约 $18.15\times10^4m^2$，滑体厚度 3.5～25.1m，滑体总体积高达 $248\times10^4m^3$，严重威胁坡体及前缘 800 余人生命和 2 亿余元财产安全。2018 年 8 月 4 日斜坡发生滑动，导致该处房屋多处拉裂，道路破坏断道，滑坡堆积体顺沟道下滑堵塞道路，造成直接经济损失约 250 万元。

图 6.30 滑坡全貌图

（2）治理方案

2019 年开始对西西呷村滑坡进行工程治理，采用“桩板墙+抗滑桩+挡土墙+截排水工程+清淤+修复工程”综合治理思路。在Ⅰ滑坡前缘设置桩板墙支挡，后缘坡体裂缝封填；在Ⅱ滑坡前缘设置桩板墙支挡，后缘陡壁回填反压；在Ⅲ滑坡针对保护对象在公路边缘设置抗滑桩支挡；在Ⅴ滑坡区针对保护对象设置抗滑桩支挡；在Ⅵ滑坡在滑坡前缘设置抗滑挡土墙支挡（图 6.31）；在Ⅶ滑坡前缘设置桩板墙。同时，在滑坡塑流区前缘设置支挡工程，其中左侧出口处设置桩板墙，中部设置抗滑桩，右侧设置挡土墙。在滑坡后缘设置截排水沟，并对滑坡堆积区进行清淤，修复已破坏公路及堡坎。

图 6.31 西西呷村滑坡治理工程前缘的抗滑挡墙

（3）治理成效

西西呷村滑坡综合整治完成后，一方面有效遏制了滑坡的进一步变形破坏，保障了当地居民的生命财产安全。另一方面，恢复了被滑坡破坏的生态环境，实现了良好的经济、社会和生态效益（图 6.32）。

6.3.1.4 三位一体勘查，分区分期治理——“4·20”宝兴县陇东镇先锋村地震、降雨型土质滑坡治理工程

（1）灾害基本概况

先锋村滑坡位于雅安市宝兴县陇东镇先锋村 1、2、3 组及老场村 1 组，是一个特大型

图 6.32　西西岬村滑坡治理后全貌

崩坡积土质古滑坡（图 6.33），平均厚度 50m，面积约 1.77km^2，规模达 $8850\times10^4m^3$。先锋村滑坡自 1958 年因变形活动对人民群众生命财产造成损失以来，多次造成县道两永路下沉并改道，村里民房逐年拉裂变形。在持续受到西河河水强侧蚀作用下，若遭遇暴雨或地震时将可能堵塞西河，回水将淹没上游河道两侧永富乡农户 21 户 100 人，中断永富乡与外界联系，影响群众正常生产生活。一旦形成堵溃，还将威胁陇东场镇及西河两侧村庄 260 户 1256 人及下游河道两侧五龙乡居民 369 户 1405 人及宝康路、电桥梁、学校等，威胁资产达 12 亿元。

图 6.33　先锋村滑坡正射影像全貌图

（2）治理方案

2018 年先锋村滑坡防治工程批准实施，独创性地采用“空中遥感及航摄+地面调绘+地下探测”三位一体的综合勘查手段，对古滑坡进行空中+地面+地下+三维地质模型展示和分析，通过采用多种支挡设计方法，针对性地提出了“分期分区治理+古滑坡前缘防冲+次级滑坡前缘支挡及防冲+强变形区截排水+整体监测预警”的复合式治理方案，既有效达到滑坡防治效果又有效控制工程投资规模。治理方案主要分为两期实施阶段，6个主要治理区域，一期治理区域为2#次级滑坡前缘、4#次级滑坡前缘、古滑坡前缘及1#、3#、6#次级滑坡范围，二级治理区域为2#和4#次级滑坡中部及古滑坡中部范围。

治理工程主要包括古滑坡五段防冲护岸堤（图6.34），1#次级滑坡抗滑桩，2#次级滑坡前缘圆形冲孔灌注抗滑桩板墙连挑流肋、截排水沟（图6.35），3#次级滑坡挡土墙（图6.36），4#次级滑坡前缘圆形冲孔灌注抗滑桩板墙、土方回填、格构锚固工程、D形抗滑桩和抗滑挡土墙（图6.37），6#次级滑坡抗滑挡土墙，以及为期两年的专业监测预警。

图6.34　先锋村滑坡护岸堤工程

图6.35　2#次级滑坡抗滑桩、桩板墙及排水沟工程

图6.36　3#次级滑坡挡土墙工程

图6.37　4#次级滑坡抗滑桩、格构锚固工程

（3）治理成效

经历2019年、2020年多次100年一遇的强降雨引发西河水位暴涨，滑坡综合治理效果显著，治理工程有效控制古滑坡局部再次复活堵塞河道，保障了受滑坡威胁的人民群众生命财产安全及宝康路、西河河道的畅通。同时，前缘防冲支挡工程成功申报“河岸抗滑支挡结构”专利，在满足技术规范要求下节约工程投资约380万元，得到了外界的一致好评和推广。

6.3.2　崩塌治理工程

6.3.2.1　落石缓冲拦挡，居民避让搬迁——“9·19”康定市姑咱镇四川民族学院危岩治理工程

（1）灾害基本概况

康定市姑咱镇四川省民族学院危岩位于康定市姑咱镇南面约2km的大渡河右岸，近

年来灾情恶化，每年均有落石现象发生，针对该灾害点，已采取主动网和被动网的措施进行工程治理，但由于危岩分布范围太广，危岩仍处于变形破坏之中，严重威胁四川民族学院A校区的师生和工作人员约500人的人身安全，以及坡下民房、省道211线和过往车辆人员等，威胁财产约5000万元。2015年9月19日，山体顶部危岩区发生崩塌，崩塌方量约100m^3，崩落石块滚落过程中，破坏斜坡中下段设置的被动防护网后径直崩落至坡下道路，个别滚石砸断学校围墙后滚入学校园区。

（2）治理方案

2021年康定市姑咱镇四川省民族学院危岩治理工程批准实施，采用“落石拦挡+避让搬迁+警示设置”治理思路，结合现场地形条件分析，为突出防治治理主体，本次治理工程仅为消除四川民族学院危岩落石危害，治理设计时将公路纳入落石缓冲段进行考虑，提出了4段桩板拦石墙+新建被动防护网+被动防护网修复+障桩综合防治方案（图6.38，图6.39）。对底部已建住房以及通行公路，自然资源部门联合当地人民政府对危岩落石影响范围内的已建当地民房进行搬迁处理，交通部门在危岩落石影响省道211线范围内安置明显落石危险等标示，提醒过往车辆注意安全。

图6.38　被动防护网+障桩+D段桩板拦石墙

图6.39　桩板拦石墙

（3）治理成效

四川民族学院危岩治理工程运行效果良好（图6.40），提高了人民生活质量，保障地方经济可持续稳定发展，避免了地质灾害的威胁，使人民的生命财产安全得到保障，能全身心地投入工作，人民可以安居乐业，维护社会安定。

图 6.40　治理效果图

6.3.2.2　危岩锚固抗滑，挡墙支撑防护——“2·27”峨边县沙坪镇新声后山不稳定斜坡（崩塌）治理工程

（1）灾害基本概况

乐山市峨边县城沙坪镇新声后山不稳定斜坡（崩塌）位于峨边彝族自治县沙坪镇新声村1、2、3、4、7组尖石包，崩塌分布于县城建筑、人员密集陡坡区，宽约900~980m，长度约300~600m，面积约0.5km^2，包括X1和X2两处不稳定斜坡、1处危岩带和1片危石群（图6.41）。威胁当地农户、企事业单位和部门职工家属等人数457户1979人、威胁资产达28590万元。

图 6.41　灾害体全貌图

（2）治理方案

2019年，峨边县沙坪镇新声后山不稳定斜坡（崩塌）治理工程批准实施，采用“抗滑桩+挡墙+锚固+排水沟+防护网”的治理思路。

1）X1不稳定斜坡设置抗滑桩与抗滑挡墙，其中抗滑桩共布20根，抗滑挡墙长约21.0m，高5.0m，基础埋深1.2m。X2不稳定斜坡设置抗滑桩21根（图6.42）。

2）截水沟及排水沟。针对X1及X2不稳定斜坡，在其后缘修建一条截水沟，单向排水，总长约461.5m。并在冲沟修建排水沟，使其内沟水汇入截水沟中。

3）危岩带共有19个危岩体，其中布置工程的有18个，工程措施包括锚杆锚固、嵌补、破碎清除、护面墙等。危石群共有7个危石，其中布置工程的有6个，工程措施包括破碎清除、护面墙、支撑挡墙等（图6.43）。

4）被动防护网。在坡脚较缓区域设置被动网与挡墙进行防护（图6.44）。

图 6.42　X1、X2 不稳定斜坡抗滑桩

图 6.43　危岩带、危石群锚杆锚固、凹腔支撑、清危

图 6.44　挡墙与被动网

（3）治理成效

沙坪镇新声后山不稳定斜坡（崩塌）位于县城建筑与人员密集区，威胁人数众多，威胁财产巨大，社会影响巨大。治理工程实施后，工程运行一直良好，不仅保障了聚居区居民的生命财产安全，也为当地社会与经济发展奠定了良好的基础。

6.3.3 泥石流治理工程

6.3.3.1 拦挡固源防冲，路坝结合扩容——“9·24”北川县魏家沟地震、暴雨型泥石流治理工程

（1）灾害基本概况

魏家沟泥石流位于绵阳市北川县曲山镇任家坪，流域面积 7.9km^2，2008 年“5·12”地震后，魏家沟流域形成大量滑坡、崩塌物源，沟道内滑坡群总方量达 $1350\times10^4m^3$，动储量为 $268\times10^4m^3$。2008 年“9·24”暴雨导致大量滑坡物质进入魏家沟及其支沟，进而爆发大规模泥石流灾害，泥石流峰值流量达 274m^3/s，一次冲出量达 $50.5\times10^4m^3$，造成任家坪村 22 人失踪或死亡，432 户 1572 人受灾，严重威胁北川地震遗址、“5·12”地震博物馆和任家坪安置区，直接威胁人数达数千人，潜在经济损失达数亿元（图 6.45）。

图 6.45 魏家沟泥石流爆发后全貌

（2）治理方案

2008 年魏家沟泥石流治理工程批准实施，按 50 年一遇的标准设计，主要采用“拦挡+固源”的设计思路。整个治理工程共设计 5 座拦砂坝，21 座谷坊坝，557m 长防护墙，694m 排洪沟。坝体拦蓄总库容 $54.3\times10^4m^3$，固床 $25\times10^4m^3$，拦固总量为 $79.3\times10^4m^3$。其中魏家沟 1#坝采用“路坝结合”结合的模式，坝长 245.46m，中间基础为桩基承台结构，共设置 84 根桩，总库容达到 $32\times10^4m^3$（图 6.46），是首个采用桩基础实体坝和堆石面板结合的实体坝，也是首次采用“路坝结合”设计思路的泥石流拦挡坝。有效解决了泥石流堆积体承载力不足、坝体沉降量过大和过坝交通的问题，为后续泥石流的治理提供了宝贵的经验。

（3）治理成效

魏家沟治理工程竣工后，经历了多次强降雨考验，各分项治理工程均运行良好，有效保护了地震遗址、任家坪安置点地震博物馆等数亿元资产安全，取得了良好的经济效益和社会效益（图 6.47）。

图 6.46　魏家沟 1#坝坝体

图 6.47　魏家沟泥石流治理工程竣工后效果

6.3.3.2　水石分治导流，固底拦挡停淤——“8·13”绵竹市清平乡文家沟地震、暴雨型泥石流治理工程

（1）灾害基本概况

文家沟泥石流位于德阳市绵竹市清平镇盐井村 2 组，泥石流沟口位于清平乡场镇北（绵远河上游）约 500m 处，由主沟和两条支沟组成，整个冲沟流域面积约 7.81km^2。主沟长约 3.25km，从沟口至沟源沟床坡降为 80‰～460‰，岸坡坡度为 35°～48°。“5·12”滑坡碎屑将文家沟原有沟道完全掩埋，堆积厚度 30～80m，总方量约 5000m^3。2010 年 8 月 13 日强降雨诱发泥石流灾害，冲出方量达 $450\times10^4m^3$，造成 379 户农房被掩埋，绵竹至茂县公路全面中断，桥梁被毁、学校被淹，直接经济损失约 4.3 亿元（图 6.48）。

（2）治理方案

2010 年文家沟泥石流治理工程批准实施，采用“水石分治、固底护坡、拦挡停淤、

图 6.48　文家沟泥石流爆发后沟口受灾情况

监测维护”综合治理思路（图 6.49）。上游水石分治工程，以分水工程将上游主要水源通过一号支沟引离中游的巨大物源区，导入绵远河，切断水源与物源结合的可能性（图 6.50）；中游固底护坡工程，对中游松散的巨大物源区采用钢筋块片石砌体的软性方式固坡护底，避免其启动；下游拦挡停淤工程，在下游沟口区设拦挡停淤工程，将上游仍可能冲出的固体物源停积在预定区域，同时全程辅以监测维护。

图 6.49　文家沟泥石流治理设计图

图 6.50　文家沟泥石流水石分治工程

（3）治理成效

文家沟泥石流治理工程在工程实施后经历了多次超 50 年一遇甚至 100 年一遇的强降雨考验，支沟虽暴发了一定规模的泥石流，且冲出物方量巨大，但上游水石分治区主体工程完好无损，大量的泥石流从中游石砌体主排导槽流过并最终在三号桩林坝下停积，泥石流物质未冲出文家沟沟口，下游两座梳齿坝、停淤场均运行良好。各部分治理工程均很好地发挥了防灾减灾功能（图 6.51）。

（a）上游　　（b）下游

图 6.51　文家沟泥石流治理工程竣工后效果

6.3.3.3　分级固源为主，拦挡排水相辅——"8·14"汶川县映秀镇烧房沟地震、暴雨型泥石流治理工程

（1）灾害基本概况

烧房沟泥石流位于阿坝藏族羌族自治州汶川县映秀镇东北侧，岷江左岸。流域面积约 0.61km^2，长度 1.904km，高程 888～1902m，主沟平均纵坡降 498.5‰，沟域形态呈柳叶形。2010 年 8 月 13 日夜间至 14 日凌晨汶川县境内突降暴雨，沟谷冲出泥石流固体物质总量约 $25\times10^4m^3$，其中，进入岷江河道约 $20\times10^4m^3$，沟口、沟道及 G213 国道堆积方量约 $5\times10^4m^3$。泥石流灾害发生后，掩埋了沟口 G213 国道明洞，G213 国道生命线交通完全中断，同时泥石流进入岷江河道形成堰塞体，严重威胁 G213 国道、岷江河道、映秀场镇、渔子溪电站、烧火坪大桥及下游映秀场镇新区安全，直接威胁人数大于 1000 人，威胁经济损失大于 1 亿元，泥石流潜在危险等级为特大型。

（2）治理方案

2011 年烧房沟泥石流治理工程批准实施，采用“固源为主，拦排相辅”设计思路，既减少沟道上游物源参与泥石流活动，减缓滑坡段沟道下蚀及侧蚀。治理工程方案为“上游谷防群+截水盲沟+中游桩板和肋板护脚护底+下游 3 座格栅坝自然回淤固床压脚+渡槽明洞跨越 G213+坡面防护工程”（图 6.52）。其中上游沟道采用 3 座毛石谷坊坝进行固床、压坡脚；中游沟道及支沟采用钢筋混凝土“抗滑桩+挡土板+防冲肋板”进行护脚护底（图 6.53）；下游沟道采取 3 座混凝土格栅坝固床压脚、拦粗放细（图 6.54）；沟口采用钢筋混凝土明洞渡槽的方式跨越国道 G213（图 6.55，图 6.56）。

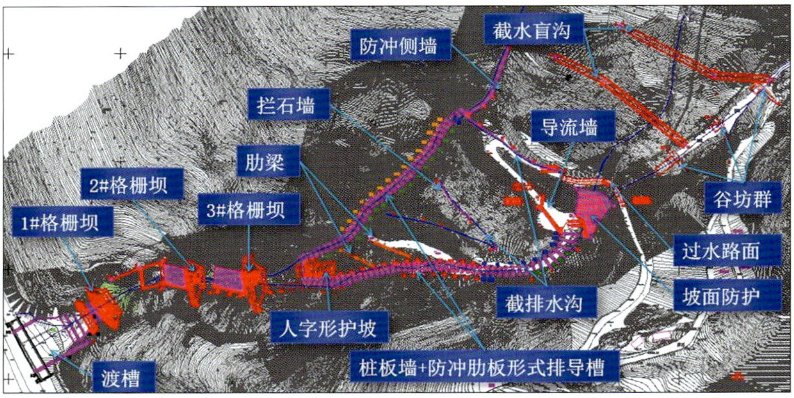

图 6.52 烧房沟泥石流治理工程平面布置图

图 6.53 主沟桩板墙及防冲肋板治理工程

图 6.54 2#格栅坝及 3#格栅坝

图 6.55 坡面防护工程及排导槽入口处治理工程

图 6.56 沟口渡槽

（3）治理成效

烧房沟泥石流治理工程经过了多个汛期的考验，达到了泥石流的治理功效，有效地将物源进行了固停，保护了沟口及岷江上游、下游的威胁对象，保护了灾后重建成果，取得了良好的社会效益（图 6.57）。

图 6.57　烧房沟泥石流治理工程竣工后全貌图

6.3.3.4　阶梯深潭系统，多级拦挡排淤——“8·18”宝兴县穆坪镇冷木沟地震、暴雨型泥石流治理工程

（1）灾害基本概况

宝兴县冷木沟泥石流位于雅安市宝兴县穆坪镇冷木沟村冷木组。2012 年 8 月 18 日，暴雨引发泥石流冲毁县城穆坪镇至冷木组乡村公路 4km、小桥 3 座、房屋 25 间、圈舍 14 间、耕林地 750 亩、淹没装载机等机械 8 台、沟口泥石流堵塞宝兴河河道近 30m，致使宝兴河上游水位抬高 3m，造成 1 名施工人员失踪，直接经济损失约 4050 万元。2013 年 4 月 20 日，芦山发生 7.0 级强烈地震，两次灾害导致沟域内产生大量的崩塌和滑坡。据调查，震后沟域内存在约 $700\times10^4m^3$ 固体物源，在暴雨条件下可能再次发生特大型泥石流，对县城 3000 余人的生命财产安全和熊猫古城造成严重威胁（图 6.58）。

（2）治理方案

2013 年冷木沟泥石流治理工程批准实施，创新性地提出“人地和谐”的地质灾害治理理念，采用“多级拦挡、固沟护坡、拓宽行洪”设计思路，即“上游拦粗排细，中游拦蓄+排导、固床及防护，下游防护、固床等工程”。整个综合治理工程包括 8 座拦砂坝+2 道排导槽+1 处阶梯深潭系统+19 道肋槛固床+公路护坡工程+清淤工程（图 6.59），治理工程中尤以 7#拦砂坝最为典型（图 6.60）。该坝位于泥石流主沟中上游，在防治系统中起到关键控制作用，总坝高 32m，库容 $17\times10^4m^3$，刷新了全国拦砂坝设计高度。此外，

图 6.58　冷木沟特大泥石流全貌图

冷木沟泥石流治理工程在四川省首次采用“阶梯深潭系统”先进治理理念，同时运用了全国先进的泥石流灾害自动化监测预警预报系统，涵盖雨量、泥水位、断线、视频及声波监测，全部实现无线传输，并和上、中、下游预警广播联动，借助四川省省级预警平台系统，构建人防+技防综合防治体系，实现精准预警，避免泥石流再次造成人员伤亡。

图 6.59　排导槽全貌

图 6.60　7#拦砂坝全貌

（3）治理成效

治理后的冷木沟作为全国地质灾害防治示范工程（图 6.61），一是保障了县城 3000 余人和熊猫古城安全，保护财产上亿元；二是创新性提出“人地和谐”的防治理念，冷木沟流域被打造成了省级地质公园和科普基地，树立生态防治标杆；三是首创阶梯深潭系统，美化泥石流沟域环境，环境效益明显；四是开展乡村旅游，给当地居民带来可观的经济收入，产生了明显的经济效益。

图 6.61　冷木沟泥石流治理工程

6.3.3.5 固床固源为主，防溃排导为辅——“7·10”汶川县威州镇七盘沟地震、暴雨型泥石流治理工程

（1）灾害基本概况

七盘沟流域面积 55.2km^2，形成区位于沟谷中上游，固体物源量约 439.44×10^{4}m^3，参与泥石流的动储量达 90×10^{4}m^3。“5·12”特大地震诱发大量崩塌堆积体、潜在滑坡体及堰塞体使得七盘沟逐渐演变为一条高频率的泥石流沟。2013 年 7 月 10 日，七盘沟再次爆发泥石流，造成七盘沟 5 个村 480 余户、1600 余人及阳光家园居民 737 户 2800 余人受灾，死亡（失踪）15 人，损毁房屋 285 间，淤埋都汶高速 260m，损毁 213 国道 445m，壅高岷江水位 3~4m，淹没岷江上游新桥村、威州市场及阿坝州车管所，直接经济损失约 4.15 亿元（图 6.62）。

图 6.62　七盘沟泥石流灾后图

（2）治理方案

2014 年七盘沟泥石流治理工程批准实施，针对七盘沟泥石流纵坡不大、弯道、卡口造成的堵点较多的特点，采用“拦固为主，固床固源，防止堵溃，辅以排导”的治理思路。设计方案包括“固源治溃工程（2 座拦砂坝+1 座桩林坝+1 座缝隙坝）+拦挡工程（1 座骨干坝）+固源工程（格宾石笼固床槛）+排导工程（复式排导槽工程）+清库+沟口绿化景观工程，且首次采用桩林坝、格宾石笼组合固源设计（图 6.63，图 6.64）。

图 6.63　1#拦挡坝

图 6.64　2#桩林坝

（3）治理成效

七盘沟泥石流治理工程投资15615万元，建成至今运行正常，经受了多年汛期暴雨侵扰，累计拦挡泥石流固体物质近$100\times10^4m^3$，有效保护了沟口阳光家园社区、七盘沟村5个村民小组居住区、工矿企业、都汶高速、G213国道等的安全，保护资产约5亿元，社会效益良好。特别是2019年“8·20”强降雨期间，该治理工程5座拦挡坝，一次拦蓄泥石流超$15\times10^4m^3$，保护了流域内4000余名群众的生命财产安全（图6.65）。

图6.65　七盘沟泥石流治理后全貌图

6.3.3.6　拦固排洪为主，生态恢复为辅——“3·28”木里县项脚乡项脚沟火后泥石流治理工程

（1）灾害基本概况

项脚沟位于四川省凉山彝族自治州项脚蒙古族乡，流域面积$77.12km^2$，主沟长14.95km。2020年3月28日，木里县项脚乡境内发生了严重的森林火灾，项脚沟流域位于重度过火区，森林火灾造成植被严重损毁，地表裸露，坡体上形成了大量松散固体物质。项脚沟流域松散固体物质主要为坡面侵蚀物源、沟岸崩滑物源、沟道堆积物源及人二物源等4类，总量为$1664.5\times10^4m^3$，泥石流动储量为$227.8\times10^4m^3$。2020年6月9日—2020年9月14日，受强降雨影响，项脚沟流域先后发生了规模不等的泥石流灾害14次，造成大量房屋、农田被淤埋，部分道路、桥梁被冲毁（图6.66），直接经济损失达4500万元以上，泥石流灾情等级为特大型。

（a）支沟黄泥巴沟发灾

（b）主沟发灾

图6.66　项脚乡项脚沟特大型火后泥石流受灾情况

（2）治理方案

2022年项脚沟泥石流治理工程批准实施，采用“拦固为主+排洪+生态修复”的综合设计思路。包括在主沟及各支沟中修建拦挡工程及固源工程（拦挡坝、谷坊坝）对泥石流进行全面拦挡，同时通过拦挡工程回淤压脚稳固沟床和岸坡。在主沟及支沟下游段修建排导工程（防洪堤、排导槽）将山洪泥石流顺利排入主河（沟）。对流域内可能产生严重后果的堵溃点进行清除，防止形成堵溃性泥石流。

治理工程主要包括7段排导槽+1段固床槽+7座拦挡坝+3座谷坊坝+1段抗滑挡墙。其中主要拦挡工程如下：

1）项脚沟主沟1#拦挡坝主要功能是稳固沟床、削减洪峰和拦挡大部分泥石流固体物质。拦挡坝总长70.82m，基础埋深3m，坝身及基础均采用C20混凝土浇筑。拦挡坝分为溢流段、非溢流段和坝下护坦（图6.67）。

2）项脚沟主沟2#拦挡坝主要功能是稳固沟床、削减洪峰和拦挡泥石流携带的粗大颗粒。拦挡坝总长49.5m，基础埋深3m，坝身及基础均采用C20混凝土浇筑。拦挡坝分为溢流段、非溢流段和坝下护坦（图6.68）。

图6.67　1#拦挡坝治理工程

图6.68　2#拦挡坝治理工程

3）支沟黄泥巴沟拦挡坝主要功能是稳固沟床、削减洪峰和拦挡部分泥石流固体物质。拦挡坝总长39.76m，基础埋深3m，坝身及基础均采用C20混凝土浇筑。拦挡坝分为溢流段、非溢流段和坝下护坦（图6.69）。

4）支沟瓦科沟拦挡坝主要功能是稳固沟床、削减洪峰和拦挡部分泥石流固体物质。拦挡坝总长67.04m，基础埋深3.0m，坝身及基础均采用C20混凝土浇筑。拦挡坝分为溢流段、非溢流段和坝下护坦（图6.70）。

图6.69　黄泥巴沟拦挡坝治理工程

图6.70　瓦科沟拦挡坝治理工程

（3）治理成效

项脚沟特大型泥石流治理工程竣工后经历了多轮强降雨的考验，各分项工程运行情况良好。一是有效保护了项脚乡村民1200余人的生命财产安全和项脚村蔬菜大棚经济园区及农田约2000余亩，经济价值约1.5亿元。二是恢复了泥石流损毁的耕地274亩，取得了良好的经济效益。三是防止项脚村、羊窝子村集中安置点159户贫困户因灾返贫，扎实巩固脱贫攻坚成果，为木里县乡村振兴带好头开好局。

6.3.4 综合治理工程

6.3.4.1 地质灾害综合整治，避险搬迁精准扶贫——喜德县则约乡则约沟小流域地质灾害综合治理工程

（1）灾害基本概况

则约沟泥石流流域面积101.9km^2，主沟长20.6km，支沟口古泥石流堆积扇及主沟沟床内松散物及两岸松散崩滑体是则约沟泥石流的主要物源。2012年7月5日和8月31日，则约沟爆发两次泥石流，其中8月31日强降雨造成特大洪灾，洪水淹没则约沟两侧居民房屋13间，冲毁冲断下游约8.1km通乡通村公路和已建防护堤200m，并彻底摧毁前进村、则约村、石门村及幸福村等几个村子的供水设施及大量蓄水池，造成村民饮水困难（图6.71，图6.72）。由于避险及时，此次泥石流未造成人员伤亡，但因灾损失仍达千万元以上。

图6.71　则约沟爆发时情况

图6.72　则约沟爆发后淹没房屋

（2）治理方案

则约沟小流域地质灾害综合治理工程是集地质灾害治理、地质灾害避险搬迁安置、土地开发整理、生态环境整治、精准扶贫等内容于一体的综合工程，而则约沟小流域地质灾害综合防治工程中，泥石流整治是首要治理工程，在泥石流得到有效治理后，才能保证其他综合治理工程规划的合理性及工程自身的安全性。由此根据则约沟的基本地质条件及成灾模式，则约沟小流域地质灾害综合防治工程分3个方面。

1）因害设防。根据则约沟泥石流的基本特征与运动特征，结合威胁范围、保护对象，采取“控制支沟启动，调节主沟过流、疏导出沟排导量，并针对沟域内保护对象进行防护，对潜在堵溃点进行固源”的综合治理思路。

a. 泥石流支沟治理工程。将沟域内泥石流支沟吞地拉达、前进拉达及罗莫拉达作为治理重点，布置拦挡和排导工程（图 6.73），控制支沟泥石流固体物源启动量和泥石流固体物质冲出量。

b. 泥石流主沟治理工程。在主沟中游段一带布置拦挡坝工程（图 6.74），对主沟泥石流进行水石分流，下游以排泄洪水或高含沙水泥为主，对流量和泥石流冲出固体物质进行调节。一方面对泥石流进行削峰减流，另一方面防止泥石流冲出固体物质在下游产生淤积，降低泥石流沟道排导能力。

c. 沟域内保护对象的防护工程。为保护沟道两侧泥石流危险区内聚居点、分散农户、道路、饮水设施、农田等的安全，在主沟和支沟沿线针对保护对象布置防护堤工程（图 6.75）。

d. 其他治理。小型地质灾害点采取应急排危的方法及时整治（图 6.76）；灾后恢复重建工程场地、避难场所开展建设用地地质灾害危险性评估，避免因区内规划建设开发诱发或加剧地质灾害；对有搬迁意愿的 62 户群众进行避险搬迁（图 6.77）。

图 6.73 前进拉达 1 号梳齿坝工程

图 6.74 主沟拦砂坝工程

图 6.75 防护堤工程

图 6.76 前进村酒厂后山布设的防护网

图 6.77 村民避险搬迁后的新居

2）因损修复。对灾损基础设施工程进行恢复重建，包括灾损进村道路、灾损饮水工程、灾损防护堤等（图 6.78，图 6.79）。为区内经济恢复和快速发展提供条件。

3）因灾预警。建立群测群防体系与监测预警系统及专业预警监测系统（图 6.80）；加强地质灾害基本知识和相关法律法规的宣传教育，建设应急避难场所（图 6.81），提高群众对地质灾害发生时的应变处理能力；开展地质灾害应急能力建设（图 6.82），开展地质灾害避险演练，提高应急能力。

图 6.78　受损桥梁修复

图 6.79　受损道路修复

图 6.80　专业监测预警系统

图 6.81　地质灾害宣传教育广场

图 6.82　吞地村应急避险场所

（3）治理成效

则约沟小流域地质灾害综合治理工程的实施，不仅有效保护了流域内数千人的生命与财产安全，还解决了海拔 1810~2750m 沿线群众的生产生活用水，改善了交通及基础设施落后的现状，同时新增加 556 亩耕地，从根本上改善村民的生产生活条件。为后续实施的改变群众生产生活环境的增减挂钩、大棚蔬菜等产业等项目奠定坚实的基础，有力助推了脱贫攻坚工作。同时也为喜德县温泉小镇、彝族文化风情、彝家新寨建设、沿河景观的打造起到了强力助推的作用，加快了喜德县招商引资、项目建设的步伐，对提升喜德县知名度和综合实力打下了基础（图 6.83）。

图 6.83　项目实施为则约村、石门村、前进村新增耕地 556 亩

6.3.4.2　多方筹资全域整治，地质灾害隐患存量清零——自贡市地质灾害全域综合整治治理排危工程 EPC 项目

（1）基本概况

2021 年 5 月 30 日，经四川省人民政府同意，四川省人民政府办公厅印发《四川省地质灾害全域综合整治三年行动计划（2021—2023 年）》。自贡市委市政府高度重视地质灾害防治工作，市委市政府系统谋划、专题研究，明确“省下三年任务一年完成，年底存量地质灾害隐患点清零”目标，将地质灾害全域综合整治列为 2021 年改革任务和政务目标重点推进。自贡市自然资源和规划局通过调查研究，对辖区内 241 处存量地质灾害隐患点逐点踏勘分析，研判灾害趋势，立足隐患消除，遵循成本优先，制定“一点一策”，其中涉及对全市 54 处点位进行排危除险整治。为破解总体呈现资金筹措难、推进工作慢等难题，经多方调研，自贡市采取了国有企业前期融资（即 ABD 授权—建设—交付模式），再争取中省资金和一般债券补助的办法，同时采取 EPC 建设工程模式实施项目能够解决资金筹措难、推进工作慢等问题。

（2）治理方案

2021 年 8 月，自贡市人民政府正式批复《自贡市加快推进地质灾害全域综合整治治理排危工程工作方案》，自贡市地质灾害全域综合整治治理排危工程 EPC 项目实施，项目总投资 5966 万元，共计 54 处地质灾害隐患点，其中滑坡 19 处、崩塌 35 处，涉及荣县工程治理 6 处，排危除险 4 处，工程概算为 2080 万元；富顺县工程治理 7 处，排危除险 13 处，工程概算为 2076 万元；沿滩区工程治理 6 处，排危除险 18 处，工程概算为 1810 万元。共计威胁 500 户 2200 余名群众生命和 1 亿余元财产安全（表 6.1）。

表 6.1　自贡市地质灾害全域综合整治治理排危工程 EPC 项目点位明细表

序号	区（县）	项目名称	项目类型	威胁户数/户	威胁人口/人	威胁财产/万元
1	沿滩区	燕山寺崩塌	排危除险	13	58	180
2	沿滩区	烧蛋沟崩塌	排危除险	13	54	250
3	沿滩区	狮子山崩塌	排危除险	11	52	150

续表

序号	区（县）	项目名称	项目类型	威胁户数/户	威胁人口/人	威胁财产/万元
4	沿滩区	石港湾崩塌	排危除险	11	52	150
5	沿滩区	李子园滑坡	排危除险	11	55	160
6	沿滩区	堂湾头滑坡	排危除险	10	51	110
7	沿滩区	南瓜山崩塌	排危除险	11	53	140
8	沿滩区	田碥上滑坡	排危除险	14	56	180
9	沿滩区	胡琴岭滑坡	排危除险	11	50	140
10	沿滩区	尖山嘴崩塌	排危除险	11	55	140
11	沿滩区	简沟滑坡	排危除险	12	63	185
12	沿滩区	上叶沟滑坡	排危除险	11	51	135
13	沿滩区	李子林滑坡	排危除险	11	55	145
14	荣县	瓦房子崩塌	排危除险	15	52	270
15	荣县	石家湾崩塌	排危除险	15	56	150
16	荣县	观音坡张家湾滑坡	排危除险	14	54	180
17	荣县	谢家沟崩塌	排危除险	21	52	120
18	沿滩区	飞峨山崩塌	排危除险	0	5	10
19	沿滩区	岔口崩塌	排危除险	0	5	20
20	沿滩区	河坝头崩塌	排危除险	3	13	120
21	沿滩区	水井坎崩塌	排危除险	4	11	70
22	沿滩区	岩上崩塌	排危除险	2	10	65
23	富顺县	沙地湾崩塌	排危除险	6	31	156
24	富顺县	烂寨子崩塌	排危除险	4	22	250
25	富顺县	管家庙滑坡	排危除险	3	16	60
26	富顺县	青峰村水井湾滑坡	排危除险	2	14	30
27	富顺县	猫儿山崩塌	排危除险	2	8	30
28	富顺县	堰坎上崩塌	排危除险	2	6	20
29	富顺县	黄金湾滑坡	排危除险	2	8	70
30	富顺县	虎脑壳崩塌	排危除险	1	6	50
31	富顺县	新龙湾崩塌	排危除险	1	5	18
32	富顺县	黄桷岩崩塌	排危除险	1	4	15
33	富顺县	龙石岩崩塌	排危除险	1	6	150
34	富顺县	罗寺村水井湾崩塌	排危除险	1	3	40
35	富顺县	平安寨滑坡	排危除险	2	12	40
36	沿滩区	梨儿树滑坡	治理工程	9	50	220
37	沿滩区	獠牙潭崩塌	治理工程	14	68	280

续表

序号	区（县）	项目名称	项目类型	威胁户数/户	威胁人口/人	威胁财产/万元
38	沿滩区	老皇洞崩塌	治理工程	15	64	270
39	沿滩区	大崖山崩塌	治理工程	11	58	300
40	荣县	窝沱滑坡	治理工程	15	54	400
41	荣县	大坡山滑坡	治理工程	13	51	200
42	荣县	寨子岩崩塌	治理工程	17	53	240
43	富顺县	久桥崩塌	治理工程	38	180	600
44	沿滩区	刘山寺崩塌	治理工程	9	56	200
45	沿滩区	大危岩崩塌	治理工程	12	68	150
46	荣县	黄桷岩崩塌	治理工程	17	61	430
47	荣县	龙神屋基滑坡	治理工程	19	64	550
48	荣县	青杆林崩塌	治理工程	11	50	300
49	富顺县	罗浮洞养路段宿舍背后崩塌	治理工程	18	71	450
50	富顺县	下沟头背后崩塌	治理工程	14	51	600
51	富顺县	大梯子崩塌	治理工程	0	30	250
52	富顺县	大石坡滑坡	治理工程	4	18	280
53	富顺县	岩湾头滑坡	治理工程	3	13	200
54	富顺县	砖房子烂函片滑坡	治理工程	9	40	300

（3）治理成效

1）缩短实施周期、提前发挥防灾功效。常规的地质灾害治理工程涉及勘查方案编制、财评、勘查、设计等12道环节，在资金到位的情况下，实施周期一般为1～2年。EPC模式属于勘查、设计、采购、施工总承包，通过压缩和优化实施环节，大幅度缩短实施周期。自贡市通过采取EPC模式打捆实施54处地质灾害治理排危项目（图6.84），所有项目从立项到完工，仅用了6个月时间，提速自贡市地质灾害全域综合整治三年任务实施，有力保障了省级存量地质灾害隐患点实现年底清零。

2）取得了良好的社会效益和经济效益。通过自贡市地质灾害全域综合整治治理排危工程EPC项目的实施，有效解除了地质灾害对500户2204人的生命威胁，直接避免了10219万元财产可能因灾损失，为地质灾害威胁群众提供了安全的地质环境，有力保障了当地的经济社会发展。

3）自贡市EPC项目快速推进为相关市（州）提供了借鉴经验。自贡市地质灾害全域综合整治治理排危工程EPC项目是地质灾害“一点一策”实施的重要环节，是“全域综合整治三年任务一年完成、实现存量隐患点清零”的重要保障，相关做法得到四川省人民政府领导高度肯定，为全省地质灾害全域综合整治提速增能。

（a）沿滩区梨儿树滑坡挡墙

（b）荣县黄桷岩崩塌拦石墙

（c）荣县寨子岩崩塌勾缝

（d）沿滩区大崖山崩塌拦石桩板墙

图 6.84　部分隐患点治理工程

6.3.4.3　拦挡回淤多方结合，土地整治配套发展——青川县石坝乡华祖背泥石流治理工程

（1）基本概况

2020 年 8 月 17 日凌晨 2 点，潘家河暴发山洪，形成长约 500m，宽约 15~45m，深约 10~30m 的冲槽，洪水携带约 $10\times10^4m^3$ 堰塞体形成泥石流，同时红石河主河道上游，“5·12”地震形成的杨家坟地震爆破体、董家堡小堰塞湖也暴发了泥石流，方量约 $1\times10^4m^3$。泥石流的发生导致 24 户 101 间房屋受损，直接经济损失约 1000 万余元，由于防灾工作到位，未造成人员伤亡。整个华祖背堰塞体至潘家河河口范围内，松散固体物源量尚有 $1660\times10^4m^3$，在暴雨作用下，极易形成更大规模的泥石流，严重威胁下游石坝乡和关庄镇 328 户 1000 余人的生命安全，威胁财产共计约 2 亿元，其险情等级为特大型（图 6.85）。

（2）治理方案

华祖背泥石流治理工程采取“拦、固、排结合”的治理思路。整个治理工程共设计 1 座潜坝，抗滑桩排导槽（钢筋石笼）、肋坎，2 座拦砂坝（图 6.86，图 6.87）。

1）在上游设置 1#拦砂坝，防止上游泥石流裹挟华祖背沟道内及岸坡两侧物源参与泥石流活动。

2）在堰塞体上设置排导槽，减少沟道岸坡两侧物源参与泥石流活动，减缓滑坡段沟道下蚀及侧蚀，在排导槽两侧设置抗滑桩，稳固两侧坡体，排导槽内设置钢筋石笼+肋坎，起到稳固沟道的作用。

3）在下游设置两座拦砂坝，起到拦挡回淤稳坡的作用。

图 6.85　华祖背泥石流治理前全貌

图 6.86　2#、3#拦砂坝

图 6.87　排导槽

（3）治理成效

华祖背泥石流治理工程在竣工后经历了多次强降雨考验，各分项治理工程均很好地发挥了防灾减灾功能。一是有效保护了下游 1000 余人生命安全和 2 亿余元财产安全；二是通过工程治理+土地整治+配套产业发展，平整出新增耕地面积 70 余亩，新增潜力耕地资源 210 余亩，提高当地老百姓经济收入，促进了当地社会经济发展（图 6.88）。

图 6.88　平整新增耕地效果

6.4 应急调查处置

四川省在多年的重特大突发地质灾害抢险处置中，形成了一套应急响应迅速，统筹协调、组织指挥有序，现场处置措施得当的工作方法，未出现一起突发地质灾害应急调查处置中造成人员伤亡的事件发生，拥有丰富的突发地质灾害应对案例，积累了宝贵的应对经验。

6.4.1 军民合作山体堆载，打锚固山工程治理——“2·22”丹巴县建设街特大型岩质滑坡应急调查

（1）案例概况

丹巴县建设街后山滑坡纵长 270m、平均宽度 205m、体积约 $150\times10^4m^3$。2004 年 2 月，滑坡体有明显下滑迹象。2005 年 1 月，丹巴县建设街滑坡勘查中发现坡体整体的位移量较大，监测发现整个坡体每日向下滑移速度达 20~30mm，并呈加速扩张趋势，其危害程度受到了县、州、省各级人民政府的高度重视。2005 年 2 月 20—22 日，丹巴县城建设街后山滑坡体上的 24 个监测点的数据显示，滑坡体正加剧变形，如发生整体瞬间下滑，将危及 4600 多人的生命安全，丹巴县城可能在瞬间一半被埋，情况十分危急。

（2）调查处置过程

发现险情后，四川省委高度重视，协调安排多家技术单位紧急入场开展现场勘查、应急处置、综合治理工作。根据滑坡变形情况和专家组意见，对危险区作了 3 次科学的调整划分，每处危险区均用红色油漆画上警戒线，标注危险区字样，并实行交通管制。丹巴县与四川省多家技术单位共同组成了监测预报联合工作组，设置了 33 个仪器监测点和 17 个人工监测点，构建了 24 小时巡查监测的应急监测体系，并每天进行两次以上的综合分析，一旦预报预警级别达到 3 级，立即实施紧急全城疏散。2 月 22 日，针对滑坡山体较快的下滑趋势，专家研判提出进行山体堆载，丹巴县党委政府在上级党委政府的协调下，紧急调来 300 多名武警和 15 个乡镇的 1500 多名群众，通过扛沙袋、筑挡坎等前缘堆载方式，历经 7 个昼夜，于 29 日顺利完成了滑坡体下 $7170m^3$ 的沙石袋堆载量，确保滑坡体暂时稳定。经专家现场勘查提议，在堆载山体的基础上采取“打锚固山”的治理工程解决山体滑坡问题，通过危岩人工清除、打造 284 根锚索和水泥浆浇灌填实滑坡裂缝等工程措施固定滑坡山体（图 6.89，图 6.90）。依靠避险转移和工程措施，丹巴县建设街滑坡得到有效控制，为后续综合治理工程提供了有力支撑。

（3）经验启示

一是做好隐患点监测工作，通过布设专业监测设备和加大群测群防力度，并积极借助专家力量分析研判，确保险情发现及时；二是受灾市、县要做好常态化应急预案与演练，分析划定避险转移场所，应急响应高效迅速，避险转移科学妥当；三是市、县级人民政府及主管部门做好人民群众与抢险队伍之间的统筹协调，构建全民防灾治灾局面，形成稳定输出合力，确保人员伤亡和财产损失降至最低。

图 6.89　建设街山体压载和打锚现场图

图 6.90　建设街滑坡治理工程平面布置图

6.4.2　组建技术专家团队，风险研判协同搜救——“8·14”甘洛县成昆铁路山体垮塌应急调查

（1）案例概况

2019 年 7 月 29 日和 8 月 3 日，凉山彝族自治州甘洛县接连两次遭受暴雨侵袭，累计造成 3 人死亡，10 人失踪，大量基础设施受损，特别是 7 月 29 日，成昆铁路埃岱段发生山体垮塌，导致铁路中断（图 6.91）。受强降雨影响，该铁路段一直处于反复抢险施工状态，2019 年 8 月 14 日 12 点 44 分，在成昆铁路埃岱 2 号和埃岱 3 号隧道之间一处山体再次发生垮塌，造成 17 名铁路工人死亡。

图 6.91　甘洛县“8·14”成昆铁路山体垮塌全貌图

（2）调查处置过程

灾害发生后，四川省自然资源厅、四川省应急管理厅、凉山彝族自治州自然资源局迅速派出专家工作组和技术团队赶赴现场，对灾害安全现状和发展趋势进行风险研判，设立 13 个临时监测点，制定专题技术产品和抢险救援方案，凉山彝族自治州消防支队

及甘洛县消防大队在专业技术人员的协同配合下开展人员搜救（图6.92），自然资源厅紧急制定《“8·14”成昆铁路甘洛段沿线及周边区域地质灾害隐患应急排查实施方案》，对成昆铁路甘洛沿线，人口聚集区、靠山靠崖、临沟临坎等重点区域开展地质灾害风险评估，严防发生类似情况造成人员伤亡。

图6.92　应急处置现场

（3）经验启示

一是在成灾区开展人员搜救过程中，要开展专业灾情评估，实施必要的应急监测和救援指导。二是灾害点周边地质环境具有相似性，处于地质灾害高敏感发育期，易再次成灾，要及时开展周边区域地质灾害风险排查评估。三是施工人员在应急抢险期间作业时，施工单位要组织开展地质灾害危险性评估，并按照评估要求落实防范应对措施。

6.4.3　创新等级警示标志，一点一案针对防灾——“9·5”泸定地震次生地质灾害应急调查处置

（1）案例概况

2022年9月5日12时52分，四川省甘孜藏族自治州泸定县发生6.8级地震，震源深度16km，本次地震震源浅、震级高、危害大、损失重，波及3个市（州）、12个县（市、区），震区位于高山峡谷区，地质灾害点多面广，加之震后道路、通信、电力中断，出现多处“生命孤岛”，通行困难，泸定、石棉、海螺沟三线同时开展应急排查处置，难度极大。

（2）调查处置过程

四川省自然资源厅迅速组织协调49名部省专家及632名技术骨干，携带数百台（套）装备、车辆奔赴灾区各地开展震后次生地质灾害应急排查，用2天半时间完成首轮排查，累计复核震前在册地质灾害隐患点1832处、已销号隐患点1498处；发现新增隐患点195处；评估临时安置点300处；排查在建工程、已治理工程674处；排查电站、堤坝、桥梁、加油站、基站等重要基础设施268处，有力保障了灾区抢险救援和群众安全。在完成首轮应急排查后，立即转入第二轮隐患重点详查，按照地质灾害排查

规范及技术要求，对靠山靠崖、临沟临坎的有人居住（活动）地斜坡、房前屋后及其左右两侧，交通干线及地质灾害极高、高风险区进行全覆盖排查，为后期防灾减灾工作提供全面详实的依据。同时，强化排查成果运用，及时划定危险区，建立“红黄绿”等级警示标识，督促指导乡镇人民政府及相关部门落实防灾措施（图 6.93）。特别是针对变形加剧隐患点、急需排危除险隐患点，及时组织专家实地踏勘、会商研判，“一点一案”针对性制定具体防灾措施。同时，按照震区地质灾害预警提级响应的原则，制作发布“9·5”泸定地震地质灾害专题预警，每日开展预警区地质灾害防范调度，有效避免因次生地质灾害造成人员伤亡事件。

图 6.93　“红黄绿”等级警示标识图

（3）经验启示

一是建立了地震次生地质灾害“首轮排查+二轮详查”机制，规定在 3 天内黄金救援时间完成首轮应急排查，全力保障抢险救援及过渡安置。二是实行地震灾区“专题预警+提级响应”机制，对地震灾区优化预警阈值，专题制作预警产品，指导震区提前避险转移受威胁群众。三是运用卫星遥感技术，紧急开展次生地质灾害遥感解译，协调专业地勘队伍复核，提升排查质效。四是规范应急排查方案，提出地震次生地质灾害“5+1”排查内容，“5”包括已有隐患点（含已销号）复核、新增隐患点调查、安置点评估、已治理地质灾害工程复核评估、在建工程排查，“1”是指重要基础设施地质灾害隐患排查。五是加强排查成果运用，建立“红黄绿”等级警示标识，提示群众在地质灾害威胁消除前，禁止返回家中居住。

6.4.4　专业仪器持续监测，有效规避二次伤害——“5·9”荣县旭阳镇子同桥村 2 组岩石意外垮塌应急调查处置

（1）案例概况

2022 年 5 月 9 日 14 时 39 分，荣县旭阳镇子同桥村二组（小地名：马鞍山）岩石意外垮塌致 5 人失联（图 6.94）。经全力抢险救援，5 名失联人员已于 10 日凌晨 0 时 15 分左右全部找到，均无生命体征。

图 6.94　垮塌全貌图

（2）调查处置过程

灾害发生后，省委、省政府领导高度重视，迅速做出重要批示指示。自然资源厅立即组织专家赶赴现场，会同自然资源部汛期驻川专家及市、县技术支撑专家共同组成联合专家组，立即开展应急调查和抢险救灾指导工作。经现场调查发现，垮塌体位于山坡中上部，分布高程 350～380m，垮塌体宽约 10m，平均厚约 4m，高约 20m，垮塌方量约 $800m^3$，垮塌体最远滚落距离约 50m。垮塌后坡体仍存在一危岩体，该危岩体宽约 7m，平均厚约 1m，高约 15m，总体方量约 $100m^3$。在救援期间，市驻守技术支撑单位采用徕卡 TM5000-0.5 全站型自动监测机器人持续对垮塌区进行变形监测，9 日 22 时 50 分左右，监测人员监测到该危岩体位移变形加剧，第一时间吹哨预警，并通知撤离，在救援人员撤离后不久，发生二次垮塌，未造成人员伤亡。

（3）经验启示

在应急处置过程中要持续做好灾害体隐患监测，通过布设专业设备或现场调查等手段，评估灾害体的稳定性，研判次生灾害的发生，同时做好预警预报，在开展应急处置过程中避免二次伤害。

大 事 记

一九七八年

12 月 18—22 日　党的十一届三中全会顺利召开，全会明确把党和国家的工作重点转移到社会主义现代化建设上来，提出实行改革开放的重大决策，实现了党的历史上具有深远意义的重大转折，开创了改革开放和社会主义现代化建设新时期。

一九八八年

国务院正式赋予地质矿产部“对地质环境进行监测、评价和监督管理”的职能，统一规划、统一部署地质灾害防治工作有了明确职能部门，助推了国内地质灾害防治工作进程和工作体系成型。

一九八九年

四川省相继成立地质矿产厅，统一行使地质灾害防治行政管理职能，地质灾害防治工作结束了分散无序、各自为战的状态。

二〇〇〇年

5 月 23 日　四川省国土资源厅正式成立并举行成立大会，负责全省地质灾害防治工作的组织协调指导监督。

二〇〇一年

2 月 23 日　甘孜藏族自治州雅江县发生 6.0 级地震。

二〇〇三年

5 月 27 日　建立四川省汛期地质灾害防治应急指挥系统，成立四川省汛期地质灾害防治应急指挥部及应急分队。

7 月 1 日　四川省地质灾害气象风险预警预报系统正式上线运行，首次通过四川省电视台天气预报节目，向全省广大人民群众发布当日地质灾害气象风险预警预报成果。

7 月 12 日　甘孜藏族自治州丹巴县巴底乡邛山沟发生泥石流，导致 54 人死亡失踪。

11 月 24 日　国务院公布《地质灾害防治条例》，自 2004 年 3 月 1 日起施行。

二〇〇四年

9 月 5 日　宣汉县天台乡的义和村发生特大型滑坡灾害，造成天台乡义和村消失，因 317 户 1255 人临灾前成功组织避让，无一人伤亡。

二〇〇五年

2月21日　15时，甘孜藏族自治州丹巴县县城后山建设街滑坡变形加剧，县城20余间居民房屋被冲毁。地质灾害应急抢险指挥部协调300名武警官兵通过前缘堆载沙袋方式开展应急抢险工程，滑坡得到初步控制。

7月18日　四川省人民政府办公厅印发《四川省自然灾害救灾工作办法（试行）》。

12月21日　举办四川省第一期地质灾害防治知识培训班。

二〇〇六年

1月20日　四川省第十届人民代表大会第四次会议通过《四川省国民经济和社会发展第十一个五年规划纲要》，明确建立地质灾害预警系统，加强地质灾害防治工作，努力提高防灾减灾能力。

2月10日　四川省人民政府常务会审定通过《四川省突发地质灾害应急预案》，这是四川第一个正式发布纳入突发公共事件应急体系的专项预案。

4月　四川省国土资源厅印发《关于进一步规范我省特大型地质灾害防治项目管理工作的紧急通知》。

6月30日　四川省人民政府发布《关于贯彻落实〈国务院关于加强地质工作的决定〉的实施意见》，提出要“加强地质环境调查评价，开展地质灾害易发区的调查监测，提高地质灾害防治水平，促进人与自然和谐发展”。

7月10日　四川省国土资源厅联合广安市人民政府在广安华蓥市举办了突发地质灾害应急预案演习。

8月27日　四川省人民政府办公厅印发《关于进一步加强防灾抗灾救灾工作的紧急通知》。

10月　四川省地质环境信息系统建设工作正式启动。

12月18日　全省地质灾害防灾避险搬迁安置工作座谈会议召开，将重大地质灾害防治工程和地质灾害防治避险搬迁工程列入四川省人民政府目标管理。

12月19日　中共四川省委组织部、四川省国土资源厅、四川省建设厅、四川省教育厅联合开展了“四川省农村地质灾害防治知识万村培训行动”，培训群众达数百万人。

二〇〇七年

5月22日　四川省财政厅 四川省国土资源厅联合印发《四川省地质灾害易发区群众防灾避险搬迁安置工程省级补助资金使用管理办法》。

6月19日　四川省国土资源厅印发《关于切实加强我省地质灾害防灾避险搬迁安置工程项目管理工作的通知》。

7月6日　四川省国土资源厅印发《四川省地质灾害防治工程项目管理暂行办法的通知》，该《办法》是四川省第一部规范地质灾害防治工程项目管理的部门规章。

7月8日　巴中市平昌县岩口乡土坝村四社发生特大型滑坡灾害，因提前避险转移284名受威胁群众，实现成功避险，避免了可能的因灾伤亡。

7月30日　达州市宣汉县清溪镇马伏村发生特大型滑坡灾害，因提前避险转移949名受威胁群众，实现成功避险，避免了可能的因灾伤亡。

8月10日　四川省人民政府办公厅印发《关于实施地质灾害防灾避险搬迁安置工程的通知》，地质灾害避险搬迁安置工作全面实施。

11月3日　中共四川省委、四川省人民政府表彰2007年抗灾减灾先进集体和先进个人。

11月7日　四川省人民政府发布《关于扩权强县试点工作的实施意见》，明确地质灾害治理项目、避险搬迁年度计划申报由扩权试点县（市）国土资源行政主管部门直接报省国土资源厅批准。

12月5日　四川省财政厅 四川省国土资源厅联合印发《关于调整地质灾害易发区群众防灾避险搬迁安置工程省级补助资金标准的通知》。

12月20日　四川省国土资源厅印发《关于进一步加强我省重大地质灾害治理工程管理工作的紧急通知》。

二〇〇八年

4月26日　四川省人民政府办公厅印发《关于切实做好2008年地质灾害防治工作的紧急通知》。

5月12日　14时28分，汶川发生8.0级特大地震，破坏地区约$50\times10^4 km^2$，涉及四川等6个省（市、自治区）。其中，极重灾区共10个县（市），较重灾区共41个县（市、区），一般灾区共186个县（市、区）。

5月26日　四川省人民政府印发《关于切实加强地震灾区次生崩塌滑坡泥石流地质灾害监测预防工作的紧急通知》。

9月26日　广元市朝天区朝天镇宋家村四组发生滑坡灾害，因提前避险转移73名受威胁群众，实现成功避险，避免了可能的因灾伤亡。

11月1日　凉山彝族自治州宁南县新华乡巫土村发生特大型滑坡灾害，因提前避险转移523名受威胁群众，实现成功避险，避免了可能的因灾伤亡。

11月19日　四川省国土资源厅办公室印发《四川省地震灾区重大地质灾害防治工程项目管理暂行办法》，规范和加强四川震后地质灾害防治工程项目的监督与管理。

二〇〇九年

2月11日　四川省人民政府召开地质灾害防治工作电视电话会。

4月23日　四川省财政厅 四川省国土资源厅印发《四川省地震灾区重大地质灾害防治工程项目资金管理暂行办法》。

5月15日　四川省国土资源厅印发《四川省地质环境调查评价项目优选工作办法（试行）》，涉及地质灾害调查与评价、重点矿山地质环境恢复治理及地质遗迹保护可行性研究、专项规划编制等基础性、公益性地质环境调查评价项目。

7月17日　绵阳市安县高川乡二郎村2组插秧沟发生泥石流灾害，因提前避险转移400名受威胁群众，实现成功避险，避免了可能的因灾伤亡。

7月23日　四川省甘孜藏族自治州康定县舍联乡响水沟发生泥石流，导致12人死亡42人失踪。

7月24日　四川省人民政府办公厅印发《关于切实加强水电道路等工程建设项目地质灾害防治工作的紧急通知》。

7月24日　四川省人民政府办公厅印发《关于进一步加强洪涝和地质灾害防范工作的紧急通知》。

8月6日　四川省雅安市汉源县顺河乡境内猴子岩发生崩塌，造成31人死亡失踪。

8月18日　攀枝花市盐边县温泉乡、萨拉乡发生泥石流灾害，因提前避险转移756名受威胁群众，实现成功避险，避免了可能的因灾伤亡。

11月5日　四川省国土资源厅印发《关于进一步加强我省地震灾区重大地质灾害治理工程管理工作的紧急通知》。

12月14日　四川省国土资源厅印发《四川省地震灾区重大地质灾害应急勘查设计项目决算编制要求》。

12月23日　四川省人民政府印发《关于切实加强汶川地震灾后恢复重建次生地质灾害风险控制工作的通知》。

二〇一〇年

2月9日　四川省国土资源厅印发《四川省地震灾区重大地质灾害应急勘查设计书编制要求》《四川省地震灾区重大地质灾害应急勘查、治理工程可行性研究及初步设计报告编制要求》。

3月18日　四川省国土资源厅 四川省财政厅联合印发《四川省地震灾区重大地质灾害治理工程项目施工图设计变更工作管理暂行办法》。

3月22日　四川省国土资源厅印发《四川省地震灾区重大地质灾害治理工程竣工验收、移交、监测和维护暂行规定》。

4月7日　13时，乐山市峨眉山市某采石场发生岩体崩塌，造成14人被埋。

6月24日　四川省人民政府办公厅印发《四川省国土资源厅主要职责内设机构和人员编制规定》，明确四川省国土资源厅承担地质环境保护的责任，组织、协调、指导和监督地质灾害防治工作。

6月24日　甘孜藏族自治州康定某电站绕坝公路工地发生滑坡，掩埋修建水电站和绕坝公路项目的临时施工营地工棚，造成23名施工人员死亡。

6月29日　四川省人民政府办公厅印发《关于切实加强汛期地质灾害防治工作的紧急通知》。

7月27日　雅安市汉源县万工乡发生滑坡碎屑流灾害，造成20人死亡失踪。

8月12—13日　四川省德阳市绵竹市清平乡盐井村6组文家沟、烂泥沟、娃娃沟群发泥石流，造成379户农房被掩埋、绵茂公路全面中断、桥梁被毁、学校被淹埋，导致12人死亡失踪。

8月14日　阿坝藏族羌族自治州汶川县映秀镇红椿沟发生泥石流灾害，因提前避险转移6500名受威胁群众，实现成功避险，避免了可能的因灾伤亡。

8月18日　成都市都江堰市虹口乡发生泥石流灾害，因提前避险转移1100名受威胁群众，实现成功避险，避免了可能的因灾伤亡。

8月20日　四川省人民政府印发《关于进一步做好抗击山洪地质灾害工作的紧急通知》。

9月19日　四川省国土资源厅印发《关于印发四川省地震灾区重大地质灾害应急勘查设计项目决算编制要求的通知》。

二〇一一年

5月11日　中共四川省委、四川省人民政府和国家减灾委员会办公室联合举办四川省2012年“5·12”防灾救灾综合实战演练，成都崇州市、绵阳江油市、德阳绵竹市同步举行。其中分演练点绵竹市清平乡开展了地质灾害应急避让演练。

5月3日　四川省人民政府召开2011年全省地质灾害防治暨防汛工作电视电话会议。

6月13日　国务院发布《关于加强地质灾害防治工作的决定》。

7月6日　阿坝藏族羌族自治州理县杂谷脑支流打色尔沟发生泥石流灾害，因提前避险转移1558名受威胁群众，实现成功避险，避免了可能的因灾伤亡。

8月4日　四川省国土资源厅印发《四川省重大地质灾害治理工程项目管理暂行办法》，2007年印发的《四川省地质灾害防治工程项目管理暂行办法》作废。

9月7日　国务院办公厅印发《贯彻落实国务院关于加强地质灾害防治工作决定重点工作分工方案》。

9月18日　巴中市南江县东榆镇卫星村1、2、3、4组发生滑坡灾害，因提前避险转移1474名受威胁群众，实现成功避险，避免了可能的因灾伤亡。

10月12日　四川省国土资源厅下发《四川省国土资源厅政府重点投资项目实施监督管理规定》。

12月21日　四川省人民政府发布《关于加强地质灾害防治工作的实施意见》。

二〇一二年

1月16日　四川省国土资源厅印发《地质灾害应急避险场所建设指南（试行）》。

4月5日　四川省人民政府召开2012年全省汛期地质灾害防治工作电视电话会议。

4月20日　四川省人民政府办公厅印发《关于加强汛期地质灾害防治工作的通知》。

5月2日　四川省人民政府办公厅印发《四川省加强地质灾害防治重点工作分工方案》。

5月3日　四川省国土资源厅首次在《四川日报》等相关主流媒体上公示了四川省2012年度36754处地质隐患点及防灾责任人、监测责任人等信息。

5月11日　中共四川省委、四川省人民政府和国家减灾委办公室成功举办了“四川省2012年‘5·12’防灾救灾综合实战演练”。其中，在绵竹市清平乡和江油市九岭镇的分演练场分别进行了地质灾害应急避让科目和堰塞湖除险科目现场演练。

6月28日　凉山彝族自治州宁南县白鹤滩镇六城村1组矮子沟发生泥石流，导致40人死亡（失踪）。

7月3日　四川省人民政府办公厅印发《关于表扬在宁南县“6·28”特大泥石流灾害防灾避险中作出突出贡献先进个人的通报》。

7月7日　南充市西充县古楼镇场镇古尔山发生滑坡灾害，因提前避险转移1280名受威胁群众，实现成功避险，避免了可能的因灾伤亡。

7月13日　四川省国土资源厅成立地质灾害应急管理办公室，设在厅地质环境处，负责承担地质灾害应急处置，协助地质灾害防治项目管理，组织协调、指导和监督地质灾害防治等工作。

7月27日　四川省第十一届人民代表大会常务委员会第31次会议审议通过，《四川省地质环境管理条例》完成第2次修正。

8月18日　成都市彭州市龙门山镇九峰村15、16组（海汇桥）发生泥石流灾害，因提前避险转移572名受威胁群众，实现成功避险，避免了可能的因灾伤亡。

二〇一三年

4月20日　8时2分，雅安市芦山县发生7.0级地震。

5月2日　四川省人民政府办公厅印发《关于做好2013年汛期地质灾害防治工作的通知》。

5月30日　四川省国土资源厅 四川省财政厅印发《关于切实加强我省地质灾害群测群防专职监测队伍建设工作的通知》。

6月30日　四川省人民政府办公厅印发《关于进一步做好当前防汛救灾工作的紧急通知》（川办发〔2013〕41号）。

7月8日　成都市都江堰市虹口乡红色村干沟发生泥石流灾害，因提前避险转移378名受威胁群众，实现成功避险，避免了311人可能的因灾伤亡。

7月10日　四川省成都市都江堰市中兴镇三溪村1社五里坡发生滑坡，导致161人死亡失踪。

7月12日　四川省财政厅 四川省国土资源厅联合印发《四川省地质灾害治理工程概（预）算标准（试行）》。

7月12日　甘孜藏族自治州泸定县海螺沟景区二号营地发生泥石流灾害，因提前避险转移521名受威胁群众，实现成功避险，避免了256人可能的因灾伤亡。

7月15日　国务院印发《芦山地震灾后恢复重建总体规划》。

7月20日　四川省人民政府办公厅印发《关于印发芦山地震灾后恢复重建城乡住房建设等11个专项规划的通知》，含《芦山地震灾后恢复重建地质灾害防治专项规划》。

8月8日　四川省国土资源厅印发《关于贯彻国家和省芦山地震灾后恢复重建国土资源支持政策的实施意见》。

8月24日　雅安市宝兴县永富乡中岗村发生大型山洪泥石流灾害，因提前转移194户、880名群众成功避险，实现成功避险，无人员伤亡。

9月9日　四川省人民政府印发《四川省抢险救灾工程项目管理办法》。

11月14日　四川省国土资源厅印发《芦山地震灾区重点小流域和重点场镇地质灾害综合治理项目实施的指导意见》。

12月30日　四川省国土资源厅印发《关于加强全省地质灾害隐患动态管理的通知》，实现了地质灾害隐患点管理规范化、制度化。

二〇一四年

4月16日　四川省国土资源厅印发《关于切实加强汛期地质灾害驻守督导工作的通知》《关于进一步规范和加强2014年汛期地质灾害防治驻守督导工作的通知》，探索市场化驻守技术支撑服务。

4月25日　成立四川省地质灾害应急指挥部。

5月14日　四川省国土资源厅印发《关于进一步高效推进地质灾害治理工程项目实施工作的通知》。

6月29日　阿坝藏族羌族自治州小金县新桥乡干沟发生泥石流灾害，因提前避险转移550名受威胁群众，实现成功避险，避免了可能的因灾伤亡。

8月9日　甘孜藏族自治州丹巴县东谷乡二卡子沟发生泥石流灾害，因提前避险转移1521名受威胁群众，实现成功避险，避免了651人可能的因灾伤亡。

8月27日　四川省国土资源厅印发《关于进一步加强地质灾害群测群防专职监测工作的紧急通知》。

9月11日　四川省以第一名身份成功入围中央财政支持地质灾害综合防治体系建设首批重点省份。

9月19日　四川省国土资源厅办公室印发《关于加快推进全省地质环境信息化建设工作的通知》，提出建立完善省、市、县三级互联互通、资源共享、协同服务的信息化管理服务支撑体系，全面提升全省地质环境管理信息化服务水平和能力。

10月23日　四川省国土资源厅印发《关于做好四川省地质灾害防治高标准“十有县”申报有关工作的紧急通知》，进一步提升基层地质灾害防治能力，更好促进地质灾害防治高标准“十有县”建设工作。

10月30日　四川省交通运输厅 四川省国土资源厅 成都铁路监督管理局联合印发《关于加强四川省铁路公路水路沿线及在建工程地质灾害防范工作的通知》。

11月22日　16时55分甘孜藏族自治州康定县发生6.3级地震。

12月12日　四川省国土资源厅 四川省财政厅联合印发《四川省地质灾害综合防治体系建设项目和资金管理办法》。

二○一五年

3月24日　四川省人民政府办公厅印发《四川省康定“11·22”地震灾后恢复重建项目实施规划》。

4月29日　四川省人民政府召开全省汛期地质灾害防治工作电视电话会议，总结2014年度全省地质灾害防治工作，分析研判2015年全省汛期地质灾害防治工作形势，安排部署相关工作。

5月27日　全国地质灾害应急避险工作现场会在甘孜藏族自治州丹巴县召开。会期，与会人员实地考察了成功避险案例丹巴县东谷乡二卡子沟泥石流。

6月16日　甘孜藏族自治州九龙县踏卡乡河口村耳朵村发生泥石流灾害，因提前避险转移967名受威胁群众，实现成功避险，避免了可能的因灾伤亡。

8月14日　四川省人民政府印发《关于切实做好主汛期地质灾害防治工作的通知》。

9月19日　甘孜藏族自治州康定市炉城镇东关小区居民点发生泥石流灾害，因提前避险转移1200名受威胁群众，实现成功避险，避免了425人可能的因灾伤亡。

二○一六年

3月　四川省国土资源厅 四川省气象局联合印发《关于开展四川省2016年度地质灾

害防治知识宣传培训活动的通知》，创新引入气象领域专家开展地质灾害防治知识宣传培训。

4月19日　四川省人民政府召开2016年全省防汛抗旱和地质灾害防治工作电视电话会。

4月26日　中共四川省委员会办公厅 四川省人民政府办公厅印发《关于进一步加强地质灾害防治工作的紧急通知》，强调要建立完善主要领导总负责，分管领导具体负责的地质灾害防治责任体系，明确各级地质灾害应急指挥部的统筹指挥作用，国土资源部门要加强地质灾害防治工作的组织、协调、监督和指导工作；行业主管部门要加强本领域的地质灾害隐患排查巡查、监测预警和排危除险工作；国资监管部门要加强在川央企和各级国有企业地质灾害防治的检查指导，督促相关企业切实履行业主防灾减灾职责。

5月31日—6月3日　按照《四川省人民政府办公厅关于开展全省2016年地质灾害防治专项督查的通知》要求，四川省人民政府督查室会同四川省国土资源厅组成督查组，对雅安市、凉山彝族自治州、攀枝花市地质灾害防治措施落实情况进行了专项督导检查。

6月30日　四川省人民政府办公厅印发《关于深刻汲取事故灾害教训进一步做好汛期安全生产工作的紧急通知》。

7月12日　凉山彝族自治州雷波县桂花乡桂花坪村大湾组发生滑坡灾害，因提前避险转移129名受威胁群众，实现成功避险，避免了31人可能的因灾伤亡。

9月2日　四川省人民政府办公厅印发《关于加强农村住房建设财政补助资金统筹协调管理的通知》，明确农村危房改造、藏区新居、彝家新寨、易地扶贫搬迁、地质灾害避险搬迁、大中型水库移民避险解困6项涉农补助资金补助条件不变，对符合多项政策补助条件的建房农户，有且只能选择其中一项支持政策，不得重复享受。

9月13—14日　四川省自然资源厅组织召开21个市（州）地质灾害综合防治体系建设2016年度实施审查会。

12月12日　四川省人民政府办公厅印发《四川省“十三五”防灾减灾规划》。

二〇一七年

6月24日　四川省阿坝藏族羌族自治州茂县叠溪镇新磨村新村组发生高位山体崩塌，造成83人死亡（失踪）。

6月28日　四川省人民政府办公厅印发《关于做好地质灾害和防汛安全隐患排查防治工作的紧急通知》，全域启动了地质灾害隐患排查。

7月3日　攀枝花市米易县撒莲镇湾崃村十三社小板厂发生滑坡灾害，因提前避险转移218名受威胁群众，实现成功避险，避免了58人可能的因灾伤亡。

8月8日　凌晨4时至4时30分，普格县荞窝镇耿底村4组和5组发生泥石流灾害，导致25人死亡。

8月8日　21时19分46秒，四川省阿坝藏族羌族自治州九寨沟县发生7.0级地震。

8月25日　四川省人民政府办公厅印发《四川省地质灾害防治体制机制改革实施方案》。

9月1日　自贡市荣县双古镇五桐村4、7组一匹山发生一起复合型地质灾害，监测设备设备连续发出预警，危险区域内46户180人实现成功避险。

9月2日　甘孜藏族自治州炉霍县宜木乡独马村发生泥石流灾害，因提前避险转移263名受威胁群众，实现成功避险，避免了73人可能的因灾伤亡。

11月1日　四川省人民政府办公厅印发《四川省防汛抗旱应急预案》。

11月7日　四川省人民政府印发《“8·8”九寨沟地震灾后恢复重建总体规划》。

12月8日　四川省人民政府办公厅印发《8·8”九寨沟地震灾后恢复重建5个专项实施方案》。

二〇一八年

4月8日　阿坝藏族羌族自治州汶川县龙溪乡阿尔村阿尔组阿尔寨发生滑坡灾害，因提前避险转移415名受威胁群众，实现成功避险，避免了128人可能的因灾伤亡。

4月19日　四川省人民政府在阿坝藏族羌族自治州汶川县举行全省地质灾害防治暨防汛减灾工作现场会。

7月6日　四川省国土资源厅印发《四川省人民政府投资地质灾害防治项目建设市场主体信用评价管理暂行办法》，推进四川省人民政府投资地质灾害防治项目建设市场信用体系建设。

7月19日　受强降雨影响，凉山彝族自治州盐源县桃子乡玻璃村发生特大滑坡灾害。由于预警预报及时，监测巡视到位，信息传递畅通，转移群众果断，避灾措施得力，实现成功避险，直接避免65户281人因灾伤亡。

11月6日　四川省自然资源厅挂牌，内设地质灾害防治处。

12月27日　四川省自然资源厅印发《四川省地质灾害治理工程概（预）算标准（修订）》。

二〇一九年

4月8日　四川省自然资源厅印发《关于深入推进政府购买地质灾害专业监测预警服务工作的指导意见》。

4月24日　四川省自然资源厅印发《关于进一步加强和规范地质灾害防治驻守技术支撑工作的通知》，进一步加强和规范地质灾害防治驻守技术支撑工作，加强基层尤其是县级地质灾害防治专业技术力量，提升基层防灾救灾能力。

5月20日　四川省人民政府印发《四川省人民政府关于调整完善四川省应急委员会的通知》，明确四川省地质灾害防治指挥部作为省应急委下设18个专项指挥部之一。

6月3日　四川省自然资源厅印发《关于选聘四川省突发重大地质灾害技术支撑专家和建立地质灾害防治专家积分管理制度的通知》，进一步完善四川地质灾害防治专家管理制度，鼓励专家力量高效服务全省地质灾害防治工作。

6月17日　22时55分，宜宾市长宁县发生6.0级地震。

6月23日　阿坝藏族羌族自治州金川县卡拉脚乡玛目都村色隆沟发生泥石流灾害，

因提前避险转移129名受威胁群众，实现成功避险，避免了122人可能的因灾伤亡。

7月23日　四川省地质灾害防治指挥部办公室发布《四川省地质灾害防治指挥部工作规则（试行）》。

7月15日　四川省自然资源厅印发《关于推行开展区域地质灾害危险性评估工作的通知》，纵深推进地质灾害危险性评估工作改革，切实提高政务服务质效。

8月2日　四川省地质灾害防治指挥部办公室印发《四川省地质灾害防治指挥部办公室工作规则（试行）》。

8月14日　甘洛县发生滑坡掩埋成昆铁路，致抢险人员12人死亡5人失踪。

8月20日　阿坝藏族羌族自治州理县通化乡通化村小河组通化沟发生泥石流灾害，因提前避险转移350名受威胁群众，实现成功避险，避免了94人可能的因灾伤亡。

二〇二〇年

1月13日　四川省自然资源厅出台《四川省人民政府投资地质灾害防治项目建设市场主体信用评价管理办法》，并于2022年3月14日完成修订。

3月24日　四川省自然资源厅办公室印发《关于切实加强基层行政区划调整后和“空心村”地质灾害防治工作的通知》，积极推广“村组组织领导+监测员巡查预警+骨干群众参与+接帮户支持+受帮户配合”五位一体的避险结对帮扶措施，有效化解“空心村”地质灾害风险，夯实地质灾害防范工作基础。

4月23日　四川省自然资源厅 共青团中共四川省委联合印发《关于探索开展“青春志愿·守护生命”地质灾害防治志愿服务行动的通知》，基于志愿者服务参与基层地质灾害防治的路径机制探索，在全国首创将志愿服务引入地质灾害防治体系。

4月26日　四川积极推广“村组组织领导+监测员巡查预警+骨干群众参与+接帮户支持+受帮户配合”五位一体的避险结对帮扶措施，有效化解“空心村”地质灾害风险。

4月28日　基于志愿者服务参与基层地质灾害防治的路径机制探索，在全国首创将志愿服务引入地质灾害防治体系。

5月19日　四川省人民政府发布《四川省突发地质灾害应急预案（试行）》，并于2022年1月25日完成修订。

5月21日　四川省自然资源厅印发《四川省地质灾害防治项目管理办法》。

5月25日　四川省自然资源厅印发《四川省地质灾害气象风险预警响应工作指引》，进一步健全完善四川地质灾害气象风险预警响应机制，有效防控重大地质灾害风险。

6月9日　凉山彝族自治州木里县项脚蒙古族乡项脚村阿牛窝子组引发泥石流灾害，因提前避险转移78户386人，实现了成功避险，避免了2户11人可能的因灾伤亡。

6月10日　四川省自然资源厅印发《四川省地质灾害防治三年行动方案（2019—2021年）》。

6月12日　四川省地质灾害防治指挥部办公室印发《四川省地质灾害防治明察暗访工作指南》，强化明察暗访、重点区域检查督导等工作。

6月17日　四川省甘孜藏族自治州阿娘寨发生滑坡，直接经济损失5.1亿元。

6 月 30 日、7 月 15 日、7 月 22 日　四川省自然资源厅分别与电信、移动、联通三大运营商印发通信网络服务支持全省地质灾害防治工作的通知，建立了通信运营机构和自然资源主管部门分层级“一对一”沟通协调和“7×24 小时”技术支持服务机制。

7 月 18 日　中共四川省委办公厅 四川省人民政府办公厅印发《关于进一步强化县级党委、政府防范应对汛期洪涝地质灾害主体责任的紧急通知》，首次明确“三个紧急撤离”要求。

7 月 20 日　四川省自然资源厅印发《四川省自然资源厅突发重特大地质灾害应急预案（试行）》，制作四川省突发地质灾害应急响应流程图。

8 月 16 日　雅安市宝兴县硗碛藏族乡夹拉村和平组和平集中安置点发生泥石流灾害，因提前避险转移 858 名受威胁群众，实现成功避险，避免了 195 人可能的因灾伤亡。

8 月 21 日　四川省雅安市汉源县中海村突发特大土质滑坡，造成 9 人失踪。

9 月 15 日　攀枝花市米易县白坡彝族乡张门扎老街发生泥石流灾害，因提前避险转移 916 名受威胁群众，实现成功避险，避免了 175 人可能的因灾伤亡。

11 月 24 日　四川省自然资源厅印发《四川省地质灾害风险调查评价专项实施方案》，正式启动地质灾害易发县 1∶5 万县域地质灾害风险调查评价工作。

二〇二一年

2 月 23 日　中共四川省委办公厅 四川省人民政府办公厅印发《2021 年全省 30 件民生实事实施方案》，将避险搬迁安置 600 户农户，治理 60 处重大地质灾害隐患点纳入民生实事范围。

3 月 22 日　四川省自然资源厅在宜宾组织开展了 2021 年突发重特大地质灾害应急处置桌面推演。

3 月 24 日　自然资源部办公厅印发《关于公布野外科学观测研究站评估结果的通知》，确定四川汶川地震震中地质灾害野外科学观测研究站、四川雅安地质灾害野外科学观测研究站纳入自然资源部科技创新平台管理序列。

4 月 5 日　眉山市洪雅县柳江镇赵河村 13 组铁匠湾突发高位远程崩滑灾害，导致 3 人失踪。

4 月 27 日　四川省地质灾害防治指挥部办公室印发《四川省地质灾害防治指挥部办公室工作专班实质化运行方案（试行）》，根据《四川省突发地质灾害应急预案（试行）》和四川实际，借鉴其他专项指挥部的有效做法，结合汛期地质灾害防治的特殊情况，通过优化完善工作机制的方式组建省地质灾害指办工作专班并实质化运行。

5 月 30 日　中共四川省委全面深化改革委员会审议通过、四川省人民政府办公厅印发《四川省地质灾害全域综合整治三年行动计划（2021—2023 年）》。

5 月 31 日　四川省地质灾害防治指挥部 四川省自然资源厅联合发布《生死避让》宣传片，总结全省近年来地质灾害典型案例的教训、经验及启示。

7 月 5 日　凉山彝族自治州木里县项脚乡项脚村发生泥石流灾害，因提前避险转移 1042 名受威胁群众，实现成功避险，避免了 118 人可能的因灾伤亡。

7 月 10 日　四川省地质灾害防治指挥部印发《关于进一步加强地质灾害防治责任落实机制建设的通知》，建立地质灾害防治“三单一书”“两书一函”制度。

7 月 14 日　阿坝藏族羌族自治州黑水县芦花镇谷汝村发生泥石流灾害，因提前避险转移 310 名受威胁群众，实现成功避险，避免了 165 人可能的因灾伤亡。

8 月 9 日　四川省地质灾害防治指挥部印发《四川省地质灾害信息报告和发布规定》。

9 月 16 日　4 时 33 分，泸州市泸县发生 6.0 级地震。

9 月 25 日　雅安市天全县喇叭河镇发生一起山洪泥石流灾害，造成 8 人死亡，6 人失踪。

10 月 18 日　四川省地质灾害防治指挥部发布《四川省在建工程工棚营地地质灾害防范工作指引（试行）》，增强人防工程工棚营地地质灾害防范的安全责任意识，完善管控措施。

11 月 10 日　四川省人民政府发布《四川省自然资源领域省与市县财政事权和支出责任划分改革实施方案》，明确地质灾害防治的省与市县财权与事权。

11 月 26 日　四川省人民政府组织召开全省森林草原防灭火、抗震救灾、地质灾害处置、防汛减灾工作电视电话会议。

12 月 15 日　四川省自然资源厅印发《四川省“十四五”地质灾害防治规划》。

二〇二二年

1 月 14 日　四川省自然资源厅印发《关于将地质灾害风险调查评价成果纳入国土空间规划的通知》，要求将地质灾害风险调查评价成果应用于各层级国土空间规划编制，强化地质灾害风险源头管控。

3 月 14 日　四川省自然资源厅印发《四川省人民政府投资地质灾害防治项目建设市场主体信用评价管理办法》。

4 月 2 日　四川省自然资源厅印发《关于进一步做好全省地质灾害监测预警工作的通知》，随文下发了《四川省地质灾害分级预警工作导则（试行）》《四川省地质灾害监测预警响应指引（修订）》，启用四川省地质灾害气象风险预警互联系统，构建省、市、县分级预警体系。

4 月 29 日　四川省人民政府组织召开了全省防汛抗旱、地质灾害防治和河湖长制推进工作电视电话会议，部署汛期地质灾害防治工作。

5 月 23 日　四川省自然资源厅办公室印发《关于规范地质灾害隐患点公示牌有关事项的通知》，进一步规范地质灾害隐患点信息公示，统一全省地质灾害隐患点公示牌、撤离线路指示牌与警示牌式样。

5 月 6 日　四川省地质灾害防治指挥部办公室与达州市政府在宣汉县蒲江街道冯家湾举行四川省 2022 年应对暴雨洪涝与地震地质灾害综合实战演练地质灾害专项演练。

6 月 1 日　17 时 00 分，雅安市芦山县发生 6.1 级地震。

6 月 7—10 日　习近平总书记来四川省考察，强调“各有关地区和部门要立足于防大汛、抗大险、救大灾，提前做好各种应急准备，全面提高灾害防御能力，切实保障人民群众生命财产安全。要加强统筹协调，强化灾害隐患巡查排险，加强重要基础设施安全防护，提高降雨、台风、山洪、泥石流等预警预报水平，加大交通疏导力度，抓细抓实各项防汛救灾措施。”

6 月 10 日　00 时 03 分，阿坝藏族羌族自治州马尔康市发生 5.8 级地震；01 时 28 分，马尔康市再次发生 6.0 级地震。

6 月 28 日　四川省自然资源厅修订《四川省地质灾害隐患点动态管理办法》，健全完善地质灾害隐患点动态管理制度。

7 月 23 日　四川省防汛抗旱指挥部 四川省地质灾害防治指挥部联合印发《关于建立健全跨省跨区域防汛减灾联防联控机制的指导意见》，探索建立跨省跨区域联防联控机制。

8 月 2 日　四川省自然资源厅 四川省财政厅联合印发《地质灾害成功避险奖励暂行规定》，表彰表扬和激励在地质灾害成功避险工作中作出突出贡献的个人和单位。

8 月 16 日　四川省正式发布《四川省小学生地质灾害防范与自救》教师辅导用书及宣传教育挂图，系统规范小学师生地质灾害防范与自救安全宣传教育。

8 月 23 日　凉山彝族自治州德昌县乐跃镇群英村 3 社老鹰岩沟发生泥石流灾害，因提前避险转移 76 名受威胁群众，实现成功避险，避免了 26 人可能的因灾伤亡。

8 月 25 日　四川省首部省级地质灾害防治科普动画片《一起打怪兽》正式上线。

9 月 5 日　12 时 52 分，甘孜藏族自治州泸定县发生 6.8 级地震。

参考文献

何朝阳. 2020. 滑坡实时监测预警系统关键技术及其应用研究 [D]. 四川成都：成都理工大学.

王豪，何朝阳，巨能攀，等. 2024. 多设备多参数联动的滑坡预警方法 [J/OL]. 成都理工大学学报（自然科学版），1-16 [2024-10-24].

许强，汤明高，徐开祥，等. 2008. 滑坡时空演化规律及预警预报研究 [J]. 岩石力学与工程学报，(6)：1104-1112.

许强. 2012. 滑坡的变形破坏行为与内在机理 [J]. 工程地质学报，20（2）：145-151.

许强，董秀军，李为乐. 2019. 基于天—空—地一体化的重大地质灾害隐患早期识别与监测预警 [J]. 武汉大学学报（信息科版），44（7）：957-966.

张倬元，王士天，王兰生. 1994. 工程地质分析原理（第二版）[M]. 北京：地质出版社.

附件

重 要 文 件

一、法律法规及政策制度

（一）国家层面

《地质灾害防治条例》（国务院令第 394 号，2003 年）

《国务院关于加强地质工作的决定》（国发〔2006〕4 号）

《关于加强地质灾害防治工作的决定》（国发〔2011〕20 号）

（二）省级层面

《四川省地质环境管理条例》（1999 年制定，2012 年修订）

《四川省自然灾害救灾工作办法（试行）》（川办函〔2005〕148 号）

《关于贯彻落实〈国务院关于加强地质工作的决定〉的实施意见》（川府发〔2006〕25 号）

《关于加强地质灾害防治工作的实施意见》（川府发〔2011〕43 号）

二、责任分工

《贯彻落实国务院关于加强地质灾害防治工作决定重点工作分工方案》（国办函〔2011〕94 号）

《四川省加强地质灾害防治重点工作分工方案》（川办发〔2012〕121 号）

《关于加强铁路公路水路沿线及在建工程地质灾害防范工作的通知》（交应急发〔2014〕150 号）（2010 年国土资源部牵头印发通知，2014 年交通部牵头再次印发）

《关于加强四川省铁路公路水路沿线及在建工程地质灾害防范工作的通知》（川交发〔2014〕49 号）

《关于进一步强化县级党委、政府防范应对汛期洪涝地质灾害主体责任的紧急通知》（川委厅〔2020〕40 号）

《四川省自然资源厅突发重特大地质灾害应急预案（试行）》（〔2020〕—1707）

《四川省突发地质灾害应急预案（试行）》（川办发〔2022〕18 号；2006 年制定、2020 年修订）

《关于加强铁路自然灾害监测预警工作的指导意见》（国铁安监〔2021〕42 号）

《四川省自然资源领域省与市县财政事权和支出责任划分改革实施方案》（川办发〔2021〕58 号）

三、项目和资金管理

（一）常规项目

《四川省地质灾害防治项目管理办法》（川自然资规〔2020〕7号）（2007年制定，2008年针对地震灾区单独出台，2011年修订，2014年修订，2017年补充，2020年修订）

《四川省地质灾害防治专项资金管理办法》（川财资环〔2023〕94号）（2009年针对地震灾区单独出台，2014年制定，2017年补充，2019年、2023年修订）

《四川省地质灾害治理工程概（预）算标准（修订）》（2013年制定，2018年修订）

《四川省地质灾害防治项目验收工作指南》（川自然资发〔2023〕19号）

（二）抢险救灾项目

《四川省抢险救灾工程项目管理办法》（川办发〔2020〕37号）（2013年制定，2020年修订）

《四川省地质灾害防治抢险救灾工程项目管理办法》（川自然资规〔2023〕3号）（2018年出台规范性通知，2023年制定）

四、调查评价

《四川省地质环境调查评价项目优选工作办法（试行）》2009

《关于将地质灾害风险调查评价成果纳入国土空间规划的通知》（川自然资发〔2022〕5号）

五、监测预警

《关于切实加强我省地质灾害群测群防专职监测队伍建设工作的通知》（川国土资发〔2013〕55号）

《关于进一步加强地质灾害群测群防专职监测工作的紧急通知》（川国土资发〔2014〕69号）

《关于深入推进政府购买地质灾害专业监测预警服务工作的指导意见》（川自然资规〔2019〕1号）

《四川省地质灾害分级预警工作导则（试行）》（川自然资函〔2022〕95号）

《四川省地质灾害监测预警响应指引（修订）》（川自然资函〔2022〕95号）（2020年制定，2022年修订）

《四川省地质灾害隐患点动态管理办法》（2013年制定，2022年修订）

《关于规范地质灾害隐患点公示牌有关事项的通知》（川自然资办函〔2022〕84号）

六、信息报送

《关于进一步加强和规范地质灾害灾险情信息报送工作的紧急通知》（川地质灾害指办〔2020〕9号）

《四川省地质灾害信息报告和发布规定》（2021）

《关于明确突发地质灾害信息报送十条措施的通知》（川自然资函〔2022〕290 号）

七、指挥管理体系

《四川省人民政府关于调整完善四川省应急委员会的通知》（川府函〔2019〕98 号）（2014 年成立四川省地质灾害应急指挥部，2019 年更名为四川省地质灾害防治指挥部）

《四川省地质灾害防治指挥部工作规则（试行）》（川地质灾害指发〔2019〕2 号）

《四川省地质灾害防治指挥部办公室工作规则（试行）》（川地质灾害指发〔2019〕3 号）

《四川省地质灾害防治指挥部办公室工作专班实质化运行方案（试行）》（川地质灾害指发〔2021〕3 号）

八、机制探索

《四川省地质灾害防治体制机制改革实施方案》（川办发〔2017〕85 号）

《四川省人民政府投资地质灾害防治项目建设市场主体信用评价管理办法》（2018 年制定，2020 年、2022 年修订）

《关于进一步加强和规范地质灾害防治驻守技术支撑工作的通知》（川自然资发〔2019〕29 号）

《关于选聘四川省突发重大地质灾害技术支撑专家和建立地质灾害防治专家积分管理制度的通知》（川自然资发〔2019〕40 号）

《关于切实加强基层行政区划调整后和“空心村”地质灾害防治工作的通知》（〔2020〕—581）

《关于探索开展“青春志愿·守护生命”地质灾害防治志愿服务行动的通知》（川自然资发〔2020〕16 号）

《四川省地质灾害防治明察暗访工作指南》（川地质灾害指办〔2020〕7 号）

《四川省在建工程工棚营地地质灾害防范工作指引（试行）》（2021）

《四川省地质灾害成功避险奖励暂行规定》（川自然资发〔2022〕33 号）

《关于建立健全跨省跨区域防汛减灾联防联控机制的指导意见》2022

九、规划与方案

《四川省地质灾害风险调查评价专项实施方案》（川自然资办发〔2020〕29 号）

《四川省地质灾害全域综合整治三年行动计划（2021—2023 年）》（川办发〔2021〕29 号）

《四川省“十四五”地质灾害防治规划》（川自然资发〔2021〕45 号）

十、技术要求

《地质灾害应急避险场所建设指南（试行）》（川国土资办发〔2012〕15号）

《滑坡崩塌泥石流灾害调查规范（1∶50000）四川实施细则（试行）》（川国土资发〔2015〕32号）

《四川省地质灾害防治能力建设指南》（川国土资办发〔2017〕46号）

《四川省地质灾害群测群防简易自动监测技术指南》（试行）（川国土资办发〔2017〕74号）

《四川省地质灾害隐患应急排查技术要求》（川国土资函〔2017〕361号）

《地震次生地质灾害应急处置技术导则》（DB51/T 3144—2023）